CUANDO TODOS SABEN QUE TODOS LO SABEN...

I0867027

STEVEN PINKER

CUANDO TODOS SABEN QUE TODOS LO SABEN...

El conocimiento común y la ciencia de la armonía, la hipocresía y la indignación

Traducción de Pablo Hermida Lazcano

PAIDÓS Contextos

Obra editada en colaboración con Editorial Planeta – España

Título original: *When Everyone Knows That Everyone Knows...*, de Steven Pinker

© Steven Pinker, 2025
© de la traducción, Pablo Hermida Lazcano, 2026

© 2026, Editorial Planeta, S. A. - Barcelona, España

Derechos reservados

© 2026, Ediciones Culturales Paidós, S.A. de C.V.
Bajo el sello editorial PAIDÓS M.R.
Avenida Presidente Masaryk núm. 111,
Piso 2, Polanco V Sección, Miguel Hidalgo
C.P. 11560, Ciudad de México
www.planetadelibros.com.mx
www.paidos.com.mx

Primera edición impresa en España: marzo de 2026
ISBN: 978-84-493-4510-4

Primera edición impresa en México: mayo de 2026
ISBN: 978-607-639-227-0

No se permite la reproducción total o parcial de este libro ni su incorporación a un sistema informático, ni su transmisión en cualquier forma o por cualquier medio, sea este electrónico, mecánico, por fotocopia, por grabación u otros métodos, sin el permiso previo y por escrito de los titulares del *copyright.*

Queda expresamente prohibida la utilización o reproducción de este libro o de cualquiera de sus partes con el propósito de entrenar o alimentar sistemas o tecnologías de Inteligencia Artificial (IA).

La infracción de los derechos mencionados puede ser constitutiva de delito contra la propiedad intelectual (Arts. 229 y siguientes de la Ley Federal del Derecho de Autor y Arts. 424 y siguientes del Código Penal Federal).

Si necesita fotocopiar o escanear algún fragmento de esta obra diríjase al CeMPro (Centro Mexicano de Protección y Fomento de los Derechos de Autor, http://www.cempro.org.mx).

Impreso en los talleres de Impresora Tauro, S.A. de C.V.
Av. Año de Juárez 343, Col. Granjas San Antonio,
Iztapalapa, C.P. 09070, Ciudad de México
Impreso y hecho en México / *Printed in Mexico*

A mis estudiantes

SUMARIO

PREFACIO

Como científico cognitivo, me he pasado la vida pensando en cómo piensa la gente. Por tanto, el tema supremo de mi fascinación tendría que ser cómo piensan los individuos en lo que otros piensan, y cómo piensan en lo que otros piensan que ellos piensan, y cómo piensan en lo que otros piensan que ellos piensan que ellos piensan. Por vertiginosa que pueda parecer esta reflexión, nos embarcamos en ella a diario, al menos de forma tácita, y, en el límite, este estado de conciencia posee un nombre técnico: *conocimiento común*.

Originaria de la teoría de juegos y la filosofía, la teoría del conocimiento común puede iluminar una amplia gama de enigmas sobre la vida social humana. Yo la descubrí gracias a mi interés en el lenguaje cuando estaba escribiendo *El mundo de las palabras*. Hacía mucho tiempo que me preguntaba por qué las personas a menudo no dicen lo que realmente piensan, sino que velan sus intenciones con insinuaciones y doble lenguaje, contando con que les leerán entre líneas. Aventuré como respuesta que las declaraciones descaradas generan conocimiento común, pero los eufemismos refinados no lo hacen, y que el conocimiento común es lo que ratifica o anula las relaciones sociales.

En este libro desarrollaré esa teoría y mostraré cómo el conocimiento común explica asimismo las características esenciales de la organización social, tales como el poder político y los mercados financieros; algunas de las especificaciones de diseño de la naturaleza humana, como la risa y las lágrimas; e innumerables curiosidades de la vida privada y pública, como las burbujas y las quiebras financieras, la agresividad al volante, las donaciones anónimas, las largas despedidas, las revoluciones surgidas de la nada, las multitudes que aprovechan las redes sociales para linchar o la cultura de la cancelación académica. Para cuando termines este libro, confío en que estés pertrechado para comprender fenómenos que nunca me había parado a explicar, como la luz de gas, la celebridad kardashiana (ser famoso por ser famoso), la indignación fingida («me he quedado estupefacto al enterarme de que aquí se juega»), las «líneas rojas» en las relaciones internacionales y la diferencia psicológica entre «CC» y «CCO» en la etiqueta del correo electrónico.

Espero convencerte de que este alcance oceánico no es un signo de megalomanía explicativa. El conocimiento común es realmente un concepto muy poderoso. Es la hazaña mental que explica una de las señas de identidad de la condición humana: las mentes individuales pueden coordinar sus decisiones para beneficio mutuo, posibilitando la prosperidad de nuestra especie en colectivos que abarcan desde las parejas hasta las sociedades. Confío en mostrar que muchas de nuestras armonías y discordias resultan de nuestras luchas por alcanzar, mantener o evitar el conocimiento común.

Este es el segundo de mis libros de divulgación que presenta mis propias investigaciones y, como hice con *Words and Rules*, se lo dedico a los estudiantes de posgrado y posdoctorado que colaboraron conmigo en los estudios. Todo profesor sabe que la mejor parte de su trabajo consiste en aprender de los estudiantes, y en el transcurso de esta investigación tuve la fortuna de aprender de Julian De Freitas, Peter DeScioli, Omar Sultan Haque, Moshe Hoffman, Yuhui Huang, James Lee, Miriam Lindner, Maxi Massenkoff, Jason Nemirow, Laura Niemi, Lawrence Ian Reed, Kyle Thomas y Dylan Tweed. Gracias en especial a Peter DeScioli por sus agudos y profundos comentarios sobre el primer borrador.

Son varias las personas que me brindaron una paciente orientación en sus respectivas áreas de especialización: Scott Aaronson, Robert

John Aumann, Herbert Clark, Peter DeScioli, Rebecca Goldstein, Dacher Keltner, Eric Maskin, Dov Samet y Jeannie Suk Gersen. Otras me comentaron borradores de los capítulos: Charleen Adams, Cory Clark, Tyler Cowen, Alan Fiske, Komi Frey, Robin Hanson, Moshe Hoffman, Greg Lukianoff, Michael Macy, Jason Nemirow, Bruce Schneier, Dan Sznycer y Jessica Tracy. No faltaron quienes respondieron a mis preguntas o me ofrecieron sugerencias: Paul Bloom, Yi-Chia Chen, Eve Clark, Jeffry Frieden, Bill Gates, Andrew Gelman, Joshua Goldstein, Marc Hauser, Coleman Hughes, Jillian Jordan, Peter Kinderman, Gary King, Sarah Kious, Louis Liebenberg, Lucy Matthew, Dani Passow, Dan Schacter, Fred Shapiro, Richard Shweder, Lawrence Summers, Philip Tetlock, Jeffrey Watumull, David Wolpe y Hirschy Zarchi. Bob Woods me proporcionó su ayuda cualificada con los materiales bibliográficos y de investigación. Ilavenil Subbiah dibujó los elegantes gráficos. Mi agradecimiento a todos ellos.

Estoy agradecido a mi editor en Scribner, Rick Horgan, por su aliento y sus orientaciones, y a mi amigo y agente literario John Brockman. Mi reconocimiento especial para Katya Rice por su corrección y edición del manuscrito; nuestra décima colaboración en cuarenta años.

Tres de los dedicatarios de mis libros anteriores murieron mientras escribía este, mi primer libro de divulgación cuyo borrador no ha sido leído por mi madre y principal lectora imaginada, Roslyn Wiesenfeld Pinker. También se han marchado mis queridos amigos e inspiraciones intelectuales John Tooby y Donald Symons. Los tres han dejado su sello en el libro con sus ejemplos, ideas y voces. Extraño profundamente asimismo otras dos influencias: Daniel Dennett y Daniel Kahneman.

Mi mayor inspiración intelectual es también mi pareja, y doy las gracias a Rebecca Newberger Goldstein por enseñarme continuamente lo que importa tanto en términos intelectuales como personales. Es un placer expresar mi reconocimiento al resto de mi querida familia: Yael, Solly, Danielle, Kai, Susan, Martin, Eva, Carl, Eric, Rob, Kris, Jack y David.

CAPÍTULO 1

El emperador, el elefante y la bola de matzá

Qué es el conocimiento común y por qué importa

Cuando el niño dijo que el emperador estaba desnudo, no le estaba contando a nadie nada que no supiera ya. No obstante, incrementaba el conocimiento ajeno. Al espetar al alcance del oído de los demás lo que cualquier espectador podía ver, se aseguraba de que supieran que todos *los demás* sabían lo que ellos sabían, de que todos supieran que todos lo sabían, y así sucesivamente. Y aquello transformó la relación de todos con el emperador, de la sumisión servil a la burla y el desdén.[1]

La historia inmortal de Hans Christian Andersen recurre a una distinción lógica trascendental. Con el *conocimiento privado*, la persona A sabe algo y la persona B lo sabe. Con el *conocimiento común*, A sabe algo y B lo sabe, pero, además, A sabe que B lo sabe, y B sabe que A lo sabe. Por añadidura, A sabe que B sabe que A lo sabe, y B sabe que A sabe que B lo sabe, y así sucesivamente, *ad infinitum*.[2]

«El traje nuevo del emperador» dramatiza dos características del conocimiento común que lo convierten no solo en un concepto lógico fascinante, sino también en una clave para la comprensión de la vida social humana. Una es que el conocimiento común no necesita ser deducido de una cadena infinita de reflexiones acerca de los estados mentales de las otras personas («Sé que sabes que sé que sabes...»), que ningún mortal podría siquiera pensar. Puede ser impartido de forma instantánea por un acontecimiento conspicuo, como una simple frase pronunciada en público. La otra es que la diferencia entre el conocimiento privado, incluso cuando es ampliamente compartido, y el conocimiento común no es una mera sutileza lógica, sino que puede unificar a los conocedores en una acción coordinada y a veces hacer explotar un *statu quo* social.

Con el fin de ayudar a distinguir las diferentes clases de conocimiento, visualicémoslas en unos pequeños dibujos que representan el conocimiento como la visión. El primero es una imagen del conocimiento privado. Cada observador ve algo, pero ninguno ve al otro viéndolo:

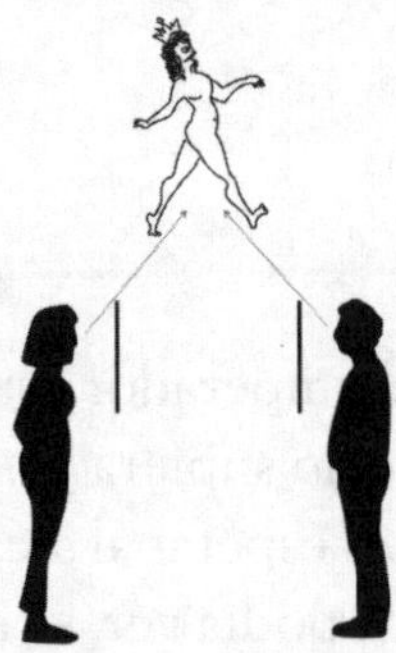

A continuación tenemos un estado que denominaremos *conocimiento recíproco*, en el que cada observador ve el acontecimiento y ve al otro viéndolo. Pero como cada uno de ellos divisa al otro a través del anonimato de una cerradura, su conciencia respectiva no llega al conocimiento común; ninguno de los dos sabe que ha sido visto viéndolo:

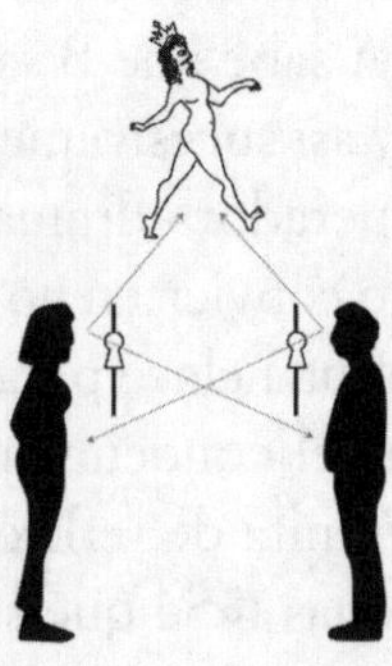

El último dibujo muestra el conocimiento común. Cada uno ve al otro viendo el acontecimiento y ve al otro viéndole verlo, de lo cual ambos pueden inferir que cada uno ve tantas vistas de vistas como esté dispuesto a considerar:

¿Qué sucede en las mentes de los observadores cuando estos se encuentran en una situación que proporciona conocimiento común? No tiene por qué tratarse de una galería de los espejos con «Él sabe que ella sabe que él sabe que ella sabe...»:

Nuestra cabeza empieza a dar vueltas con solo dos capas de pensamientos dentro de los pensamientos, y el conocimiento común requiere un número infinito de ellas, que no cabe dentro de un cráneo finito. Lo más probable es que sea la simple intuición de que el acontecimiento es «público» o está «ahí fuera» o «a la vista de todos»:

Mi objetivo en este libro es explicar las oscuras pero trascendentales investigaciones sobre el conocimiento común, junto con algunas ideas de mi propia cosecha, y mostrar cómo el concepto ilumina muchos enigmas de nuestros asuntos públicos y nuestras vidas personales. Los estudiosos que conozco que han explorado el concepto (matemáticos, economistas, filósofos, lingüistas, científicos de la computación) coinciden en que es una piedra angular en la comprensión del mundo social. Pero se han afanado en difundir la noticia a un gran número de lectores, y a menudo se preguntan cómo las mentes humanas manejan lo que parece un estado de conocimiento imposiblemente abstruso. Este libro, escrito desde la perspectiva de la psicología y la ciencia cognitiva, aspira a colmar estas lagunas.[3]

He aquí las principales ideas. En primer lugar, el conocimiento común (en el sentido técnico) es lógicamente diferente del conocimiento privado: enterarse de algo en público, incluso si todos lo saben ya, puede cambiarlo todo. En segundo lugar, el elemento principal que el conocimiento común transforma es la capacidad de *coordinarse*: dos o más personas con conocimiento común pueden beneficiarse mutuamente de las decisiones complementarias que no tendrían confianza para tomar con el conocimiento privado. En tercer lugar, dado que el conocimiento común es tan potente, los humanos somos intuitivamente sensibles a él, casi como si dispusiéramos de un órgano sensorial para este concepto lógico. En cuarto lugar, esta conciencia es la que ha empoderado a nuestra especie para coordinar nuestro comportamiento en redes sociales como las comunidades, las economías y las naciones. Por este motivo, muchas peculiaridades de la vida pública (sus rituales mecánicos, sus convenciones y sus normas) devienen inteligibles como soluciones para los problemas de coordinación. Lo mismo sucede con algunas de las patologías de la vida pública, entre las que figuran las modas, los hostigadores, los pánicos, las burbujas y las espirales del silencio. En quinto lugar, las relaciones personales (nuestros vínculos con familiares, amigos, amantes, autoridades, subordinados, vecinos, colegas y socios transaccionales) son también juegos de coordinación y han de cimentarse mediante el conocimiento común. Finalmente, habida cuenta de que todos estos equilibrios de coordinación comportan incentivos y obligaciones, encontramos con frecuencia formas de lidiar con ellos *evitando* saber lo que todos saben, dando origen a rituales de hipocresía benigna, fingiendo no saber, captando los mensajes y no entrando al trapo. En otras palabras, muchas de nuestras tensiones, personales y políticas, surgen del deseo de propagar o suprimir el conocimiento común.

Dado que el conocimiento común es la piedra de toque del libro, debo comenzar con unas palabras acerca del propio término, que yo emplearé en un sentido diferente de su significado cotidiano. En el inglés (y el castellano) ordinario, la expresión *common knowledge* [conocimiento común] se refiere a algo que muchas o la mayoría de las personas saben, especialmente los secretos a voces, como cuando decimos «*It's common knowledge that the police around here can be bribed*» [Es bien sabido que aquí la policía se deja sobornar]. Esto es casi lo contrario del sentido del término técnico de la teoría de juegos y la filosofía que exploraremos en este libro. Igual de confuso resulta que el *conocimiento común* en el sentido técnico no corresponde al significado literal de sus palabras, esto es, «el conocimiento que la gente tiene en común», ya que eso podría pertenecer al conocimiento privado idéntico, donde todos saben una misma cosa sin saber necesariamente que los otros la saben.

Un término más transparente sería *conocimiento mutuo*, que da a entender que las personas reflejan o comparten de forma deliberada sus conocimientos respectivos. Los lingüistas emplean en alguna ocasión ese término para referirse al conocimiento común entre un par de interlocutores, y así lo designé yo en *El mundo de las palabras*.[4]

Ahora bien, en la mayor parte de la literatura técnica, el conocimiento mutuo ha derivado hacia un significado diferente: o bien conocimiento privado generalizado (como el primer diagrama), o bien capas de conocimiento recíproco (como el segundo).[5] Entre otros términos para el conocimiento común figuran *conocimiento abierto*, *conocimiento conspicuo*, *conocimiento público*, *conocimiento interactivo*, *realidad compartida*, *conciencia compartida*, *conciencia colectiva* y *terreno común*. Pero el término *conocimiento común*, por engañoso que sea, se ha arraigado entre los expertos, y será el que yo maneje.

Por fortuna, esta concesión brinda una oportunidad para introducir el poder del conocimiento común en los asuntos humanos, empezando por el propio lenguaje. En lo que atañe al vocabulario establecido, la lógica y la gramática no vienen al caso. A nadie le importa que *awful* [espantoso] ya no signifique «*filled with awe*» [lleno de asombro], ni que *bathroom* [cuarto de baño] no signifique necesariamente «*a room with a bath*» [un cuarto con una bañera]. Y, como bromeaba Voltaire, el Sacro Imperio Romano no era ni sacro, ni romano ni un imperio. Una palabra o una locución transmite un significado no porque las personas lo deduzcan de las partes de la palabra, sino simplemente porque esperan que todas las demás la interpreten igual que ellas.[6]

El propósito del lenguaje es *coordinar* nuestro comportamiento: tú me pasas la pimienta cuando yo quiero pimienta y la sal cuando quiero sal. El lenguaje nos permite hacer esto porque es una *convención*, un acuerdo tácito entre los miembros de una comunidad lingüística para utilizar palabras para referirse a ciertos conceptos, en este caso que el sonido [pi'mjẽn̪t̪a] se empleará para indicar la pimienta y ['sal] para indicar la sal, aunque podría haber sido al revés si los hispanohablantes hubieran acordado hace tiempo el emparejamiento opuesto. Yo puedo pedir la sal con confianza porque sé que tú interpretas la palabra como yo y, lo que es crucial, tú sabes que yo sé esto; si supieras que *sal* significa «sal», pero pensaras que yo pensaba que *sal* significaba «pimienta», me pasarías en cambio la pimienta. Y yo sé que tú sabes que yo sé esto, *ad infinitum*.

Desde que el lingüista Noam Chomsky llamara la atención sobre las complejidades de la sintaxis, el lenguaje humano ha inspirado asombro en virtud de la gran cantidad de significados que podemos expresar al combinar palabras en oraciones.[7] Pero el poder de una sola palabra para coordinar las mentes es igual de asombroso. Como escribe el poeta Craig Morgan Teicher: «Hablar es un acto de fe incomparable. ¿Qué prueba tenemos de que, cuando yo digo *ratón*, tú no piensas en una señal de stop? La respuesta evidente a semejante pregunta es que quien la formula está pensando demasiado duro acerca de un pensamiento blando».[8] La respuesta menos obvia es que el significado de una palabra es conocimiento común entre los hablantes de la lengua. Los niños hacen esta suposición de manera tácita desde el principio; es difícil ver cómo podrían dominar la lengua si tuvieran que preocuparse de que *ratón* significara «ratón» para ellos, pero «señal de tráfico» para alguien, e incluso otras cosas para otras personas.[9] Los experimentos de los psicólogos Gil Diesendruck y Lori Markson demostraron que en realidad a los niños no les preocupan tales asuntos. Enseñaron a niños de tres años palabras para objetos poco familiares, como *mef* para un molde para empanadillas, y descubrieron que los niños suponían de inmediato que un desconocido sabía lo que significaba la palabra. Esto no se debe a que los niños mezclen indiscriminadamente sus propios conocimientos con los de todos los demás; cuando a los niños de tres años se les enseñaba un nuevo *hecho* sobre un objeto (por ejemplo, que «a mi gato le gusta jugar con él»), no asumían que un desconocido conociera el hecho en cuestión.[10] Las palabras son el ejercicio más temprano y más omnipresente del conocimiento común en nuestras vidas.

La expresión inglesa *to be on speaking terms* [dirigirse la palabra] nos recuerda que el lenguaje es la actividad social por antonomasia, y la lógica de las convenciones lingüísticas abre la puerta a las preguntas relativas al resto de nuestra sociabilidad. La más básica es por qué somos sociales. Los humanos charlan, trabajan, juegan, construyen y aprenden en conjunto, estén o no emparentados, una rareza entre los animales, que se mantienen unidos principalmente por lazos de sangre. ¿Cuáles son las ventajas evolutivas de andar juntos para que una persona pueda beneficiar a otra?

Los biólogos evolutivos piensan en esta cuestión distinguiendo las dos posibles ventajas para el individuo que ayuda. Cuando un organismo beneficia al otro a costa de sí mismo, se llama *altruismo*. Los lectores de la obra clásica de 1976 de Richard Dawkins *El gen egoísta*, o de las docenas de libros sobre cooperación aparecidos con posterioridad, saben que el altruismo es un importante enigma en biología porque, a primera vista, da la impresión de que nunca podría haber evolucionado por selección natural. ¿Por qué los monos se acicalan mutuamente, sacrificando cada uno su tiempo para desparasitarse los unos a los otros, cuando un mono egoísta podría disfrutar siendo acicalado sin acicalar a su vez, superando en la competición a sus generosos compañeros de tropa e inundando a las generaciones descendientes con sus genes egoístas, conduciendo a la postre el acicalamiento a la extinción?

La solución común a este enigma es el altruismo recíproco, la estrategia de comenzar cooperando (en este caso, acicalando a quien lo solicita) y tratando después a los otros como ellos te han tratado a ti: cooperar con aquellos que han cooperado y rehusar la colaboración a los desertores (en este caso, negarse a acicalarlos).[11] El problema se puede modelar en la teoría de juegos como un dilema de los prisioneros: el escenario hipotético en el que dos socios cómplices de un delito incomunicados no tienen más opción que traicionarse mutuamente por temor a ser traicionados, lo cual los deja en peor situación que si hubieran cooperado. (Volveremos sobre este asunto en el capítulo 3). Cuando se coloca en el dilema a los cómplices de manera reiterada, las estrategias del altruismo recíproco (jugar al toma y daca) pueden superar a las explotadoras, ya que los tramposos acabarán siendo excluidos de la cooperación beneficiosa.[12]

Los psicólogos han señalado que varias de nuestras facultades mentales (nuestra memoria para otras personas y lo que nos hicieron, nuestro sentido de la justicia y nuestros sentimientos morales, como la compasión, la gratitud y la ira) parecen misteriosamente diseñadas para implementar una estrategia de reciprocidad, y presumiblemente evolucionaron como adaptaciones al problema de la cooperación altruista. En nuestro caso, no el acicalamiento, sino el sinfín de modos en los que intercambiamos bienes, servicios y favores, como el trueque, el uso compartido del coche y el cuidado de niños. La compasión nos impulsa a cooperar en la primera jugada; la gratitud, a pagar la cooperación con cooperación; la ira, a pagar la deserción con deserción.

A estas alturas, la historia nos resulta familiar; yo mismo la he contado en cinco libros.[13] Absorbe nuestra atención porque resuelve una paradoja evolutiva y porque arroja luz sobre un importante escenario de la condición humana: nuestros dramas de la justicia, la deuda, la obligación, el intercambio, la culpa, el agradecimiento y la traición. Solo recientemente he llegado a apreciar que la historia de la cooperación constituye tan solo una cara del problema de lo que hace sociales a los humanos. La otra cara es la *coordinación*.[14]

Cuando un organismo beneficia a otro, no incurre necesariamente en un coste para sí mismo; puede disfrutar de un beneficio. Los biólogos denominan esta segunda clase de ayuda *mutualismo*, como cuando un picabuey come garrapatas del lomo de una cebra voluntariosa. El picabuey se alimenta, la cebra es atormentada por menos parásitos y todos ganan (excepto las garrapatas). La reciprocidad es innecesaria: el picabuey no exige que la cebra mordisquee garrapatas de sus plumas en compensación. Por esta razón, el mutualismo no parecería comportar la emoción del altruismo. Cada parte obtiene claramente algo de la relación, por lo que cada una tiene un incentivo para permitir que el arreglo evolucione. No es «Si tú me rascas la espalda, yo te rasco la tuya»; es «Una mano lava la otra».

Pero la evolución de la coordinación mutualista no es aburrida en modo alguno. Plantea otro abrumador enigma evolutivo, con una explicación diferente, pero igualmente fecunda.

La vida está llena de oportunidades para coordinarnos con otras personas en aras del beneficio mutuo. Acordamos una hora y un lugar para encontrarnos, llevamos alimentos complementarios para una cena comunitaria, dividimos responsabilidades en un proyecto, ponemos un apodo a una sala de reuniones y cargamos con los extremos opuestos de un pesado sofá para subirlo por las escaleras. Como en el caso del picabuey y la cebra, no existe ningún incentivo para que nadie engañe o tema ser engañado: cuando la coordinación funciona, todos ganan. Esto no significa que sea fácil lograrla. La coordinación puede fallar si las personas no están en sintonía, aun cuando deseen una misma cosa. Los horarios no encajan, las señales se cruzan y las metas compartidas caen en el olvido o se estropean porque intervienen demasiadas manos.

Consideremos un juego que reduce la coordinación a su lógica desnuda a la manera en que lo hace el dilema de los prisioneros en el caso de la cooperación.[15] En el juego de la cita, dos personas, James y Charlotte, disfrutan de su mutua compañía y han acordado quedar para tomar café, pero el teléfono móvil de James se queda sin batería antes de que hayan decidido un lugar. Ambos saben que James tiende a frecuentar el Java Joint y Charlotte es clienta habitual de Coffee Connection, pero ninguno de los dos tiene una auténtica preferencia; solo quiere acabar en el mismo sitio. James predice que Charlotte tenderá a ir al Connection, por lo que se dirige hacia allí, pero entonces se da cuenta de que ella predecirá que él tenderá a ir al Joint, de modo que cambia de rumbo y se encamina hacia allí, hasta que se percata de que ella anticipará que él supondrá que ella optará por el Connection, así que vuelve a darse la vuelta, hasta que se le ocurre que ella pensará que él sabe que ella es consciente de que él frecuenta el Joint, por lo que hace una nueva pirueta. Entretanto, ella se siente atrapada por la misma fútil empatía.

Repárese en que, en el juego de la cita, no existe ningún conflicto de intereses: los dos amigos quieren lo mismo. Sencillamente no tienen cabida la confianza y la desconfianza, la generosidad y el egoísmo, la sinceridad y el engaño, las buenas obras disfrutadas y retribuidas. El problema de James y Charlotte no es motivacional, sino cognitivo. Lo que anhelan es el conocimiento común. No basta con que uno de ellos conozca la probable intención del otro. Cada uno ha de saber que el otro sabe lo que el primero sabe, *ad infinitum*.

El más fácil otorgador de conocimiento común, el habla directa, no se halla a su disposición. Pero no todo está perdido. La segunda mejor opción es la *relevancia común*, también conocida como un *punto focal*. Supongamos que el Java Joint ha lanzado una promoción y ha empapelado con anuncios los quioscos locales, o han hablado del café en su última conversación o ha aparecido recientemente en las noticias, o se halla ubicado en el cruce más transitado de la ciudad. Ninguna de estas es intrínsecamente una «buena razón» para reunirse en el Joint, pero el mero hecho de que un sitio se cuele en la conciencia de cada uno de ellos es razón suficiente, y ambos pueden salir de su empático atolladero para dirigirse allí.

Cualquiera que sea el origen, cuando reaparece en la vida un dilema de coordinación, las partes anhelarán un punto focal, cualquier punto focal, y propenderán a aferrarse a cualquier solución que sepan que es una solución. Estas soluciones comúnmente conocidas se denominan *convenciones*.[16] James y Charlotte, por ejemplo, podrían adoptar una convención personal que acudiera en su rescate en caso de volver a encontrarse incomunicados, como el recurso al desempate con «las damas primero» y reunirse en el Connection, o turnarse y acudir adonde no hubieran quedado la última vez.

Entre las convenciones de toda la sociedad, una evidente que hemos visto es el vocabulario de un idioma. Otros ejemplos incluyen el cierre de los negocios los domingos, la aceptación de papel moneda a cambio de bienes y servicios, el uso de electrodomésticos que funcionan a 220 voltios o la conducción por el lado derecho de la calzada (o el izquierdo; lo mismo da, siempre y cuando todos circulen por el mismo lado). Es irrelevante que la policía vele por el cumplimiento de esta última convención. Como sucede con muchas convenciones, los individuos tienen un incentivo para cumplirla siempre que los demás también lo hagan.

Una extensa narrativa del pasado y el futuro de nuestra especie por parte del historiador Yuval Noah Harari, desplegada en sus libros *Sapiens*, *Homo Deus* y *21 lecciones para el siglo* XXI, se halla animada por una gran idea, que él sintetiza de esta manera: «Nuestro mundo está construido sobre ficciones. Estamos rodeados por ellas: las naciones, las corporaciones y la religión fueron inventadas en la imaginación humana. Y si no fuera por las historias ficticias que contamos colectivamente, no podríamos ser la especie dominante en el planeta».[17] Lo explica en estos términos:

> Desde la Edad de Piedra, los mitos que se refuerzan a sí mismos han servido para unir a los colectivos humanos. De hecho, el *Homo sapiens* conquistó este planeta gracias sobre todo a la facultad humana única de crear y propagar ficciones. Somos los únicos mamíferos capaces de cooperar con numerosos desconocidos porque solo nosotros podemos inventar historias ficticias, difundirlas y convencer a otros millones de individuos para que crean en ellas. Siempre y cuando todos creamos en las mismas ficciones, todos obedeceremos las mismas leyes y, de esa manera, podremos cooperar de manera efectiva.[18]

Se trata de una idea meritoria, aunque yo la expresaría de otro modo. Nuestro mundo está construido sobre convenciones que nos permiten coordinarnos con eficacia y se refuerzan a sí mismas porque son conocimiento común. Convenciones tales como el idioma inglés o el castellano, el cristianismo, los Estados Unidos de América, el euro y Microsoft no son exactamente «ficciones». Son muy reales, aun cuando no sean cosas físicas. El conocimiento común crea realidades no físicas.[19]

Mientras que el dilema de la cooperación prepara el escenario para el drama humano de la beneficencia, la explotación y la justicia, el dilema de la coordinación prepara el escenario para sus propias óperas, con tramas impulsadas por la privacidad, la publicidad, los precedentes, la fama, las modas, las normas, los pánicos, los rituales, la piedad y la indignación. El resto de este capítulo intentará convencerte de esta ambiciosa declaración, analizando cuatro ejemplos de las noticias que se entienden mejor con la lógica del conocimiento común. Concluiré con un vistazo a cómo se experimenta la lógica en nuestra conciencia y en nuestra conversación.

Nos hemos acostumbrado a que en las redes sociales proliferen las publicaciones acerca de las indignidades de las celebridades, los gatos montados en robots aspiradores, y los vestidos azules y negros que algunas personas ven como dorados y blancos.[20] Pero rara vez se origina un meme viral a partir de un problema de matemáticas. Eso sucedió en 2015, cuando Kenneth Kong, un presentador de televisión de Singapur, publicó en su página de Facebook una foto de una pregunta de examen para los estudiantes de quinto curso del país. El rompecabezas arrasó enseguida en internet y atrajo la cobertura de *The New York Times*, *The Guardian* y la BBC, y pronto consiguió su propia entrada en Wikipedia.[21] Esta es su versión literal, incluidos los cuestionables tiempos verbales:

> Albert y Bernard acaban de hacerse amigos de Cheryl y quieren saber cuándo es su cumpleaños. Cheryl les da una lista de diez fechas posibles:
>
> 15 de mayo, 16 de mayo, 19 de mayo
> 17 de junio, 18 de junio

14 de julio, 16 de julio
14 de agosto, 15 de agosto, 17 de agosto

Acto seguido, Cheryl dice a Albert y a Bernard por separado el mes y el día de su cumpleaños respectivamente.

ALBERT:NosécuándoeselcumpleañosdeCheryl,peroséqueBernardtampoco lo sabe.
BERNARD:AlprincipionosabíacuándoeselcumpleañosdeCheryl,peroahora ya lo sé.
ALBERT: Entonces yo también sé cuándo es el cumpleaños de Cheryl.

¿Cuándo es, pues, el cumpleaños de Cheryl?

Inténtalo; se trata de un pequeño ejercicio mental, pero resoluble sin matemáticas. Ayuda organizar las posibilidades en una tabla y seguir un proceso de eliminación:

		Día (Bernard lo sabe)					
	Mayo		15	16			19
Mes	**Junio**				17	18	
(Albert lo sabe)	**Julio**	14		16			
	Agosto	14	15		17		

Recordemos que a Bernard se le ha dicho el día, pero no el mes; es decir, sabe en qué columna está el cumpleaños de Cheryl, pero no en qué fila. Ahora bien, si se le hubiera indicado que su cumpleaños era «el 18», habría sabido que era el 18 de junio, ya que es el único 18 entre las posibilidades (es la única fecha de esa columna). Análogamente, si se le hubiera indicado que era el 19, sabría que era el 19 de mayo. Albert dice que sabe que Bernard no sabe la respuesta, por lo que debe saber que a Bernard no se le ha dicho que fuera el 18 ni el 19, las dos cosas seguras. Pero ¿cómo podría haberlo averiguado Albert con solo saber la fila correcta, esto es, el mes de nacimiento? Solo lo sabría si se le hubiera indicado julio o agosto, que carecen de esas soluciones fáciles.

Continuemos. Si tú y yo podemos descubrir esto, también puede hacerlo Bernard. Y Bernard ha anunciado que ahora sabe cuándo es el cumpleaños de Cheryl. ¿Cómo puede saberlo? Bueno, el día no podría haber sido el 14, porque eso no le habría permitido decidir entre el 14 de julio y el 14 de agosto. Y si hubiera sido el 15 o el 17, entonces Albert no habría tenido ninguna forma de saber cuál era.

Pero Albert anuncia que lo sabe. Eso significa que solo podría haber sido el mes en el que quedase un único día entre las posibilidades, julio, y ese día es el 16. El cumpleaños de Cheryl es el 16 de julio.

¿Qué nos dice el problema de Cheryl? En primer lugar, lleva el sello distintivo de las publicaciones virales de las redes sociales: moralización sobre una historia que resulta ser falsa. Los comentaristas se quejaban de los draconianos ejercicios impuestos a los escolares asiáticos o de la flojera intelectual de sus homólogos occidentales. Pero en realidad el problema no pertenecía a un currículo de quinto curso; estaba tomado de una olimpiada para los adolescentes que más destacaban en matemáticas en la nación.

La auténtica razón por la que menciono a Cheryl es para mostrar cómo el conocimiento acerca del conocimiento es lógicamente diferente del mero conocimiento, y cómo puede emplearse para inferir hechos relativos al mundo. También muestra que las personas son capaces —con cierto esfuerzo cuando se trata de situaciones poco familiares— de pensar acerca de los pensamientos de otros individuos acerca de los pensamientos de otros. Es un talento que va más allá del proceso de pensamiento que los científicos cognitivos llaman mentalización, lectura de la mente, psicología intuitiva o teoría de la mente (la «teoría» se refiere aquí a las intuiciones de una persona ordinaria, no a la teorización del propio científico). Este talento puede designarse como mentalización *recursiva*: pensar en los pensamientos sobre los pensamientos; leer la mente de un lector de mentes. El problema de Cheryl nos exhorta a pensar en el conocimiento privado de Albert y Bernard del mes y el día de nacimiento, su conocimiento recíproco del conocimiento privado de cada uno y el conocimiento común transmitido por sus pronunciamientos respectivos.

Más adelante nos preguntaremos cuán diestras son en realidad las personas a la hora de pensar acerca de pensar acerca de pensar. Antes de ello, ejercitaremos la habilidad de usar estados de conocimiento para reducir de forma gradual los estados del mundo y llegaremos a una conclusión asombrosa: que las personas honestas y racionales no pueden acordar no estar de acuerdo.

Aquellos de nosotros que hemos vivido la continua democratización de los ordenadores, desde los procesadores centrales que ocupaban una habitación entera hasta los teléfonos inteligentes, pasando por las minicomputadoras del tamaño de una nevera, los equipos de sobremesa y los ordenadores portátiles, recordamos que el mayor punto de inflexión se produjo en 1984. Fue entonces cuanto Apple introdujo un ordenador personal asequible con una interfaz gráfica de usuario (GUI, por sus siglas en inglés): el Macintosh. Hasta aquel momento, los ordenadores domésticos eran difíciles y tediosos de usar. Sus monitores mostraban veinticuatro filas de ochenta caracteres cada una, y sus sistemas operativos requerían comandos de texto como «rmdir c:\ foobar», cuya sintaxis tenía que ser memorizada y que podían fallar con un error al pulsar una tecla. Los primeros en adoptar la alternativa de Apple quedaron deslumbrados por las ventanas, los iconos, los menús y el ratón, que hoy damos por sentados. Richard Dawkins estaba maravillado por aquel entonces: «Llevo veinticinco años como programador y usuario intensivo de una amplia variedad de computadoras digitales y puedo atestiguar que el uso del Macintosh (y sus imitadores) es una experiencia cualitativamente diferente del uso de cualquier tipo anterior de ordenador. Produce una sensación natural que no supone ningún esfuerzo, casi como si la máquina virtual fuera una extensión de nuestro propio cuerpo».[22]

No obstante, el imperio de los ordenadores con GUI no era una conclusión inevitable. Habían sido inventados una década antes en el Centro de Investigación de Palo Alto de Xerox —cuenta la leyenda que Steve Jobs robó la idea tras una visita en 1979— y la propia Apple había introducido una versión en 1983, el Lisa, que fue un fracaso. El problema consistía ahora en impulsar la aceptación masiva de una plataforma computacional novedosa y exótica. Tenía que haber un número suficiente de compradores para que el precio pudiera bajar, las comunidades de usuarios pudieran compartir *software* y conocimientos especializados, y pudiera desarrollarse un mercado de periféricos de terceros, aplicaciones y consumibles, como disquetes. Hasta que todo eso se materializara, serían pocos los consumidores que se arriesgarían a comprarse un ordenador, por fantástico que fuera, capaz de convertirlos en unos bichos raros y dejarlos huérfanos. Pero ¿cómo podría Apple vender suficientes unidades para crear esas «externalidades de red», como las denominan los economistas, si nadie estaba dispuesto a comprarse una hasta que lo hiciera?

Apple cortó el nudo con un anuncio que se emitió una sola vez, durante el tercer cuarto de la Super Bowl XVIII.[23] Dirigido por Ridley Scott, célebre por películas como *Alien* y *Blade Runner*, no decía nada sobre ventanas, iconos, menús o ratones; nada sobre una naturalidad exenta de esfuerzo ni una extensión del propio cuerpo; nada en absoluto sobre el producto. Una fila de autómatas vestidos de arpillera, empujados por policías antidisturbios, entra en un enorme salón donde un rostro proyectado entona palabrería corporativa sobre «directivas de purificación de la información». La monocromía gris azulada se intercala con planos de una atlética mujer rubia con pantalones cortos rojos y camiseta de tirantes que entra en el salón corriendo a toda velocidad con un gran mazo. Lo lanza como un martillo contra la pantalla, que explota en una blanca bola de fuego que deja boquiabiertos a los autómatas. Una voz en *off* lee el mensaje que se desliza hacia arriba en la pantalla: «El 24 de enero, Apple Computer presentará el Macintosh. Y verás por qué 1984 no será como *1984*».[24]

El contraste entre la conformidad corporativa y la iconoclasia juvenil, aunque desde luego era una imagen que Apple estaba encantada de transmitir, no era la auténtica clave del anuncio. La auténtica clave era que captaba la atención de la gente durante la Super Bowl, que es un rito nacional estadounidense que destaca en el calendario como una festividad religiosa. No solo había mucha gente viéndolo, sino que además todos sabían que había mucha gente viéndolo, y sabían que todos lo sabían. Un anuncio durante la Super Bowl genera conocimiento común. Y el conocimiento común es necesario para consolidar una convención, como las especificaciones de *hardware* y *software* del ordenador Macintosh. Las decenas de millones de personas que vieron el anuncio sabían que decenas de millones de personas podrían estar intrigadas por esa tecnología advenediza.

El papel especial del anuncio de la Super Bowl como un creador instantáneo de conocimiento común lo explicaba el científico político Michael Chwe en su libro de 2001 *Rational Ritual*. Chwe advirtió que otras empresas emergentes que dependían de las externalidades de red también hacían mucha publicidad en la Super Bowl, especialmente durante la era puntocom, cuando la creación de esos efectos de red era la clave para el éxito. Monster.com, por ejemplo, fue uno de los primeros portales de empleo que sacó partido del vasto alcance de la red, pero necesitaba que los buscadores de empleo esperasen que los empleadores publicaran anuncios allí y que los empleadores esperasen que los buscadores de empleo buscasen trabajos allí. La tarjeta Discover alardeaba de altos límites de crédito, sin cuotas anuales y bonos de reembolso, pero era poco atractiva sin una red de comerciantes que la aceptaran, lo que harían únicamente si existía una red de titulares de tarjetas que la usaran.

Chwe sostenía que la Super Bowl también atraía a una segunda clase de compañías: las que venden productos que dependen de su imagen de marca. La cerveza estadounidense es cerveza estadounidense, y las zapatillas para correr son zapatillas para correr, pero a los consumidores les importa que los vean como bebedores de Budweiser o Miller, que calzan Nike o Adidas, y desde luego no como compradores de genéricos sin marca. Además, ciertos productos se disfrutan en comunidad, como los restaurantes, las obras teatrales, las películas y los libros; es más divertido ver una película si más tarde puedes participar en una conversación sobre ella con tus amigos. Estos productos sociales son como los estándares tecnológicos o las redes de tarjetas de crédito: cuanta más gente los adopta, más gente quiere adoptarlos. Chwe confirmó que los bienes de este tipo, que se consumen en público, como los coches, la cerveza, los refrescos, las películas, la ropa y los zapatos, hacen más publicidad en la Super Bowl que los bienes consumidos en privado, como las pilas, el aceite de motor y los cereales para el desayuno.

Por supuesto, la Super Bowl (y otros eventos con un enorme despliegue publicitario) tiene audiencias masivas, por lo que son las cifras, más que el conocimiento común, las que atraen a los anunciantes. Utilizando técnicas de regresión estadística, Chwe hizo lo posible por controlar este y otros factores de confusión. Confirmó que las empresas que vendían productos consumidos en público estaban más dispuestas a anunciarse, estaban más dispuestas a anunciarse en programas populares que en los especializados, y estaban más dispuestas a pagar más por espectador que las compañías que vendían productos consumidos en privado.

En las décadas posteriores al anuncio de «1984», los anuncios de la Super Bowl se han convertido en un espectáculo cultural que atrae casi tanta atención como el propio partido. Esto ha hecho más atractivos los anuncios para los vendedores de productos cuyo valor depende del conocimiento común. El clímax puede haber sido la Super Bowl LVI de 2022, a veces llamada Crypto Bowl por su plétora de anuncios de alto concepto de plataformas de criptomonedas, los sitios web o aplicaciones en los que la gente podía comprar y vender criptomonedas como el bitcóin.

No es que las criptomonedas mismas dependan del conocimiento común fabricado por la publicidad. Por supuesto, dependen de una clase de conocimiento común, como todas las monedas. Yo acepto un pedazo de papel verde a cambio de un viejo sofá porque sé que el supermercado Stop & Shop aceptará ese papel a cambio de unos comestibles, lo que hará porque espera que sus mayoristas lo acepten, y así sucesivamente. En cierto momento, el conocimiento común de que las monedas tenían valor fue reforzado por una promesa de que el Gobierno cambiaría un dólar por una cantidad determinada de oro que, según el entendimiento popular, se almacenaba en Fort Knox. Hoy en día ese conocimiento es respaldado por decreto gubernamental, en particular por la ley de que la moneda de curso legal debe ser aceptada para saldar deudas. Cuando un gobierno tiene estabilidad monetaria, ese conocimiento común puede tornarse autosostenible. La gente confía en el dólar estadounidense porque sabe que todos lo hacen y que la Reserva Federal de Estados Unidos trabaja duro para que siga siendo así. Pero cuando un gobierno es inestable, el conocimiento común puede desarmarse y conducir a la hiperinflación, en la que la gente sube frenéticamente los precios y los salarios porque ve y anticipa que otros también lo hacen, lo cual deja enseguida la moneda sin ningún valor.

En las criptomonedas, el conocimiento común lo proporciona un libro de contabilidad pública: la cadena de bloques. En una cadena de bloques, todas las transacciones son indeleblemente registradas y protegidas de malversación o falsificación por complejos algoritmos criptográficos, que son transparentes pero imposibles de piratear. Todos pueden ver la cadena de bloques y cómo funciona, por lo que no se necesita ningún artilugio para conseguir que la gente espere que otros esperen que la criptomoneda tenga valor.

Donde el conocimiento común ha de ser artificialmente generado es en la *especulación* con criptomonedas. Como en todas las monedas, la oferta de criptomonedas puede crecer solo a un ritmo limitado con el fin de evitar la hiperinflación. Esto se logra permitiendo su «minado» mediante la resolución de problemas matemáticos que requieren un tiempo y una potencia de cálculo sustanciales. Si los especuladores anticipan que la demanda superará esta oferta, alimentada por la percepción de que las criptomonedas son la tendencia del futuro, podrían comprar criptomonedas ahora con la esperanza de poder venderlas más adelante con un beneficio. Y eso solo puede funcionar si hay compradores ahí afuera que esperan plausiblemente que *ellos* podrán venderlas con un beneficio a *otros* compradores; «los más tontos», como los llaman los analistas de inversiones. Lo que infla una burbuja especulativa no es exactamente el conocimiento común, ya que no hay nada que «conocer» objetivamente. Pero es una *expectativa* común, que emplea la mentalización recursiva de una manera similar: todos esperan que todos esperen algo; en este caso, que el precio del activo suba, lo cual hace que suba (al menos durante algún tiempo). Entretanto, las plataformas de cambio obtienen un beneficio en cada transacción.

Un evento público conspicuo como un anuncio durante la Super Bowl puede apuntalar la expectativa común, y eso es por lo que pagaban las plataformas de criptomonedas en 2022. Ninguno de los exorbitantes anuncios elogiaba o mencionaba siquiera las virtudes de las criptomonedas, tales como la confidencialidad y la protección contra la hiperinflación o la confiscación por el Gobierno. En vez de ello pagaban a celebridades para generar una expectativa común de que otras personas estuvieran invirtiendo en criptomonedas, por lo que ellas también deberían hacerlo.

En uno de los anuncios, Matt Damon, con un telón de fondo de alpinistas, aviadores y astronautas, recitaba: «En estos momentos de la verdad, estos hombres y mujeres —estos meros mortales, como tú y como yo—, cuando se asoman al borde, calman su mente y templan sus nervios con seis simples palabras, susurradas por los intrépidos desde los tiempos de los romanos: la fortuna favorece a los valientes». En otro, Larry David interpretaba encarnaciones de su yo cascarrabias en varios momentos cruciales de la historia, desestimando innovaciones como la rueda («¿Qué hace?». «Rueda». «También rueda una rosca de pan, ¿no? ¡Una rosca que te puedes comer!»), el tenedor, el retrete, el voto, la bombilla y el programa lunar. Terminaba desestimando a un representante de la plataforma de criptomonedas FTX: «¡Ehhhh!, no lo creo. Y nunca me equivoco con estas cosas, ¡nunca!». El anuncio se cerraba con estas palabras: «No seas como Larry. No te pierdas las criptomonedas... el próximo gran avance».[25]

Por supuesto, un activo, suspendido únicamente por la expectativa común, solo puede mantenerse en el aire durante un tiempo limitado. Las burbujas estallan cuando un mercado comienza a quedarse sin los más tontos que no quieren perderse el próximo gran avance, o cuando una razón para dudar se convierte ella misma en conocimiento común. Eso puede disipar la expectativa común y hacer que los inversores corran hacia la salida, cada uno de ellos desesperado por vender el activo por temor a que otros lo estén vendiendo por temor a que otros lo estén vendiendo.

Eso es lo que ocurrió pocos meses después de la Crypto Bowl, cuando el valor del bitcóin se desplomó en un 75 por ciento y dos billones de dólares del valor de las criptomonedas se evaporaron con rapidez. Lo peor estaba por venir. En noviembre, la filtración de un balance reveló que FTX había invertido los depósitos de los clientes en su propio fondo de cobertura, cuyas reservas se guardaban básicamente en una criptomoneda surgida de la nada: el FTT. Eso llevó al director ejecutivo de Binance (una plataforma rival que también se había anunciado en la Super Bowl) a sembrar dudas sobre el valor del FTT y vender sus propias participaciones, que FTX no podía canjear con facilidad, lo que desencadenó una expectativa común autocumplida de caída del valor, es decir, un pánico bancario. En cuestión de semanas, FTX se declaró en bancarrota, su fundador y director ejecutivo Sam Bankman-Fried fue arrestado y acusado de fraude electrónico y blanqueo de capitales, y se decía que las inversiones en las cadenas de bloques habían entrado en un criptoinvierno (que resultó ser un invierno breve, pues muchas criptomonedas se recuperaron).

La implosión de FTX de 2022 tenía un poco de humor negro ligado al generador de conocimiento común que había contribuido a su configuración; Larry David resultó estar en lo cierto: «¡Ehhhh!, no lo creo» se unió a «1984 no será como *1984*» como uno de los eslóganes publicitarios más clarividentes de la historia.

En uno de los mejores chistes de la vena de humor subversivo en la Unión Soviética, un hombre reparte panfletos a los transeúntes en la estación de tren de Moscú. Enseguida lo arresta la KGB, que descubre que los panfletos son hojas de papel en blanco. «¿Qué significa esto?», le preguntan. El hombre contesta: «¿Qué se puede escribir? ¡Es tan obvio!».

La gracia del chiste radica en que el panfletista estaba generando conocimiento común.[26] Todos sabían que el régimen comunista era ineficiente y opresivo, pero puede que no estuvieran seguros de que todos los demás hubieran llegado a esa conclusión. Un hombre en un lugar público que llama la atención sobre la existencia de razones para el descontento estaba dando a conocer dicho descontento, así como la conciencia de este, aunque no necesitara dar a conocer las razones mismas.

El arresto del hombre —y, más en general, la represión de la libertad de expresión, de prensa y de reunión en las autocracias— plantea la pregunta de por qué a los dictadores les resulta tan aterradora la expresión de opiniones. Después de todo, cabría imaginar que los dictadores permitieran que sus impotentes súbditos se quejaran y se lamentaran todo cuanto quisieran. El poder político, escribía Mao Zedong, «nace del cañón de un arma».

En realidad, existe un excelente motivo para que los dictadores no admitan ninguna disidencia. Los súbditos condenados a la miseria de un régimen tiránico no se engañan pensando que son felices. Y si decenas de millones de ciudadanos desafectos actúan juntos, ningún régimen sobre la faz de la tierra posee la fuerza bruta capaz de resistirse a ellos. La razón de que los ciudadanos no se resistan en masa a sus gobernantes supremos es que carecen del prerrequisito para coordinar su comportamiento para el beneficio mutuo, a saber: el conocimiento común.[27] Puede que la mayoría de los ciudadanos estén ocultando sus opiniones políticas para evitar ser castigados, con el resultado de que nadie sabe que una mayoría de sus compatriotas comparte su descontento. Incluso podrían pensar erróneamente que todos los demás son leales al régimen; una combinación de conocimiento privado e ideas equivocadas comunes conocida como ignorancia pluralista, o una espiral del silencio.[28] E incluso si sospecharan que su descontento es compartido, no tendrían ningún motivo para creer que otros expresarían ese descontento al mismo tiempo que ellos y aplastarían al régimen en vez de exponerse a ser liquidados o encerrados uno tras otro.

Ahora bien, una manifestación en un lugar público puede generar el conocimiento común necesario para coordinar la resistencia. Cada manifestante en una muchedumbre no solo puede ver a los otros, sino ver también que los otros están viendo a los otros. Conforme se disipa la ignorancia pluralista, la protesta se puede ir extendiendo e incorporando a un número creciente de desertores que habían estado fingiendo su lealtad. Esto permite a todos los manifestantes coordinar sus acciones, ya sea asaltando literalmente el palacio, ya sea deteniendo la maquinaria estatal mediante paralizaciones de los trabajos y boicots. Como le decía Gandhi a un general británico en la película del mismo nombre de 1982: «Al final ustedes se marcharán. Porque cien mil ingleses sencillamente no pueden controlar a trescientos cincuenta millones de indios si los indios se niegan a cooperar».[29]

Y efectivamente se marcharon. Por esa misma dinámica, otros ciento cincuenta regímenes en los siglos XX y XXI se marcharon al paso, al trote o galopando en desbandada, hostigados por los manifestantes no violentos pero coordinados.[30] En las últimas décadas del siglo XX y las primeras del XXI, estas revoluciones, bautizadas a menudo con nombres de colores, plantas o tejidos suaves, transformaron el mundo.[31] Según las cifras de la politóloga Erica Chenoweth, en la segunda mitad del siglo XX, los movimientos de resistencia no violentos superaron en número a los violentos y duplicaron la tasa de éxito de estos (51 frente a 21 por ciento), incluso cuando se enfrentaban a dictaduras brutales. (La tendencia forma parte de un declive de la violencia a largo plazo que documenté en *Los ángeles que llevamos dentro*).

Un importante acelerante ha sido el uso de medios que generan redes cada vez más amplias de conocimiento común: la fotocopiadora, el fax, internet, la web y las redes sociales.

Chenoweth ha descubierto que, en las dos últimas décadas, el índice de éxito de las campañas no violentas de resistencia civil ha empezado a disminuir (aunque siga superando al de las violentas). Una de las razones es «la curva de aprendizaje del dictador»: los autócratas se han vuelto más astutos a la hora de desbaratar las campañas de resistencia civil, a menudo estrangulando a las redes sociales.[32] El más sofisticado es el Gobierno de China, que emplea decenas de miles de censores para leer cada envío a las redes sociales y retirar los que estima peligrosos. Resulta revelador el hecho de que las publicaciones peligrosas no sean las que critican al Gobierno. Por el contrario, el Gobierno usa sagazmente esa retroalimentación para reemplazar a los funcionarios que están incumpliendo su mandato de apaciguar a las masas. Lo que los censores silencian son las publicaciones que podrían coordinar la acción: avisos de protestas, concentraciones y movimientos populares, aun cuando el autor los estuviera criticando.[33]

Las tentativas de los dictadores de aplastar el conocimiento común han inspirado a su vez a los activistas para idear medios cada vez más creativos de generarlo, con frecuencia provocando al Gobierno para que criminalice actividades inocuas.

Entre las artimañas figuran aplaudir, entonar canciones, abrir paraguas, llevar un cubo en la cabeza, enseñar los senos, programar los teléfonos móviles para que suenen de forma simultánea, atar banderas a las colas de los gatos callejeros, escenificar luchas con espadas, o freír huevos y salchichas en la llama eterna de un monumento de guerra.[34] (Una noticia satírica en Bielorrusia rezaba: «Una maestra de guardería ha sido hallada culpable de fomentar el desorden por enseñar a los niños a jugar a las palmas»).[35] Y en un caso en el que la vida imita a un chiste, en 2022 la policía rusa arrestó a una mujer por, sí, sostener un cartel en blanco.

Un dicho común en la era soviética, atribuido a veces a Aleksandr Solzhenitsyn, era: «Nosotros sabemos que mienten. Ellos saben que mienten. Ellos saben que nosotros sabemos que mienten. Nosotros sabemos que ellos saben que nosotros sabemos que mienten. Y, a pesar de todo, continúan mintiendo».[36] Quizá continuaran mintiendo porque ni siquiera tres niveles de conocimiento mutuo llegan a constituir el conocimiento común que habría permitido que la gente coordinara un desafío a las mentiras.

El 20 de diciembre de 2013, Justine Sacco, una joven directora de comunicaciones de la compañía de medios e internet IAC, consiguió una clase extraña de fama.[37] Durante una escala de un vuelo de Nueva York a Sudáfrica para asistir a una reunión familiar, tuiteó una serie de ocurrencias sobre su entorno y los demás pasajeros. Lo último que publicó antes de subir al avión fue: «Rumbo a África. Espero no coger el sida. Es broma. ¡Soy blanca!». Dado el contexto, cualquiera podría haber inferido que Sacco no estaba negando que los blancos puedan contraer el VIH/sida, ni ignorando insensiblemente la tragedia de la epidemia en el África subsahariana. Por el contrario, al hacerse pasar por una inconsciente turista blanca, estaba comentando con sarcasmo la injusticia de la disparidad racial en la incidencia de la enfermedad y del fracaso de la respuesta mundial. Tal vez de mal gusto, pero no racista.

Un editor de *The New York Times* me explicó en cierta ocasión la segunda ley del periodismo: nunca emplees la ironía, porque muchos lectores no la captarán.[38] Sacco, al parecer, tenía poco que temer de la segunda ley. No era periodista y los ciento setenta seguidores de su modestísima cuenta de Twitter presumiblemente la conocían lo bastante como para captar la ironía. Pero las funciones de «Retuitear» y «Tendencias» de Twitter eran bastante recientes, y los usuarios eran solo vagamente conscientes del poder de esas funciones para que un tuit alcanzara una velocidad de vértigo. (La expresión *tuit viral* se había hecho viral solo un año antes).[39] Uno de los seguidores de Sacco le dio el soplo al editor de un blog de la industria tecnológica, quien publicó el chiste y lo retuiteó a sus quince mil seguidores, muchos de los cuales lo retuitearon a su vez. Entre el momento en que Sacco subió al avión y el momento en que aterrizó, su ocurrencia se había convertido en la tendencia número uno en Twitter.

En virtud de la segunda ley, tal vez no sea de extrañar que la principal respuesta a la broma entre las decenas de miles de tuits no fueran quejas, sino indignación:

A la luz del repugnante tuit racista de @JustineSacco, hoy voy a hacer una donación a @care

¡¿Cómo consiguió @JustineSacco un puesto de relaciones públicas?! Su nivel de ignorancia racista es propio de Fox News. #SIDA puede afectar a todos!

Soy un empleado del IAC y no quiero que @JustineSacco vuelva a hacer comunicaciones en nuestro nombre nunca jamás. Jamás.

[De su empleador:] Este comentario es escandaloso y ofensivo. La empleada en cuestión ilocalizable en estos momentos en un vuelo internacional

Más sorprendente era el regodeo, rayano en el éxtasis, en la anticipación de que la vida de Sacco estaba a punto de arruinarse:

Todo cuanto deseo por Navidad es ver la cara de @JustineSacco cuando aterrice su avión y revise su bandeja de entrada y su buzón de voz

¡Madre mía!, @JustineSacco va a tener el momento más doloroso de su vida al encender el teléfono cuando aterrice su avión

Estamos a punto de ver cómo despiden a esa perra de @JustineSacco. En tiempo REAL. Antes incluso de que ella SEPA que la despiden.

En serio. Quiero irme a casa y acostarme, pero en el bar estamos todos TAN pendientes de #HaAterrizadoYaJustine. No puedo apartar la vista. No me puedo marchar

¿No hay nadie en Ciudad del Cabo que vaya a ir al aeropuerto a tuitear su llegada? ¡Vamos, Twitter! Quiero fotos #HaAterrizadoYaJustine.

Pese a sus disculpas públicas, Sacco fue despedida. Sus amigos y familiares se volvieron en su contra. Los trabajadores de los hoteles amenazaron con ponerse en huelga si se presentaba allí. La seguían los *paparazzi*; los hombres se negaban a salir con ella. Los portales de noticias rastreaban su *feed* de Twitter en busca de más chistes embarazosos, y la ridiculizaban mientras ella intentaba rehabilitar su reputación y su carrera. Le describió el coste emocional a un periodista: «He llorado hasta consumirme».

Se dice que la historia de Justine Sacco inauguró la cultura de la cancelación del siglo XXI, en la que la carrera y la reputación de una persona son destruidas por un discurso amparado por la ley y con frecuencia inocuo que alguien se las ingenió para considerar ofensivo. Entre los delitos figuran citas, chistes malos, «me gusta» en las redes sociales, comentarios irónicos, testimonios históricos de racismo, ejercicios académicos en los que se hace de abogado del diablo, cumplidos malinterpretados, aseveraciones fácticas bien documentadas y, en una trampa kafkiana, críticas razonadas de las propias políticas que se utilizarían para castigar al crítico. Una base de datos en el sitio web <canceledpeople.org> enumera más de doscientos ejemplos y sus castigos correspondientes, que suelen ser la suspensión o el despido. Otra base de datos, centrada en el mundo académico, enumera varios centenares más (un tema que abordaré en el capítulo 8).[40] Aunque la mayoría de las cancelaciones implicaban una insinuación de intolerancia, en casi ningún caso una persona razonable podría interpretar que el infractor pretendía expresar prejuicios o maldad hacia un grupo marginal. Un profesor de literatura que fue suspendido por citar un insulto racial de una novela de James Baldwin en una discusión de clase sobre los insultos raciales obviamente no es un racista. Tampoco lo es el camionero que fue despedido por hacer un gesto de «OK», sin saber que se habían apropiado de él algunos miembros de la derecha alternativa estadounidense como un símbolo del poder blanco. Y, por decir una obviedad, al arruinar sus vidas no se mejoró el bienestar de un solo afroamericano o miembro de otro grupo marginal.

En 2022, un exasperado psicólogo social, Jonathan Haidt, escribió un ensayo para *The Atlantic* titulado «Why the Past 10 Years of American Life Have Been Uniquely Stupid» [Por qué los diez últimos años de la vida estadounidense han sido extraordinariamente estúpidos].[41] Haidt identificaba una causa evidente. Casi la mitad de las cancelaciones en la base de datos se debían a publicaciones en las redes sociales, y muchas otras eran respuestas a un aluvión de publicaciones indignadas en las redes sociales que declaraban inaceptable la situación. Haidt no culpaba a las propias plataformas de las redes sociales, sino más bien a los generadores de viralidad que implementaron en 2009: los botones «Me gusta», «Compartir» y «Retuitear». Comparaba esa innovación con el reparto de mil millones de pistolas lanzadardos. Los francotiradores pueden señalar su superioridad moral y su lealtad tribal a bajo coste para sí mismos disparando a un blanco poco popular. Los ataques se lanzan en la privacidad de un teclado y una pantalla en lugar de en persona, por lo que no son sofocados por nuestras inhibiciones ordinarias contra la denigración de una persona cara a cara. Los ignorantes tienen un medio para acabar con los eruditos, y los troles pueden disfrutar de su pasatiempo en el anonimato.[42] A su vez, los francotiradores pueden intimidar a los líderes de las organizaciones para que hagan cobardes concesiones para detener los dardos, porque mientras que un único ataque puede ser desviado, resulta más difícil ignorar cientos de miles de ellos.

Esta explicación parece adecuada, pero creo que puede llevarse más lejos. Haidt llamaba la atención sobre la gran cantidad de visualizaciones que pueden generar las opciones para compartir: cada compartición conduce a nuevas comparticiones, que llevan a más aún. Pero la viralidad no solo eleva exponencialmente el número de visualizaciones. Crea asimismo una sensación de conocimiento compartido. Con todo, las plataformas de redes sociales no generan literalmente el conocimiento común a escala nacional que generaba la televisión en la era dorada dominada por las grandes cadenas, porque sus publicaciones no se transmiten por todo el país, sino a través de un canal personalizado. Pero ahora que sabemos que las plataformas tienen centenares de millones de usuarios, que interconectan comunidades virtuales con intereses y políticas similares, y que los botones de compartición permiten que cualquier publicación termine en el canal de cualquier usuario, los mensajes *se sienten como* conocimiento común, al menos entre las personas que a uno le importan. Cuando vemos una publicación que ha sido retuiteada o compartida, sabemos que otros muchos destinatarios la conocen, sin límites a la vista. Y con frecuencia la viralidad genera en efecto conocimiento común. Cuando una publicación viral figura en una columna de «Qué está pasando», «Tendencias» o «Explora», podría convertirse en conocimiento común tanto como un anuncio durante la Super Bowl, especialmente ahora que los propios medios convencionales reproducen habitualmente publicaciones virales en las redes sociales. Esta es la razón por la que los competidores de las grandes plataformas de redes sociales que reclaman alguna ventaja política o tecnológica, como Truth Social, Mastodon y Threads, solo han realizado avances menores. No pueden afirmar ser una «plaza del pueblo» donde los usuarios saben que verán lo que todos los demás están viendo y serán vistos por todos los demás.

La mayor diferencia entre las redes sociales y los medios tradicionales estriba en que miles de millones de personas pueden *generar* hoy en día conocimiento común, en vez de limitarse a percibirlo. Y eso puede alimentar un pernicioso ritual: cuando es conocimiento común que alguien ha infringido una norma, la gente cree que debe llegar a ser conocimiento común que el infractor recibe su castigo. Permítaseme desarrollar cómo esta característica de la sociabilidad humana puede incitar a la humillación pública en las redes sociales.

Como hemos visto, los individuos pueden beneficiarse coordinando sus acciones mediante normas comúnmente conocidas.[43] Las normas que mantienen unida a una comunidad no consisten tan solo en convenciones prácticas tales como palabras, semáforos o días de descanso; abarcan asimismo creencias y valores comúnmente sostenidos. Las comunidades religiosas se denominan *fes* precisamente por este motivo. Las creencias no verificables son las señales más claras de compromiso con las normas de la coalición: cualquiera puede decir que el sol sale por el este, pero solo un fiel inquebrantable afirmaría que Jesús es el hijo de Dios o que Estados Unidos es el país más grande de la tierra.[44] Los dogmas comunes pueden ratificar quién participa de un conjunto de convenciones y, por ende, tiene derecho a beneficiarse de la coordinación.

Los Estados Unidos del siglo XXI se han polarizado en sectas políticas, cada una de las cuales funciona como una comunidad cuasirreligiosa, unida por sus propias creencias comúnmente profesadas pero no fácilmente verificadas.[45] Una prominente creencia indicadora de coalición entre la derecha estadounidense es que a Donald Trump le robaron las elecciones presidenciales de 2020. Señales prominentes de creencias entre la juventud instruida de izquierdas son que ser hombre o mujer no tiene nada que ver con la biología y que Estados Unidos está saturado de racismo.

Las normas existen solo en la medida en que todos saben que existen y saben que todos los demás lo saben. Esto las vuelve vulnerables a la desintegración si son incumplidas públicamente, lo cual puede acarrear consecuencias perjudiciales. Por poner un ejemplo sencillo, si alguien cree que está bien saltarse los semáforos en rojo, constituye un peligro para los demás, y un peligro aún peor si otros conductores deducen que eso está bien. Por ilustrar con un caso más complicado, las comunidades basadas en la fe y otras coaliciones informales pueden castigar a los herejes y a los infieles que cuestionan los dogmas comunes que los unen en un pacto de coordinación. Y por poner un ejemplo contemporáneo, Sacco (y muchas otras personas canceladas), al tratar el racismo sin el respeto y el temor apropiados, estaban socavando la creencia de que el racismo es insidioso, inconsciente y omnipresente, por lo que eran vistas como amenazas para la implacable vigilancia necesaria para extirparlo.

Por lo tanto, las comunidades tienen un incentivo para hacer cumplir sus normas castigando a los infractores, y, de manera crucial, el castigo ha de ser asimismo conocimiento común, a fin de que la comunidad tenga la seguridad de que las normas siguen en vigor. Durante siglos y siglos, los castigos se incorporaban al conocimiento común al infligirse en un espacio público en el que los espectadores podían verse los unos a los otros viendo el espectáculo: en cruces, picotas, estacas, patíbulos y guillotinas. Con el surgimiento de los sentimientos humanitarios y de los medios de comunicación de masas, el conocimiento común (sin los detalles cruentos) es generado en cambio por la cobertura mediática de los juicios y las sentencias.[46]

La necesidad de castigar a los violadores de las normas colectivas en las comunidades informales suscita la cuestión de quién ejecutará el castigo, dado que no existe una única víctima que esté motivada a buscar venganza.[47] La aplicación de las normas plantea una versión del enigma del altruismo: el responsable del cumplimiento incurre en costes en tiempo y riesgo, pero se beneficia la comunidad entera. Así las cosas, ¿por qué habría de animarse alguien a dar un paso al frente para ejecutar el castigo? Una sugerencia habitual es que los castigadores con conciencia comunitaria son recompensados en estima. Los estudios recientes de un equipo de psicólogos y teóricos de juegos (Jillian Jordan, Moshe Hoffman, Paul Bloom y David Rand) corroboran este extremo. En los juegos experimentales, los jugadores que renuncian de forma altruista a obtener dinero para castigar a un jugador explotador tienden a ganarse la confianza de otros jugadores, lo que a su vez les brinda oportunidades de cooperación rentable.

Esto deja pendiente el problema de quién estima a los estimadores. ¿Cómo evitan las comunidades informales el destino del pueblo de Hawtch-Hawtch de Dr. Seuss, que contrató a un observador de abejas para garantizar que la abeja del pueblo trabajara lo suficientemente duro, pero *él* no observaba a la *abeja* con la suficiente atención, por lo que tuvieron que contratar a un observador del observador de abejas, y luego a un observador del observador del observador de abejas, y así sucesivamente, hasta que «todos los Hawtchers que viven en Hawtch-Hawtch» estaban «observando observar al observador que observaba la observación»?[48] La solución en el mundo real es que el castigo y la estima son públicos: todos somos observadores y observados.

Y esto nos devuelve a las pistolas lanzadardos. Las redes sociales han equipado a mil millones de personas para asumir el papel de encargadas de hacer cumplir las normas, infligiéndose castigo a sí mismas a bajo costo y con el posible beneficio de los elogios de una vasta audiencia. Al igual que Haidt, creo que esto explica en buena medida por qué la última década de la vida estadounidense ha sido extraordinariamente estúpida.

Pero no del todo. ¿Por qué tantas personas inocentes son blanco de la denigración, pese a la evidente falta de intenciones racistas? ¿Por qué los hostigadores no parecen tanto altruistas como maliciosos, incluso sádicos? ¿Y por qué las denuncias acaban degenerando a veces en un extático frenesí, mucho más allá del punto en el que el violador de normas ha sido castigado? Creo que entra en juego aquí una característica adicional de nuestra psicología, nuestros instintos de coalición. Y también estos son impulsados por el conocimiento común.

Los psicólogos Peter DeScioli y Robert Kurzban sostienen que la condena moral no es solo una estrategia para señalar nuestra propia virtud, sino también una estrategia para alinearnos con una facción dominante.[49] Las personas prosperan en grupos, pero tienen que elegir su grupo con cuidado. Aunque unirse a un grupo promete ventajas, tales como distribuir los riesgos y repartir el botín, entraña asimismo peligros, como encontrarse explotado por los miembros dominantes o enredado en una pelea ajena, o en el lado perdedor de una disputa, o envuelto en un conflicto destructivo entre facciones igualadas. A fin de evitar esos costes, los individuos pueden intentar unirse a la coalición mayoritaria cuando estalla un conflicto, lo cual requiere que se alineen en el mismo lado, sea cual sea este.

La condena pública de una ofensa reconocible ofrece una solución. Si una facción designa un cierto acto como malvado, puede crecer reclutando espectadores para que se unan a ellos en la condena al infractor. Para disfrutar de esa coordinación, la elección del infractor designado debe ser conocimiento común. Un daño flagrante, como la violencia o el robo, puede servir como un punto focal, pero, en su ausencia, los forjadores de la coalición pueden inventar ofensas sin víctimas, como la blasfemia, el sacrilegio, la brujería o el consumo de carne de vaca, cuya principal función puede ser identificar un objetivo para la condena coordinada. Como los niños cobardes en un patio de colegio que se unen a un grupo de acosadores que atormentan a un chico más débil para no convertirse ellos mismos en los acosados, cada denunciante puede unirse a la turba para evitar convertirse en el denunciado.[50] Las redes sociales pueden activar estos pánicos morales generando con rapidez conocimiento común de un transgresor de las normas entre cientos de miles de personas juiciosas.

El requisito de que la denuncia en coalición halle un blanco de conocimiento común explica por qué las multitudes hostigadoras no son solo encargadas de hacer cumplir las normas morales. En dos sentidos, el hostigamiento incumple la lógica del razonamiento moral, pero encaja con la lógica de la generación de conocimiento común.

Uno de los fundamentos del razonamiento moral es que las intenciones importan. Juzgamos de distinta forma al conductor que pierde el control de un coche con un defecto oculto y golpea a un peatón y a un conductor que apunta contra un peatón, pisa a fondo el acelerador y lo atropella. Culpar a personas por resultados que nunca pretendieron es una mentalidad que los niños superan a los ocho años, y marca una diferencia importante entre los regímenes de justicia arcaicos y los modernos.[51] La justificación es que solo se puede disuadir a las personas para que no lleven a cabo actos que tienen intención de cometer, de modo que el castigo de los errores inocentes es una crueldad absurda.

Otro de los fundamentos es que las consecuencias importan. Si nadie resulta herido, no puede ser malo (o al menos necesitas un argumento de peso de por qué lo es). Ese es el motivo de que la homosexualidad, la herejía, la anticoncepción, el sexo prematrimonial y otras prácticas sin víctimas han sido despenalizadas, incluso si ofenden a algunos puritanos y entrometidos.

Sin embargo, la base de datos de cancelados está llena de bromistas y compartidores de opiniones que ni pretendían hacer ni causaron ningún daño evidente. Pero sus infracciones son muy adecuadas como puntos focales para la condena coordinada. DeScioli y Hoffman señalan que, para cumplir esta función, una infracción ha de ser pública, observable e innegable.[52] Las infracciones susceptibles de provocar el acoso colectivo no se pueden definir solo por sus intenciones, que yacen ocultas en el corazón del actor, ni por sus resultados, que pueden albergarse en la lejanía del futuro impredecible. Así pues, los detectores de ofensas tienden a ignorar estos intangibles y escudriñan en cambio el horizonte social en busca de afrentas fáciles de compartir.

Los escritores de ficción dan vida con frecuencia a las inquietantes formas en las que los apuros de la teoría de juegos se desarrollan en los asuntos humanos. Varias obras cautivadoras de la literatura de mediados del siglo XX dramatizan el juego del hostigamiento punitivo. Enfatizan la naturaleza dudosa de la transgresión y la forma en la que la denuncia y el castigo se exhiben en público para crear conocimiento común. Y cada una de ellas halla maneras de distanciar los acontecimientos de las épocas y los lugares en los que se localizan, a fin de sugerir que la dinámica del hostigamiento punitivo es una vulnerabilidad recurrente de las sociedades humanas.

La novela de 1940 de Arthur Koestler *El cero y el infinito* cuenta la historia de un viejo bolchevique que es encarcelado por traición durante la era de las «farsas judiciales» (el término es revelador), en la que los activistas que fundaron el Estado revolucionario son denunciados y castigados sucesivamente por sus antiguos camaradas. Pese a su clara referencia a las purgas de Stalin, la novela no identifica por su nombre a la Unión Soviética, el Partido Comunista ni a Stalin, sino que se refiere a ellos con términos genéricos como «el Partido» y «el Número Uno».

La obra teatral de 1953 de Arthur Miller *Las brujas de Salem* representa aquellos juicios en los que las acusaciones de brujería, las amenazas de castigar a las acusadas si no confesaban y las amenazas de castigar a aquellas que se negaran a acusar a otras culminan en una serie de torturas y ahorcamientos públicos. La obra era una dramatización apenas velada de la persecución en Estados Unidos de presuntos comunistas durante la caza de brujas del macartismo. Pero, como Miller escribió en retrospectiva: «Los interrogatorios de Salem resultan ser modelos espeluznantemente exactos de los que estaban por llegar en la Rusia de Stalin, el Chile de Pinochet, la China de Mao y otros regímenes [...]. La obra parece presentar la misma estructura primigenia del sacrificio humano a las furias del fanatismo y la paranoia que no cesa de repetirse eternamente como si se hallara incrustada en el cerebro del hombre social».[53]

En la novela de 1949 de George Orwell *1984*, la vida cotidiana en Oceanía está marcada por los Dos Minutos de Odio, un momento en el que los miembros del partido se vuelven hacia sus telepantallas y ven una película que vilipendia a los enemigos del Estado, en particular a Emmanuel Goldstein. En treinta segundos: «Un éxtasis de miedo y venganza, un deseo de matar, de torturar, de aplastar rostros con un martillo, parecían recorrer a todos los presentes como una corriente eléctrica convirtiéndole a uno, incluso contra su voluntad, en un loco gesticulador y vociferante. Y, sin embargo, la rabia que se sentía era una emoción abstracta e indirecta que podía aplicarse a uno u otro objeto como la llama de una lámpara de soldadura autógena».

La última historia de un castigo colectivo arbitrario fue contada en un relato breve que ha involucrado, enfurecido y desconcertado a los lectores desde que se publicara en el *New Yorker* en 1948. En «La lotería» de Shirley Jackson, los vecinos de un bucólico pueblo estadounidense llevan a cabo un ritual anual. Se reúnen en la plaza del pueblo para hacer un sorteo con una caja. Este año, el billete con un punto negro es extraído por una madre de tres hijos. En el célebre final de la historia se revela el premio:

> Tessie Hutchinson había quedado en el centro de una zona despejada y extendió las manos con gesto desesperado mientras los vecinos avanzaban hacia ella.
>
> —¡No es justo! —exclamó.
>
> Una piedra la golpeó en la sien [...].
>
> —¡No es justo! ¡No hay derecho! —siguió exclamando la señora Hutchinson. Instantes después todo el pueblo cayó sobre ella.

Hemos visto cómo el conocimiento común puede ser relevante en la lógica, la economía, la política y la moralidad pública. Regresaré a estos ámbitos a lo largo del libro, pero otro tema importante es que el conocimiento común es importante en la vida cotidiana.

La idea clave es que *las relaciones sociales son juegos coordinados*, un poco como una cita.[54] Dos o más personas pueden beneficiarse si poseen una comprensión común de su relación, ya sea de parentesco, amistad, romance, intimidad sexual, autoridad o un acuerdo transaccional. Cada relación conlleva normas tácitas de cómo las dos partes pueden reclamar bienes particulares, y ambas se benefician si se adhieren a ellas. Si somos amigos, familiares o amantes, en un momento de apuro puedo pedirte que me lleves al aeropuerto, y viceversa. También podría pedírselo cortésmente a mi auxiliar administrativo o a mi estudiante de posgrado, aunque probablemente no sucedería al revés. Y si se lo pidiera a un taxista, me exigiría un pago a cambio. Esto funciona bien para todos, pero solo si están en sintonía. Resultaría un tanto incómodo que le ofreciera a mi mejor amigo pagarle para que me llevase o si le pidiera a un taxista una carrera al aeropuerto como un favor personal.

Como sucede con todas las normas que posibilitan la coordinación, una relación social es ratificada por el conocimiento común. Tú y yo somos amigos (o amantes, o supervisora y empleado, o vendedor y clienta) solo si ambos sabemos que lo somos y si ambos sabemos que el otro lo sabe, *ad infinitum*. El conocimiento común entre nosotros puede ser generado por cualquiera de entre una variedad de señales públicas: un ritual, como una boda; el discurso directo, como «te amo»; un acuerdo legal, como en un contrato firmado, o cualquiera de los innumerables símbolos que los miembros competentes de una cultura saben interpretar.

Y esto funciona en ambos sentidos: a veces, los individuos desean *evitar* el conocimiento común que los empujaría a una cierta clase de relación, con todas sus ventajas y obligaciones, o que los expulsaría de una relación que están disfrutando en la actualidad. Esto podría suceder, por ejemplo, cuando una persona explora si la otra está abierta a un nuevo arreglo, como en el cortejo o en una seducción sexual. O podría ocurrir cuando una de ellas viola los términos tácitos de la relación, pero ninguna de las dos quiere terminarla, como en el caso de una ofensa leve o un acto egoísta, que un amigo puede optar por dejar pasar en aras de la amistad. Estas hipocresías benignas suministran material para la comedia costumbrista que es la vida social humana (privacidad, confidencialidad, eufemismo, tacto, insinuación, gentileza) y los temas de la segunda mitad del libro.

Si el conocimiento común es un asunto tan importante como estoy haciendo ver —nada menos que el garante de la coordinación social—, ¿por qué son tan pocas las personas, aparte de unos cuantos matemáticos, economistas y filósofos, que saben o hablan de él? ¿Por qué no es conocimiento común el conocimiento común?

La respuesta es que sí hablamos del conocimiento común, pero no en el lenguaje de la lógica o la teoría de juegos. Empleamos el lenguaje de la metáfora conceptual.[55] En su librito clásico *Metáforas de la vida cotidiana*, el lingüista George Lakoff y el filósofo Mark Johnson mostraban cómo las lenguas proporcionan los medios para hablar sobre conceptos abstractos con familias de modismos, cada una de las cuales se refiere a una única imagen.

Su primer ejemplo era UNA DISCUSIÓN ES UNA GUERRA:

Tus afirmaciones son *indefendibles*.
Atacó todos los puntos débiles de mi argumento.
Destruí su argumento.

Otro era EL AMOR ES UN VIAJE:

> No creo que esta relación *vaya a ninguna parte*.
> Mira *qué lejos hemos llegado*.
> Tendremos que emprender *caminos separados*.

¿Existe una metáfora conceptual para el conocimiento común? Sí, su generador por antonomasia: EL CONOCIMIENTO COMÚN ES UNA VISIÓN O UN SONIDO CONSPICUO. Podemos hallar un ejemplo en este fragmento de diálogo de la comedia romántica *Cuando Harry encontró a Sally*. Al poco de conocerse, Harry elogia el aspecto de Sally con demasiada insistencia y ella lo acusa de estarse insinuando:

> HARRY: Muy bien, digamos que, por el bien de la discusión, fue una provocación. ¿Qué quieres que haga? ¿Me retracto? Muy bien, me retracto.
> SALLY: No puedes retractarte.
> HARRY: ¿Por qué no?
> SALLY: Ya está ahí fuera.
> HARRY: Oh, Dios. ¿Qué se supone que debemos hacer ahora? ¿Llamar a la policía? Ya está ahí fuera.[56]

«It's out there» [Está ahí fuera] y «You can't take it back» [No puedes retractarte] son dos de los muchos modismos para el conocimiento común que se refieren a algo a plena vista o al alcance del oído. He aquí algunos otros:

> Se ha descubierto todo el pastel.
> Consta en acta.
> Se fue de la lengua.
> Es mejor sacarlo a la luz.
> Después de años, por fin salió del armario.
> Pongamos esto sobre la mesa.
> Ya no tiene vuelta atrás.

Cuando se desea *evitar* el conocimiento común, la metáfora conceptual se puede adaptar para referirse a los esfuerzos para evitar ver cosas que están a plena vista:

El emperador está desnudo.
Decidió mirar para otro lado.
Siguió la táctica del avestruz.
No vayas por ahí.
Ese es el elefante en la habitación.

Esto incluye momentos incómodos cuando una persona incorpora un hecho al conocimiento común y la otra puede preferir mantenerlo fuera. He aquí un conocido diálogo de la comedia de situación *Seinfeld* en el que George Costanza habla sobre una cita próxima y Jerry sugiere una nueva metáfora para el conocimiento común:

GEORGE: Estoy pensando en dar un gran paso.
JERRY: ¿Cuál?
GEORGE: Podría decirle que la amo.
JERRY: ¡Ay, Dios!
GEORGE: Anoche estuve a punto y... me acobardé.
JERRY: Bueno, ese es un gran paso, Georgie. ¿Confías en que tu «te amo» se vea correspondido?
GEORGE: A medias.
JERRY: Porque si no se ve correspondido... será para ti una enorme bola de matzá.[57]

CAPÍTULO 2

Conocimiento común y sentido común

Por qué es difícil decir adiós, cómo saber si tienes espinacas en los dientes y por qué no deberíamos acordar estar en desacuerdo

¿No es conocimiento común el conocimiento común? ¿No saben todos (y saben que saben) que a la gente le importa quién sabe qué? En este capítulo veremos que, de hecho, la lógica del conocimiento común es con frecuencia un insulto para el sentido común. Los lógicos han desvelado implicaciones de ese especial estado de conocimiento que han asombrado a todos los que cobran conciencia de ellas. Trataré de explicar tres.

La primera es que podemos deducir hechos relativos al mundo a partir de lo que la gente no sabe. La segunda es que dos personas necesitan de veras pensar un vórtice infinito de pensamientos de «Yo sé que él sabe que yo sé que él sabe...» para estar seguras de que coordinarán sus planes; no basta con dos o tres, ni con cualquier número finito. La tercera es que los agentes racionales con la misma comprensión del mundo, tras examinar las evidencias y compartir sus evaluaciones respectivas, han de llegar a la misma conclusión: no pueden acordar estar en desacuerdo.

Estas conclusiones pueden sonar descabelladas y, desde luego, las pruebas dependen de idealizaciones de los razonadores que no son totalmente realistas. Los científicos bromean sobre el físico teórico contratado por un granjero para aumentar los rendimientos lácteos que le dice: «En primer lugar, supongamos una vaca esférica...». Yo sugeriré que, si bien puede que estos hallazgos sobre el sentido común no sean literalmente aplicables a situaciones particulares de la vida cotidiana, no son vacas esféricas: cada uno de ellos ofrece una visión de la condición humana.

A los entendidos en el conocimiento común les encanta desafiar a sus lectores con un acertijo que se ha calificado como «uno de los mayores rompecabezas lógicos jamás inventados».[1] Te preparé para él en el capítulo 1 con un problema similar pero más fácil: «¿Cuándo es el cumpleaños de Cheryl?». He aquí otro calentamiento: «Entran tres lógicas en un bar»:

Entran tres lógicas en un bar...
—¿Todas quieren cerveza?
—No lo sé.
—No lo sé.
—¡Sí!

Fuente: Spiked Math Comics, n.º 445. Bajo licencia de Creative Commons, <https://www.beingamathematician.org//Jokes/LogiciansJoke.html>.

«Todas quieren cerveza» significa que cada una de las tres lógicas la quiere; es falso si al menos una no la quiere. Si la primera lógica no quisiera cerveza, eso bastaría para saber que no todas querían cerveza. El hecho de que ella *no* lo sepa implica que ella debe querer cerveza. Lo mismo sucede con la segunda. La tercera, habiendo deducido que las dos primeras quieren cerveza y sabiendo que ella misma la quiere, puede concluir que las tres quieren cerveza. Los problemas de Cheryl y de las lógicas en un bar requieren mentalización recursiva (el lector piensa en lo que uno de los personajes sabe sobre lo que los otros personajes saben), aunque no conocimiento común en toda su gloria infinita.

El problema más endiablado se ha presentado en varios libros de matemáticas recreativas, incluidos algunos de los venerados Isaac Asimov, George Gamow y Martin Gardner. También ha aparecido en la literatura académica en variantes con diferentes personajes y pistas, pero con la misma estructura lógica (lo que los psicólogos cognitivos denominan isomorfos de un problema).[2]

La versión original se publicó en los políticamente inocentes comienzos de los años cincuenta del pasado siglo y, para los estándares actuales, contiene algo ofensivo para casi todo el mundo. Un sultán desafió a los hombres de su ciudad a averiguar cuáles de sus mujeres eran infieles con el fin de poder matarlas. Los rasgos de la historia (el orientalismo, la islamofobia, el tildar de prostitutas y la normalización de la violencia contra las mujeres) no sobrevivieron a las sensibilidades cambiantes de las décadas siguientes y, a la altura de los ochenta, el acertijo de las esposas infieles se había convertido en el acertijo de los maridos infieles, y el sultán había cedido el puesto a una reina de la Atlántida igualmente punitiva. Por desgracia, ello perpetuaba un estereotipo negativo del liderazgo femenino, y otro isomorfo con inversión de sexos, los *castrati* de Womensa, no era menos problemático. Solo ligeramente mejor era una versión con una isla cuyos habitantes, al deducir que tenían los ojos azules, tenían que suicidarse, ya que violaba las prácticas recomendadas de información sobre el suicidio. Entre los isomorfos subsiguientes más seguros para el trabajo figuraban niños embarrados, lógicos con la cara sucia o niñas extremadamente inofensivas con sombreros rojos o blancos. He aquí mi versión.

Una docena de psicólogos, orgullosos de sus habilidades sociales y cognitivas, están sentados en una cena en la que les sirven fletán con arroz y espinacas salteadas. A tres de los psicólogos se les mete entre los dientes un antiestético trozo de espinaca, pero no hay espejos alrededor, por lo que no son conscientes de la inconveniencia, ni los otros pueden estar seguros de que sus dientes están limpios. Los psicólogos son parlanchines y, mientras mantienen sus conversaciones, cada uno de ellos puede ver que alguno de los otros tiene espinacas en los dientes. Pero nadie quiere avergonzarlos diciéndoselo, ni tampoco quiere limpiarse sus dientes si están limpios. La directora del departamento no puede soportarlo más y anuncia: «Al menos uno de vosotros tiene espinacas en los dientes. Cuando brinde con mi copa, será un buen momento para quitárselas». Brinda con su copa, pero nadie se mueve. Brinda una segunda vez y todos los labios siguen sellados. Tras un tercer brindis, los tres psicólogos con espinacas en los dientes se los limpian. La cena continúa.

¿Cómo lo averiguaron? Cuando la directora hizo su anuncio, no le estaba diciendo a nadie nada que no supieran, porque ya podían ver que al menos una persona tenía espinacas en los dientes. Pero, como en el caso del chiquillo y el emperador, el hecho de que ella profiriera esas palabras en presencia de los otros comensales alteraba el conocimiento de estos. Informaba a cada uno de ellos de que todos los demás sabían lo que sabían: generaba conocimiento común. Ahora bien, ¿cómo permitió el conocimiento común que los tres comensales con espinacas en los dientes supieran que eran ellos?

Imaginemos una versión más simple del acertijo en la que solo se empaña la sonrisa de un psicólogo. Cuando la directora dice que al menos un comensal tiene espinacas en los dientes, el que las tiene mira a su alrededor, ve que los dientes de todos los demás están limpios, y concluye que ha de ser él. Cuando ella hace el brindis, él se limpia los dientes. Así de fácil hasta ahí.

Supongamos ahora que son *dos* los psicólogos con la sonrisa manchada, Xavier y Yolande. Cuando la directora hace su anuncio, Xavier ve que los dientes de Yolande están sucios, pero no tiene ni idea de cómo están los suyos, así que no hace nada. Yolande piensa lo mismo. Pero después del brindis sin que nadie se haya movido, Xavier se percata de que su propia sonrisa debe de estar desfigurada, porque, si Yolande fuera la única, habría sabido limpiarse los dientes, como vimos en el escenario de una sonrisa manchada. El hecho de que no lo hiciera significa que ella debe de haber visto otra hilera de dientes moteada de espinacas y, dado que todos los demás dientes visibles para él están limpios, Xavier concluye que deben de ser los suyos. Cuando la directora brinda por segunda vez, se limpia los suyos. Lo mismo hace Yolande, porque ha llevado a cabo la misma inferencia.

La misma lógica es aplicable en nuestro ejemplo con tres masticadores descuidados: cada uno de ellos deduce de la falta de actividad al cabo de dos brindis, junto con su visión de sus sonrisas llenas de espinacas, que debe de tener espinacas en sus propios dientes. Esta inducción matemática puede extenderse a cualquier número de masticadores descuidados, que limpiarán simultáneamente sus dientes después del número correspondiente de brindis.

Resulta crucial reparar en que el revelador anuncio no podría ser conocimiento privado. Supongamos que la presidenta hubiera dado la vuelta a la mesa susurrando al oído de cada psicólogo que al menos uno de ellos tenía espinacas en los dientes. Supongamos asimismo que cada uno pensara que era el único al que se le había revelado ese hecho y supusiera que los demás estaban al tanto de un chisme diferente. Entonces un masticador desaliñado podría inferir todavía que era él, con solo ver la sonrisa limpia de todos los demás. Pero en el caso de dos, cada uno continuaría a oscuras, porque, en lo que concierne a Xavier, la falta de actividad por parte de Yolande transcurridos unos segundos podría significar tan solo que ella no era consciente de que *alguien* tenía espinacas en los dientes. Y lo mismo con la ponderación de la conciencia de Xavier por parte de Yolande.

¿Qué ocurre si elevamos en una mente el nivel de conocimiento, sin llegar todavía al conocimiento común? En este escenario, además de decirle a cada psicólogo que al menos uno de ellos tenía espinacas en los dientes, la directora revelaba que estaba diciendo lo mismo a los demás, pero haciéndoles creer que eran los únicos que lo sabían. Es decir, por lo que concierne a Xavier, él es el único que sabe que a *todos* se les está contando el asunto de las espinacas; sabe que Yolande está enterada, pero él piensa que ella piensa que es la única que está al tanto. Cuando se trata solo de Xavier y Yolande, estos pueden seguir deduciendo que tienen espinacas en sus dientes, porque cada uno sabe que el otro sabe que uno o más las tiene, y la inactividad de Yolande tras el primer brindis delata a Xavier que ella no tiene forma de saber que es uno de ellos y, por consiguiente, él ha de ser uno de ellos (y viceversa). Pero la inducción se detiene ahí; tres comensales con espinacas seguirían estando a oscuras. Al igual que antes, cuando Yolande no hace nada, Xavier no puede concluir que ella haya visto que él tiene los dientes manchados, porque ella podría haber estado observando los de Zeke. Pero esta vez Zeke no puede saber eso; no sabe que Xavier sabe que Yolande sabe que hay alguien con los dientes sucios. El conocimiento común, de un plumazo, habría puesto a cualquier número de ellos en camino de averiguar que son ellos, dadas las suficientes rondas de inactividad.

No te sorprenderá enterarte de que esto también se ha descrito como «el acertijo lógico *más difícil* del mundo».[3] Pero el proceso cognitivo que impulsa el enigma —a saber, extraer conclusiones relativas al estado del mundo a partir de lo que alguien sabe o no sabe— no es tan exótico como sugeriría el vertiginoso ejemplo. Lo hacemos todo el tiempo cuando «conectamos los puntos» o «leemos entre líneas», sobre todo en situaciones con algo de la picardía del acertijo original. En la novela de David Lodge *Pensamientos secretos*, una profesora de escritura creativa lee un borrador de la novela de su alumna y se topa con una descripción de una práctica íntima única que ella y su marido gustaban de permitirse. Infiere que la estudiante debió de haber tenido una aventura con él. (El marido infiel estaba muerto, por lo que no cabía que ella reaccionase como las esposas de Womensa).

Todo un género de ficción, el misterio, es un entrenamiento de los músculos mentales para aprender acerca del mundo pensando en los pensamientos de otras personas. Un ejemplo temprano es la historia de Edgar Allan Poe de 1844 «La carta robada». Un malhadado oficial de policía recurre al brillante detective aficionado y fumador de pipa C. Auguste Dupin (una inspiración para Sherlock Holmes) para que le ayude con un caso no resuelto. Un funcionario del Gobierno ha robado una comprometedora carta dirigida a un «eminente personaje real» (presumiblemente la reina). El ministro se la había arrebatado debajo de sus narices porque sabía que, si ella protestaba, despertaría las sospechas de otro eminente personaje real de la sala, presumiblemente el rey. El ministro *quería* que la reina supiera que había robado la carta, porque su poder sobre ella dependía del «conocimiento del ladrón del conocimiento de la perdedora con respecto al ladrón». La policía, por su parte, sabe que el ministro tiene todavía la carta por el simple hecho de que no ha estallado aún ningún escándalo real: «Es esta posesión, y no cualquier empleo de la carta, la que otorga el poder. Con el empleo, el poder desaparece». Saben también que guarda la carta al alcance de la mano, porque se halla envuelto en continuas intrigas palaciegas y ha de ser capaz de mostrarla o destruirla en cualquier momento.

La policía registra el apartamento del ministro, pero no encuentra la carta robada. Dupin recuerda un juego de patio en el que un niño escondía unas canicas en la mano y apostaban una canica a si el otro era capaz de adivinar si el número era par o impar. Un astuto colegial ganó todas las canicas en el patio compenetrándose con su contrincante y anticipando su siguiente elección: «una identificación del intelecto del razonador con el de su oponente». Dupin razona que el sagaz ministro anticipó que la policía pensaría que él guardaría la carta en un escondrijo secreto, por lo que la dejó en cambio a plena vista. Dupin le hace una visita y, con la mirada oculta por sus gafas de sol, detecta la carta en un estante de la pared. Regresa al día siguiente, habiendo organizado un alboroto fuera, bajo la ventana, y, cuando el ministro está distraído, sustituye la carta por un facsímil. Mucho mejor que arrestar al ministro, Dupin le ha tendido una trampa para que se incrimine cuando la reina desafíe su chantaje, y la carta que redacta contiene tan solo una burla de Dupin.

Este juego de desestabilización, en el que el lector, el narrador, el protagonista y el antagonista extraen inferencias sobre el estado del mundo (en este caso, la ubicación de la carta) a partir de lo que cada uno de los otros sabe y no sabe, es infinitamente atractivo. Lo ejercitamos en varias clases de juegos cognitivos: acertijos lógicos, historias de misterio y la mayoría de los chistes comunes. El ejemplo clásico es un viejo chiste judío analizado por Sigmund Freud en *El chiste y su relación con lo inconsciente*. Un hombre de negocios conoce a un rival en una estación de tren y le pregunta adónde va. Este le contesta que va a Minsk. El primer hombre de negocios dice: «La única razón por la que usted me dice que va a Minsk es que quiere que yo piense que va a Pinsk. Pero resulta que yo sé que va a Minsk. ¿Entonces por qué me miente?». Mi favorito procede de *Platón y un ornitorrinco entran en un bar*:

Un abogado tuvo que defender a un acusado de homicidio. Muchas pruebas le señalaban como culpable, pero el cuerpo del delito no había aparecido. El abogado decidió recurrir a una estratagema.

—Señoras y señores del jurado —dijo—. Les tengo reservada una sorpresa, y es que, dentro de breves instantes, la persona presuntamente muerta aparecerá por esa puerta.

Señalando la puerta, fijó sus ojos en ella. Los miembros del jurado, atónitos, también la miraban impacientes. Transcurrió un minuto. No pasó nada. Finalmente, el abogado dijo:

—En realidad, lo de que el muerto va a entrar de un momento a otro me lo he inventado. Pero todos han mirado hacia la puerta, anhelantes. Por lo tanto, no puedo sino señalarles que existe una duda razonable respecto al hecho de que hayan matado a alguien, y debo insistir en que opten por el veredicto de «No culpable».

El jurado se retiró a deliberar. Al cabo de un rato, regresaron a la sala y comunicaron que su veredicto era «Culpable».

—Pero ¿cómo es posible? —bramó el abogado—. Deben de haber dudado. He visto cómo todos miraban hacia la puerta.

El presidente del jurado respondió:

—Sí, sí, nosotros hemos mirado hacia la puerta, pero su cliente no.[4]

Cuando dejamos a James y a Charlotte en el capítulo anterior, ambos estaban perdidos en sus pensamientos, afanándose para coordinar una cita sin el conocimiento común de una conversación cara a cara o una llamada telefónica. Al final, James acudió caballerosamente al sitio favorito de Charlotte, el Coffee Connection, y Charlotte escogió con consideración el favorito de James, el Java Joint, para su mutua frustración, porque los cafés están a kilómetros de distancia.

En esta ocasión desean asegurarse de que acabarán en el mismo lugar. Deciden no dejar nada a la imaginación y optan por el Joint, ambos con una fuerte preferencia por no terminar cada uno de ellos solo en el Connection, aunque estarían encantados de estar allí juntos si existiera un motivo para cambiar. Acuerdan resolver cualquier cambio de última hora intercambiando mensajes de texto y confirmando la recepción de cada mensaje. James llega allí temprano y descubre que existe, en efecto, una razón para cambiar:

Y después nada: un inquietante espacio en blanco en la parte inferior de la pantalla. James no sabe si Charlotte no recibió su último mensaje o si lo recibió y envió una confirmación que nunca llegó. Y por su pantalla congelada, Charlotte no sabe si su confirmación nunca llegó o si llegó y la de James se perdió. En cada caso, es más probable que un mensaje nunca llegara (un acontecimiento dudoso) que que llegara el mensaje, pero no la confirmación (dos acontecimientos inciertos). Los dos amigos concluyen que estar de pie con el otro en un café ruidoso seguiría siendo preferible a terminar a kilómetros de distancia, por lo que cada uno juega sobre seguro y opta por el Java Joint, aun cuando ambos saben que el Coffee Connection sería más agradable y cada uno sabe que el otro lo sabe. Al final se decantan por la segunda peor opción, ¡como si no se hubieran molestado en comunicarse!

Esto es cierto con independencia del número de mensajes que envíen y confirmen: habida cuenta de que ningún canal es perfecto, que uno de los mensajes no llegue es solo cuestión de tiempo. Eso lo sabían, desde luego, pero pensaron (incorrectamente) que varias confirmaciones serían preferibles a ninguna. De manera paradójica, su deseo de un intercambio abierto de confirmaciones disminuyó la probabilidad de coordinarse en su primera opción en vez de aumentarla. Sin conocimiento común (cada uno de ellos percibiendo que el otro recibió el mensaje y sabiendo además que el otro sabía que lo sabía, y así sucesivamente), ninguna retahíla de mensajes les daría la confianza que necesitan para descartar la posibilidad de una descoordinación.

Este dilema, denominado el juego del correo electrónico (por la parábola original del economista Ariel Rubinstein en 1989), es la paradoja más célebre sobre el conocimiento común después del acertijo de las espinacas en los dientes.[5] Es otra afrenta a nuestro sentido común acerca del conocimiento común. Una pregunta frecuente respecto del conocimiento común es: «¿Estás diciendo entonces que tiene que ser "Él sabe que ella sabe que él sabe que ella sabe"... *ad infinitum*? ¿De veras? ¿Acaso no basta con un montón de "Él sabe que ella sabe" para garantizar la coordinación entre ellos?». La respuesta del juego del correo electrónico es: «Sí, de verdad. Un montón —el estado llamado "conocimiento casi común"— *no* basta».

La conclusión es tan sorprendente que podemos necesitar otro par de ejemplos para ayudar a afianzarla. Consideremos a los comandantes de dos divisiones del ejército, cada una de ellas acampada en una colina sobre un valle ocupado por una fuerza invasora. Saben que si atacan de forma simultánea, pueden expulsar a los invasores, pero si solo ataca una división, será superada en número y masacrada. El enemigo ha efectuado un cibersabotaje sobre los canales electrónicos, por lo que los generales se comunican con mensajeros, algunos de los cuales, por desgracia, acabarán perdidos o capturados. Supongamos que el primer general envía el mensaje «Ataquemos al amanecer». ¿Se llevará a cabo el ataque? No, porque el primer general no sabe si el segundo ha recibido el mensaje y es reticente a arriesgarse a enviar sus tropas al valle de la muerte. El segundo general anticipa esta reticencia y mantiene a sus tropas en su colina. ¿Y si responde con un mensaje confirmando que ha recibido la orden de atacar? ¿Atacará ahora el primer general? No, porque le preocupa que el segundo general no sepa que ha recibido el mensaje y, por tanto, también puede ser reacio a atacar, lo cual convertiría a sus tropas en presas fáciles. Por consiguiente, responde con otro mensaje al segundo general acusando recibo. Por supuesto, esto tampoco es suficiente. Ningún número de mensajes de ida y vuelta basta para consolidar la coordinación; incluso si el mensajero consigue en efecto transmitir el mensaje en cada ocasión.

Examinemos ahora las probabilidades reales. El cálculo es simple y podemos personalizarlo reemplazando cada ejército del ejemplo por un piloto de combate, como en *Top Gun*. Si pueden acordar un blanco en un ruidoso canal de radio, pueden volar juntos y un piloto puede eliminar el objetivo bajo la protección del otro, pero si uno de ellos vuela en solitario, será derribado. Supongamos que hay un 10 por ciento de probabilidades de que no llegue un mensaje (el número exacto no importa). Comencemos con el caso en el que un piloto comunica por radio las coordenadas del blanco al segundo y atacan sin esperar confirmación. Existe una probabilidad de un 90 por ciento de que el ataque coordinado resulte exitoso y una probabilidad de un 10 por ciento de que el primer piloto sea derribado. ¿Qué sucede si el primer piloto solicita una confirmación? Si esta llega, ambos pilotos saben dónde atacar, y cada uno sabe que el otro lo sabe; pero el segundo no sabe que el primero sabe que él lo sabe, por lo que podría contenerse. ¿Cómo debería prepararse el primero para esta incertidumbre? Si decide que atacará con independencia de si recibe o no una confirmación, estará en la misma posición que si no hubiera solicitado ninguna confirmación. Desde luego no debería atacar si *no* recibe confirmación, porque en ese caso es más probable que su mensaje original se hubiera perdido (10 por ciento) que que se hubiera recibido y se hubiera perdido la confirmación (90 por ciento × 10 por ciento = 9 por ciento). Por consiguiente, su estrategia debería ser «Ataca solo si recibes una confirmación». Supongamos que la estrategia del segundo piloto es «Ataca solo si recibes las coordenadas». La probabilidad de un ataque exitoso es del 81 por ciento: el 90 por ciento de posibilidades de que las coordenadas fueran recibidas multiplicado por el 90 por ciento de posibilidades de que se recibiera la confirmación. La probabilidad de que el segundo piloto ataque de forma desastrosa por su cuenta es del 9 por ciento: el 90 por ciento de posibilidades de que reciba las coordenadas multiplicado por el 10 por ciento de posibilidades de que se pierda su confirmación. La probabilidad de que ninguno ataque es del 10 por ciento, que es justamente la posibilidad de que se pierda el mensaje original con las coordenadas.

El sorprendente resultado es que la demanda de una confirmación no ha dejado la misión en mejor situación que si el piloto hubiera enviado su orden sin más y lo hubiera dejado así. De hecho, la misión sale peor parada: ahora existe un 81 por ciento de posibilidades de un ataque exitoso, frente a la probabilidad del 90 por ciento. La única diferencia estriba en qué piloto queda vulnerable. Con un ataque después de dos mensajes, cada uno de ellos con un 90 por ciento de posibilidades de ser recibido, el segundo piloto asume el riesgo; con un ataque tras un mensaje, lo hace el primer piloto.

El economista John Geanakoplos, que diseñó esta versión del acertijo, concluye: «El resultado es que, al coordinar las acciones, no existe ninguna ventaja en el envío de confirmaciones a menos que un lado parezca más vulnerable o a menos que la confirmación tenga una probabilidad más alta de transmisión exitosa que el mensaje previo». Señala que, en la vida real, cuando un piloto da una orden, el otro confirma solo una vez con la palabra *recibido*, presumiblemente porque un mensaje de una palabra tiene una probabilidad más alta de ser transmitido que un eco de la orden, y también porque la confirmación pone al oficial al mando en la posición menos vulnerable. Ofrece asimismo un ejemplo civil: los turistas que contactan con los hoteles para hacer reservas solicitan confirmación antes de ir.[6]

Ahora bien, incluso con estos vínculos con la realidad, puede que el análisis se te antoje inverosímil. En el mundo real, los individuos se coordinan con frecuencia aunque su comunicación diste de la certeza perfecta, y no tienen por qué estar frente a frente para hacerlo. No eres el único. Los matemáticos han hallado lagunas en el draconiano escenario de Rubinstein en el que solo el conocimiento común, con su infinidad de niveles, puede garantizar que las personas actúen en sintonía.[7]

La solución más destacada consiste en debilitar la idea misma de *conocimiento* común. El «conocimiento» es una carga onerosa. Según la definición estándar de los filósofos, requiere «creencia verdadera y justificada», lo cual significa que la creencia de los conocedores ha de ser *correcta* a la luz de una comprensión ideal de la realidad, no solo una suposición excelente o una convicción profunda.[8] Esta definición explica por qué resultaría peculiar decir «Félix sabe que la Tierra es plana», aun cuando lo crea firmemente, porque de hecho la Tierra no es plana. Por ello también sonreímos con la ocurrencia atribuida a Mark Twain: «El problema del mundo no es que la gente sepa demasiado poco, sino que sabe demasiadas cosas que no son así».[9] Por tanto, en cierto sentido, ninguno de nosotros, falibles mortales, podemos afirmar jamás con certeza que otros falibles mortales poseen algún «conocimiento», común o no. No obstante, podemos decir que tienen *creencias* mantenidas con grados variables de confianza, como el 30 por ciento (los lógicos la llaman «creencia 0,3») o el 99 por ciento («creencia 0,99») y así sucesivamente.

Y eso abre la puerta a tener algo llamado «creencia común *p*», creencia común para abreviar.[10] James y Charlotte pueden relajar su demanda de conocimiento cierto y limitarse a albergar creencias falibles. Por ejemplo, para que tengan una «creencia común 0,9» de que el Coffee Connection es el mejor sitio, James ha de creer con al menos un 90 por ciento de confianza que Charlotte cree con al menos un 90 por ciento de confianza que James cree con al menos un 90 por ciento de confianza que..., y así sucesivamente. En rigor, cada vez que me refiera en el resto de este libro al «conocimiento común» en un contexto de la vida real, me estaré refiriendo en realidad a una creencia común con una alta confianza.

Y, de manera crucial, en un juego de coordinación (como la cita o el ataque coordinado), existe un determinado nivel mínimo de confianza, cuyo valor depende de los beneficios relativos de coordinarse y de actuar en solitario, por lo que es racional que los agentes con mera creencia común opten por coordinarse.[11] Si los costes de la descoordinación son altos, como en el caso de los pilotos que están poniendo en peligro su vida, el nivel de confianza (la *p* en su creencia común *p*) debe ser alto. En cuanto a James y Charlotte, terminar en el café ruidoso o en cafés diferentes supondría un fastidio, pero no el fin del mundo, por lo que uno de ellos o ambos podrían dar el salto con un grado inferior de creencia común. Podrían hacerlo decidiendo con antelación limitar el número de confirmaciones que intercambian, o bien que uno de ellos escriba en algún momento: «No hace falta que respondas» o «Allí estaré» y arriesgándose.

Aunque las condiciones exactas del juego del correo electrónico rara vez son aplicables en la vida real, su lógica global puede ayudarnos a entender los dilemas en los que dos agentes sin conocimiento común se afanan para coordinarse con intercambios reiterados de mensajes falibles. La situación en la que se aplicó originalmente el juego no implicaba a comunicadores humanos.[12] En las primeras décadas de la computación, un IBM System/360 u otro procesador central se enclaustraba en un sanctasanctórum en un campus o en un centro de computación corporativo, y se desplegaba un ramo de cables que lo conectaban con terminales, impresoras y unidades de disco. El procesador central era un repositorio de conocimiento común entre todos los usuarios y recursos computacionales. Esa disposición radial fue reemplazada en la década de 1980 por la «computación distribuida», en la que una red de procesadores, servidores, periféricos y módems transmitía paquetes de datos en todas direcciones, con lo que surgió el problema de cómo cualquier par de ellos podía lograr la coordinación a través de ondas o cables ruidosos. Se implementó un conjunto de «protocolos de establecimiento de comunicación» en los que un dispositivo enviaba un mensaje al otro, esperaba a que llegara una confirmación, enviaba una confirmación de la confirmación, y así sucesivamente; no *ad infinitum*, sino un número de veces que dependía de la claridad del canal y del coste de un error. Cuando el canal era una línea telefónica, el establecimiento de la comunicación era audible como las llamadas y respuestas de siseos, aullidos y zumbidos que muchos de nosotros recordamos de la época de los módems de acceso telefónico y de la película *Tienes un e-mail*. Hoy en día lo vemos en las luces LED parpadeantes de un dispositivo de Bluetooth cuando intentamos emparejarlo con un ordenador o un *smartphone*.

Y el juego, con todas sus posibilidades de descoordinación, se desarrolla con frecuencia en la vida humana, a veces con el propio correo electrónico. Muchos de nosotros hemos tenido la experiencia de que nos dejaran plantados en una cita porque nunca llegamos a confirmarla con quien nos convocaba, que había estado esperando una confirmación, mientras que nosotros asumíamos que ya estaba arreglado y que no hacía falta confirmación; o incluso, a veces, cuando se había enviado una confirmación, pero una parte esperaba una confirmación de la confirmación.

Los mensajes no tienen por qué ser verbales. A veces, cuando salgo a correr, un amable conductor me deja cruzar en una intersección no marcada aun cuando él tenga prioridad. Yo le agradezco su cortesía y me gustaría cruzar, pero sé que no puede esperar eternamente y soy reacio a bajar de la acera por si él decide que se ha acabado el tiempo y pisa el acelerador. Él, por su parte, está encantado de esperar a que yo decida que es seguro cruzar, pero si supone que he decidido ir sobre seguro y dejarle continuar, tiene que seguir adelante. Yo podría dar un pasito en la calzada y luego pensármelo mejor y retroceder; puede que él suelte el pedal del freno y avance, para luego volver a frenar. Este nervioso ir y venir puede prolongarse un buen rato, mientras se acumulan los coches detrás de él. Aun cuando pudiera verle a través de las ventanillas tintadas, ¿debería interpretar que, cuando asiente con la cabeza, yo debería cruzar, o que él cree que *le* estoy diciendo que continúe? De ahí que la cortesía sea una mala base para la coordinación: a los dos nos compensa apegarnos a la convención y sacar provecho de los generadores de conocimiento común que fueron creados justamente con ese propósito, a saber, los semáforos y los pasos de cebra. Al ser tan elevados los costes de la descoordinación, incluso estos pueden necesitar ser reforzados por otro generador de conocimiento común (capítulo 6), como explica esta señal del aeropuerto de San Francisco.

En otras coyunturas vitales, el dilema de la coordinación consiste en afirmar una relación social ante la presencia de una posible amenaza para esta. Cuando unos amigos, familiares o amantes están conversando y uno de ellos tiene que marcharse, está poniendo fin a una agradable actividad comunicativa. Esto puede significar que ha llegado el momento en que ya no se puede aplazar por más tiempo alguna otra demanda, como el sueño o el trabajo. O podría significar que la persona que se va ha tenido suficiente por el momento y prefiere estar sola, lo cual supone un revés para la creencia tácita de que el interés mutuo de amigos y amantes es ilimitado. Incluso podría significar que ya no está interesada en continuar la relación y desea romperla, una ambigüedad reflejada en los dos sentidos de la palabra habitual en inglés (*goodbye*) [adiós] para terminar una actividad conjunta: *We said our goodbyes* [Nos despedimos] y *This is goodbye* [Esto es un adiós]. El generador evidente de conocimiento común, el discurso directo, es inapropiado aquí porque, como veremos en el capítulo 5, las relaciones comunitarias no son la clase de cosas que las personas afirman de forma explícita; resulta extraño decir: «Ahora tengo que marcharme, pero seguimos siendo amigos, ¿de acuerdo?».[13] Más desconcertante aún es el hecho de que, al terminar una conversación, se excluye la posibilidad de clarificar por qué quien la termina ha decidido ponerle fin.

Todo esto vuelve intrínsecamente tensos los adioses. Como dice Julieta, la despedida es un dulce pesar (y ella llegará a aprender un par de cosas sobre los costes de la descoordinación cuando los mensajes no llegan a su destino). De ahí el fenómeno del largo adiós.[14] Un ejemplo es la interminable conversación cuando los invitados se marchan de una cena, lo que mi abuela llamaba *klamke-talk*, por la palabra yidis que designa el pomo de la puerta: una conversación con una mano en el pomo. Otro es la agonía de los jóvenes amantes que intentan nerviosamente poner fin a una llamada telefónica. Esto se representa en *Los Simpson: la película*, en una escena en la que la Agencia de Seguridad Nacional estudia las conversaciones telefónicas de los estadounidenses ordinarios en toda su banalidad:

MUJER AL TELÉFONO: Cuelga tú primero.
HOMBRE AL TELÉFONO: No, cuelga tú primero.
MUJER AL TELÉFONO: Vale.
HOMBRE AL TELÉFONO: ¡Me ha colgado![15]

En una época de guerra cultural y polarización tóxica, el ideal de «acordar estar en desacuerdo» parecería algo fervientemente deseable. Eso convierte en una sorpresa tremenda el célebre teorema sobre el conocimiento común demostrado en 1976 por el matemático y premio Nobel Robert Aumann: los agentes racionales no pueden acordar estar en desacuerdo.[16] El teorema reza: «Si dos personas parten de las mismas creencias previas, y sus creencias posteriores sobre un determinado acontecimiento A son conocimiento común, entonces esas creencias posteriores deben ser las mismas. Esto es así aun cuando puedan basar esas creencias posteriores en informaciones muy diferentes». Tras anunciar el resultado en el primer párrafo de un artículo de tres páginas, Aumann señalaba: «Publicamos esta observación con cierta desconfianza, ya que, una vez que disponemos del marco apropiado, resulta matemáticamente trivial. De forma intuitiva, sin embargo, no es muy evidente, y posee un cierto interés en áreas en las que las creencias mutuas de unas personas sobre las de otras son de importancia». La primera oración es demasiado modesta y la segunda se queda corta. Quienes han reflexionado sobre el famoso teorema del acuerdo de Aumann no dejan de frotarse los ojos con incredulidad desde entonces.

El antecedente es la regla de Bayes, una fórmula simple para calibrar nuestras creencias de acuerdo con la fuerza de las evidencias. Los defensores de la racionalidad la consideraban indispensable para emitir juicios sólidos en la esfera pública y en la vida privada, y muy próxima al propio ideal de racionalidad. En mi libro *Racionalidad* le dediqué un capítulo titulado «Creencias y evidencias».[17]

La regla parte de la idea de que nuestra creencia en una hipótesis no debería ser blanco o negro, sino tonalidades de gris. (Ya hemos encontrado esta idea en el concepto de creencia *p*). Eso significa que el grado de creencia puede ser tratado como una probabilidad, un número entre 0 (la certeza de que es falso) y 1 (la certeza de que es verdadero), donde los números más altos significan una mayor confianza en que la hipótesis es verdadera. Entonces, el grado en el que calibramos nuestro grado de creencia en la hipótesis a la luz de la fuerza de las evidencias a favor de esta se puede tratar como una probabilidad *condicional*, un «dado que» o una estimación «si-entonces».[18] La intuición «Existen evidencias convincentes en favor de esta hipótesis» significa que «Existe una alta probabilidad de que la hipótesis sea verdadera dadas esas evidencias».

Partiendo de estos dos supuestos, la regla de Bayes es simple álgebra. Lo que buscamos es una probabilidad *a posteriori*: el grado racional de creencia en una hipótesis dada alguna nueva evidencia (es decir, después de ver la evidencia; de ahí que sea *a posteriori*). Para calcularla, solo necesitamos tres números. Primero, la probabilidad *a priori*, esto es, el grado de creencia que tenemos en la hipótesis antes de observar siquiera la nueva evidencia, basándonos en todo lo que sabemos sobre el mundo hasta el momento. En el caso del diagnóstico de una enfermedad basado en ciertos síntomas, la probabilidad *a priori* podría ser la tasa base de la enfermedad en la población: qué proporción de personas tiene la enfermedad en un momento dado. Entonces multiplicamos la probabilidad *a priori* por la *verosimilitud*, la probabilidad condicional de que *si* alguien tiene la enfermedad, *entonces* tiene los síntomas. Finalmente dividimos por la probabilidad *marginal* o prevalencia de la evidencia, a saber: cuán comunes son los datos o los síntomas de manera global, tanto si la hipótesis es verdadera como si no lo es. En el caso del diagnóstico de la enfermedad, esta sería el porcentaje de personas que muestran los síntomas, con independencia de la causa.

Aunque en determinadas circunstancias los seres humanos incumplen la regla de Bayes (un descubrimiento de los psicólogos Amos Tversky y Daniel Kahneman, otro premio nobel), esta es, en buena medida, una cuestión de sentido común, y casi todo el mundo la entiende cuando se explica en términos concretos.[19] ¿Significa mi dolor de cabeza que tengo un tumor cerebral maligno? Bueno, el cáncer de cerebro es muy raro, se encuentra aproximadamente en seis de cada cien mil personas, lo que supone una probabilidad *a priori* de solo 0,00006. Pues bien, aun cuando la verosimilitud de tener dolores de cabeza dado que tienes un tumor cerebral es alta (en torno a seis de diez), la prevalencia global de los dolores de cabeza por todo tipo de causas (senos nasales congestionados, tensión muscular, abstinencia de cafeína, etc.), que forma el denominador, también es alta: alrededor de la mitad de la población tiene dolores de cabeza de forma periódica. Por tanto, que se relajen los hipocondríacos: según la regla de Bayes, la probabilidad *a posteriori* de que tengas un tumor cerebral (hipótesis) dado que tienes dolor de cabeza (evidencia) es 0,00006 × 0,6 / 0,5, es decir, aproximadamente 0,00007. (Aun así, puede merecer la pena que te vea tu médico, según otra herramienta de la racionalidad a la que dediqué un capítulo en *Racionalidad*, la utilidad esperada: las probabilidades pueden ser bajas, pero las consecuencias son nefastas).

Ahora disponemos del vocabulario para traducir el teorema del acuerdo de Aumann al español coloquial. Si dos personas racionales parten de las mismas suposiciones de fondo con respecto a una hipótesis (las mismas creencias previas) y ambas observan diferentes evidencias y comparten su grado de confianza en que la hipótesis es verdadera (es decir, sus creencias *a posteriori* son conocimiento común), entonces no pueden acordar estar en desacuerdo (esas creencias *a posteriori* han de ser las mismas).

Eso es: nada de dejarlo así, encontrar un punto medio, reconocer las opiniones opuestas, permitir diferentes perspectivas, discrepar respetuosamente ni dejar que florezcan mil flores. Todo esto suena intolerante, dogmático y autoritario, un insulto al ideal de civilización. Pero, como veremos, las implicaciones del teorema son bastante esclarecedoras, más en la línea de: a los hechos no les importan tus sentimientos, es más grande que todos nosotros, y no se trata de tener razón, se trata de hacer lo correcto.[20]

Al igual que con las otras demostraciones matemáticas que desafían el sentido común, este resultado se puede entender mejor empezando con un ejemplo más sencillo, que he adaptado de mi correspondencia con Aumann. Tú y yo estamos intentando predecir el ganador de un prestigioso premio literario, y ya se han anunciado los finalistas: Amy, una estadounidense de 42 años; Andy, un estadounidense de 71 años; Alice, una estadounidense de 65 años, y Barnaby, un británico de 37 años. Ni tú ni yo tenemos razones para creer que alguno de ellos tenga ventaja, de modo que nuestras creencias previas son 0,25 para cada uno de los cuatro. La decisión del comité (Amy) se anunciará a mediodía. La emoción está por las nubes: en años anteriores, el ganador era siempre un británico mayor de 50, lo cual no sucederá en esta ocasión. Está presente un miembro del jurado; le rogamos que nos diga quién ha ganado, con la promesa de no decírselo a nadie. Él nos recuerda que está moralmente obligado a no revelarlo, pero accede a decirme a mí el sexo del ganador (mujer) y a ti la edad del ganador (menos de 50), a condición de que no nos lo contemos uno a otro. He aquí un diagrama de nuestro conocimiento, con la ganadora (que ambos desconocemos) rodeada con un círculo:

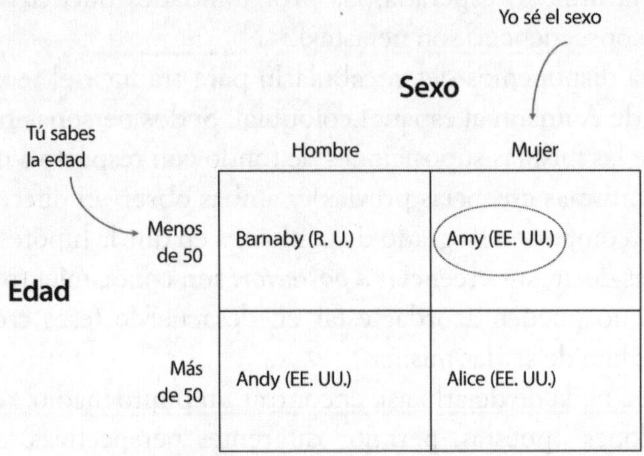

Aunque no podamos compartir la información exacta que nos ha sido revelada, podemos compartir nuestras nuevas creencias posteriores. Las mías son 0,5 para Amy, 0 para Andy, 0,5 para Alice y 0 para Barnaby. Las tuyas son 0,5 para Amy, 0 para Andy, 0 para Alice y 0,5 para Barnaby. Obviamente, deberíamos unir nuestras conclusiones y tachar de cada una de nuestras listas a los finalistas que tienen una probabilidad de 0 en la del otro. Terminamos con las mismas creencias posteriores (1 para Amy, 0 para los demás) y acordamos que tiene que ser Amy. Acordar estar en desacuerdo (por ejemplo, si yo insistiera en que Alice seguía teniendo la misma probabilidad) sería perverso. ¿Por qué desechar una información perfectamente válida solo porque no era *mi* información?

Este sencillo ejemplo *es* realmente de sentido común y no implica conocimiento común: alcanzaríamos la misma conclusión si hubiéramos escrito en privado nuestras estimaciones en cuadernos y luego cada uno hubiéramos fisgado la libreta del otro. Lo que Aumann probó es que, con mero conocimiento recíproco, donde cada uno de nosotros conoce la creencia posterior del otro, pero no puede saber que el otro conoce la nuestra, esas dos creencias posteriores *pueden* diferir, mientras que, con el conocimiento común, han de ser iguales.

Para mostrar cómo es posible el primer estado de cosas, volvamos al premio literario, pero cambiemos lo que se ha filtrado. Esta vez, el jurado me ha revelado a mí el sexo del ganador y a ti la nacionalidad. Cada uno de nosotros sabemos qué clase de información se le ha filtrado al otro, pero no la información misma. Por ahora, supongamos que no compartimos nuestras creencias posteriores y que estamos especulando sobre lo que no nos han contado a ninguno de los dos: la edad del ganador. He aquí un diagrama de nuestro conocimiento en el nuevo ejemplo, con el ganador (de nuevo desconocido para cada uno de nosotros) rodeado con un círculo:

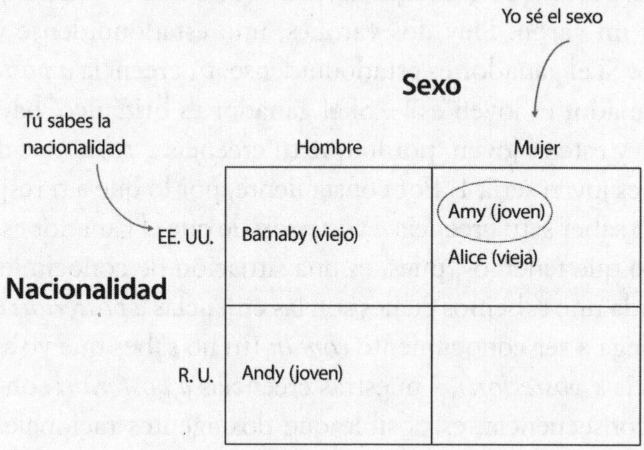

De los cuatro finalistas, dos son jóvenes y dos viejos, por lo que nuestras probabilidades *a priori* (antes de la filtración) de que el ganador sea joven son ambas 0,5. ¿Cuáles son nuestras probabilidades *a posteriori*, tras la filtración?

El razonamiento es como el seguido para averiguar el cumpleaños de Cheryl en el capítulo 1. Tú sabes que el ganador es estadounidense, y uno de los tres estadounidenses (Amy) es joven, por lo que tu creencia posterior de que el ganador es joven es ⅓. Y yo puedo averiguar eso incluso si tú no me lo dices. Ello se debe a que sé que la ganadora es una mujer, y las dos son estadounidenses, por lo que sé que te tienen que haber dicho que el ganador es estadounidense. Solo uno de los tres estadounidenses es joven, de modo que sé que tu creencia *a posteriori* de que el ganador es joven es ⅓. (Como puede que hayas deducido, toda esta discusión presupone que todos somos racionales y que todos lo sabemos; en otras palabras, que la racionalidad de todos es ella misma conocimiento común).

¿Y mi creencia *a posteriori*? Yo sé que la ganadora es una mujer, o bien la joven Amy o bien la vieja Alice, por lo que mi estimación *a posteriori* de que el ganador es joven es ½. Y tú puedes averiguar esto. Supongamos que a mí me hubieran contado que el ganador era un varón. Bien, uno de los dos hombres es joven y el otro viejo, por lo que, en cualquier caso, mi creencia *a posteriori* de que el ganador es joven es ½, y tú lo sabes.

Pero tú no sabes que yo sé cuál es tu creencia *a posteriori*. El motivo es que, por lo que a ti respecta, me podrían haber dicho que el ganador es un varón. Hay dos varones, uno estadounidense y el otro británico. Si el ganador es estadounidense, tu creencia *a posteriori* de que el ganador es joven es ⅓. Si el ganador es británico, hay un solo británico y este es joven, por lo que tu creencia *a posteriori* de que el ganador es joven sería 1. Por consiguiente, por lo que a ti respecta, yo no puedo saber si tu creencia *a posteriori* de que el ganador es joven es 1 o ⅓. Lo que tenemos, pues, es una situación de conocimiento *recíproco* (cada uno sabemos cuáles son las creencias *a posteriori* del otro) que no llega a ser conocimiento *común* (tú no sabes que yo sé cuál es tu creencia *a posteriori*), *y* nuestras creencias *a posteriori* son diferentes. En consecuencia, es posible que dos agentes racionales tengan diferentes creencias *a posteriori*, incluso si cada uno conoce las del otro, siempre y cuando estas no sean conocimiento común.

Lo impactante del teorema de Aumann es lo contrario: las creencias *a posteriori no pueden* diferir si son conocimiento común. El resultado no es tan fácil de mostrar con números como en el ejemplo anterior, pero una forma de hacerse una idea es imaginar un diálogo. Supongamos que yo convirtiera mi estimación tentativa en conocimiento común contigo diciéndote cuál es. Al ser racional, tú actualizas tu estimación para sacar provecho de la información contenida en mi cálculo, como en el primer escenario, y anuncias el resultado. Entonces yo actualizo la mía en respuesta, tú observas mi nueva estimación y actualizas la tuya, luego yo observo tu nueva estimación y vuelvo a actualizar la mía, y así sucesivamente. Aumann señala que «el proceso de intercambio de información sobre las creencias *a posteriori* [...] continuará hasta que dichas creencias sean iguales».[21]

¿Por qué han de converger de este modo? Dos personas racionales con conocimiento común son casi como una sola mente cuyo conocimiento es la intersección de las de ambas. A qué evidencia estuvo expuesta cada una no debería importar más de lo que importa en cuál de las dos evidencias pienso primero. Es verdad que lo que compartimos no es la evidencia real, sino únicamente las creencias *a posteriori* actualizadas, y por eso resulta tan sorprendente el teorema. Pero esas creencias *a posteriori* son una destilación de cada una de nuestras historias de conocimiento ganado con esfuerzo acerca del mismo mundo, a disposición del otro. Si difieren, uno de nosotros o ambos estamos desperdiciando información perfectamente válida, como si dejáramos el dinero en la mesa. Esto no se sostiene, por lo que debemos continuar ajustando nuestras creencias *a posteriori* hasta que acaben siendo las mismas. Y no solo estamos de acuerdo, sino que, como cada uno de nosotros sabe que el otro ha llegado a esa conclusión, no podemos acordar estar en desacuerdo.

Como comentó secamente Aumann, su teorema «no es muy evidente». Además de la llamativa conclusión principal, su concepción de lo que significa que los agentes racionales se pongan de acuerdo es totalmente ajena a nuestra comprensión habitual de cómo intercambian ideas las personas. En un artículo titulado «We Can't Disagree Forever» [No podemos disentir siempre], Geanakoplos y Heraklis Polemarchakis explican con detalle cómo se desarrolla en realidad el juego de pimpón *a posteriori*.[22]

Podríamos esperar ingenuamente que dos personas razonables con un motivo de discordia (supongamos que una es de izquierdas y la otra de derechas) podrían partir de posiciones distantes y, de manera gradual, cada una podría ir acercando a la otra a su terreno hasta encontrarse en algún punto intermedio. Pero, en el mundo de Aumann, un diálogo racional no funciona de ese modo. La racionalidad no es como un comprador y un vendedor que regatean un precio hasta que llegan a un acuerdo. Después de todo, ¿por qué habríamos de esperar que la realidad resulte estar justamente a medio camino entre las convicciones de dos personas que se hallan envueltas en una discusión?

En vez de ello, el discurso racional consiste en exprimir conjuntamente toda la información posible acerca del mundo a partir de lo que cada uno de vosotros habéis aprendido, manteniendo siempre abierta la capacidad de sorpresa. Tan pronto como una parte aprende la mejor estimación del otro, debería ajustar la suya propia exactamente hasta donde las matemáticas le dicen que debería, no a mitad de camino como una especie de oferta inicial o concesión a regañadientes. Tampoco existe ninguna razón para esperar que, en la siguiente ronda, acercará más aún su estimación a la de la otra persona porque, al ser racional, ya la debería haber acercado todo lo que permiten las evidencias. Cuando ve la siguiente estimación del otro, esta podría obligarle incluso a retroceder hacia su primera suposición, o superar la de la otra persona. Ninguno de sus movimientos respectivos debería ir en una dirección predecible, porque si uno lo hiciera, ya habrían sabido la dirección y, por tanto, *ya* habrían rectificado su posición en ese sentido. Una discusión racional, al menos en la idealización de Aumann, es un recorrido aleatorio en el que las dos partes ni convergen ni zigzaguean de forma predecible, sino que deambulan caóticamente como en el diagrama de la derecha.

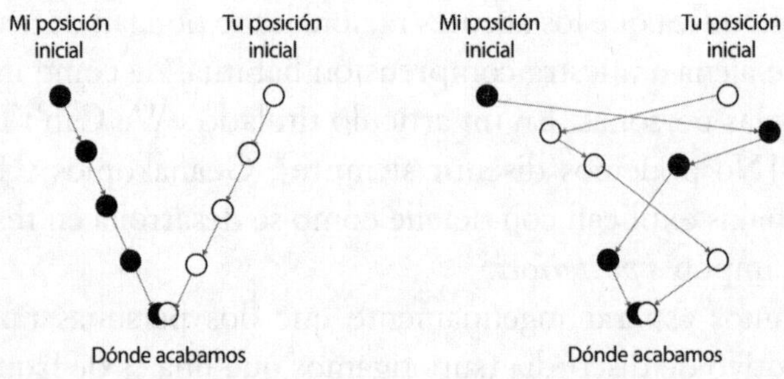

Cómo esperamos que discurran las discusiones

Cómo debería discurrir una discusión racional

Ese bucle es solo una de las trayectorias impredecibles que podría seguir una discusión en su camino hacia la convergencia. Las partes podrían incluso mantenerse en sus trece hasta el ultimísimo paso, en el que convergen en un acuerdo, como los tres comensales que se limpian las espinacas de los dientes tras el tercer brindis.[23]

Lo sorprendente del teorema de Aumann es cuán diferente resulta este ideal de convergencia racional del discurso humano real. ¡Hasta las personas muy racionales que intercambian sus opiniones mejor informadas acaban por discrepar entre sí todo el tiempo! (Como solíamos decir en mi comunidad: «Diez judíos, once opiniones»). Y no solo sobre valores y gustos subjetivos, sino también sobre cuestiones fácticas tales como quién mató a JFK, los orígenes del SARS-CoV-2 o si existe vida en otros planetas. Y el proceso es tan diferente del mundo del teorema como el resultado. Cuando los individuos intercambian opiniones, rara vez se apean de su posición inicial o saltan por encima del otro, sino que se mantienen firmes y solo renuncian a su planteamiento cuando se ven obligados a ello. ¿Cómo interpretar la diferencia entre el ideal y la realidad?

Quizá el teorema del acuerdo sea una vaca esférica. Alternativamente, el modelo podría servir de referencia para el discurso racional, ¡y su rareza debería avergonzarnos y hacernos ver cuánto camino nos queda por recorrer! Ya sabemos que los humanos pueden ser irracionales cuando son abandonados a su propia suerte, sobre todo en su manera de recopilar pruebas y ejercitar el razonamiento bayesiano. Al igual que recurrimos a la lógica y la probabilidad como patrones que nos ayuden a mejorar nuestro razonamiento individual, tal vez deberíamos utilizar el teorema del acuerdo como una aspiración a un razonamiento colectivo más constructivo.[24]

Comencemos con el recorrido aleatorio en los intercambios de opiniones. El científico de la computación Scott Aaronson ha señalado que, por improbable que parezca, al menos un escenario célebre por valorar la racionalidad se asemeja un tanto en su funcionamiento al ideal de Aumann. Dos matemáticos que discuten en una pizarra cambiarán de bando a menudo en su lucha por lograr claridad, y cada uno de ellos argumentará apasionadamente a favor de la conclusión contra la que había argumentado tan solo unos momentos antes. Se trata de una exhibición de virtud epistémica llamada *apertura mental activa*, consistente en tratar las creencias como «hipótesis que hay que probar, no tesoros que hay que guardar». Aunque en realidad nunca las pronunció, al economista John Maynard Keynes se le atribuyen con frecuencia estas palabras: «Cuando los hechos cambian, yo cambio de opinión. ¿Qué hace usted, señor?».[25]

Consideremos asimismo una implicación discordante del teorema del acuerdo: que los agentes racionales no deberían participar en el comercio especulativo.[26] Por supuesto, un intercambio es racional cuando las dos partes tienen necesidades complementarias: cuando yo tengo más leche de la que puedo beber y tú tienes más lana de la que puedes vestir, o yo estoy sentado en un montón de dinero y tú necesitas realizar un pago inicial por una casa, o yo estoy dispuesto a jugármela en una inversión lucrativa pero arriesgada y tú preferirías dormir tranquilo con una más pequeña pero más segura. Pero, en un intercambio especulativo, ambas partes discrepan sobre lo que piensan que valdrá un activo a terceros en el futuro: uno cree que subirá el precio y desea comprar, el otro piensa que caerá y quiere vender.

Según el teorema del acuerdo, nunca deberían hacer eso. Nada de actuar siguiendo un buen consejo bursátil, ni de vender en corto el yen ni de jugárselo todo a la panceta. Un precio refleja una probabilidad *a posteriori* sobre el valor presente del activo. Y ese precio es conocimiento común: en el mercado, todos conocen el precio y saben que todos lo conocen. Por consiguiente, los agentes racionales con la misma comprensión del mundo (y los mismos conocimientos previos) no deberían discrepar sobre su valor. Como en el caso de los argumentadores zigzagueantes, si existe un buen motivo para que suba o baje el precio, los agentes ya deberían haberlo tenido en cuenta en sus precios de puja o de venta, avisando a los demás de su probable valor. Si el comprador o el vendedor especulativo consuman el negocio de todas formas, al menos uno de ellos es irracional; en su propia jerga, el más tonto. (Por supuesto, lo mismo sucede con las apuestas deportivas).

Este corolario del teorema del acuerdo no resulta ser tan extraño después de todo. Los expertos financieros honestos son unánimes al afirmar que el consejo más sensato para los inversores corrientes es que no intenten ser más astutos que los mercados.[27] No seguir los buenos consejos bursátiles, no comprar acciones de una empresa con un artilugio alucinante, no pronosticar que en los próximos años todo el mundo comprará menos detergente o más *whisky* escocés o más criptomonedas, no invertir en el fondo gestionado por el meticuloso equipo de investigación o por el genio visionario. La razón es que cualquier pizca de información que te entusiasme es, casi con certeza, conocimiento común, y muchos otros negociantes ya han operado basándose en ella, haciendo que suban o bajen los precios para incorporar esa información. Si discrepas sobre el precio con un comprador o un vendedor, entonces uno de vosotros es irracional y, como se dice en el póquer, si miras alrededor de la mesa y no sabes quién es el pringado, entonces eres tú. En lugar de desembolsar una comisión de gestión anual que casi con seguridad no te dará ninguna ventaja, y que agravará tus pérdidas con el transcurso de los años, invierte en un fondo indexado de bajo costo, una cesta de activos representativa del mercado en su conjunto, y conténtate con participar de la revalorización de las empresas conforme aumente la productividad. Así pues, en este caso, un corolario del teorema del acuerdo, por extraño que parezca, es consistente con —de hecho, explica— nuestra mejor comprensión.

Sin lugar a dudas, hay una laguna en el teorema del acuerdo que permite saltárselo a la torera. Se trata de la suposición de la igualdad de creencias previas; sin ella no se sigue la conclusión de las creencias comunes *a posteriori*. ¿Por qué deberíamos creer que dos agentes racionales llegan a un problema con los mismos supuestos de fondo? ¿De dónde proceden las creencias previas?[28]

Según una interpretación, una creencia previa (*prior*) es una convicción inalienable que no precisa justificación ni puede disputarse, como un gusto personal o un artículo de fe. Así es como se emplea a menudo el término en el discurso cotidiano, una vez que ha escapado del mundo de la estadística, como en «Los jueces del Tribunal Supremo van a decidir de formas que sean consistentes con sus creencias previas ideológicas». Las personas tienen cualesquiera creencias previas, que no incumben a nadie más.

¡El problema de este libertinaje es que significaría que cualquiera puede creer lo que le venga en gana! Dado que una creencia posterior bayesiana es justamente una creencia previa multiplicada por la verosimilitud de la evidencia dividida por la habitualidad de la evidencia, si la verosimilitud de la evidencia contra tu creencia favorita es vergonzosamente elevada, basta con que digas que tus creencias previas son bajas y podrás manipular la creencia posterior para que sea tan baja como desees. Yo considero tan inverosímil que Donald Trump pierda unas elecciones que incluso si una montaña de evidencias sugiere que las perdió, eso no es suficiente para superar mi profunda creencia previa. Por consiguiente, concluyo racionalmente que es probable que ganara. Pero eso no puede ser cierto. Una creencia previa o *a priori* de hoy es solo una creencia *a posteriori* de ayer, el fruto de considerar todas las evidencias disponibles hasta entonces. A menos que uno de nosotros esté al tanto de un secreto, ¿por qué no habrían de ser las mismas para los dos?

Sin duda, alguien que todavía quisiera escapar del teorema del acuerdo escabulléndose por la laguna de las creencias previas idénticas podría plantear la misma pregunta respecto de ayer, o de anteayer, o del día anterior. No se puede seguir a Bayes sin creencias previas. En *algún* punto tendríamos que partir de cero sin ninguna evidencia para seguir adelante, y ¿quién dice que mis suposiciones en la línea de salida el primer día tengan que ser las mismas que las tuyas? Tal vez yo proceda de una cultura diferente, o pertenezca a una raza o un sexo diferente, o haya vivido unas experiencias distintas, o sea constitucionalmente optimista, conservador u oposicionista.

La respuesta es que no se trata de ti. ¿Por qué debería el virus SARS-CoV-2, o la vida en Marte, o el pistolero de noviembre de 1963, preocuparse por tu melanina, tus genitales, tu ADN o lo que aprendiste en el regazo de tu madre? Pero por fortuna podrías haber nacido en una cultura, un cuerpo o una química cerebral diferentes, sin que eso pueda afectar a lo verdadero o falso acerca del mundo. E incluso si todo eso influyera (si, por ejemplo, los pesimistas congénitos siempre están en lo cierto porque el mundo es un lugar en el que todo lo que pueda salir mal saldrá mal), entonces todos deberían ajustar sus creencias previas para que fueran más pesimistas, con lo que se limarían las diferencias una vez más. Los agentes racionales razonan desde el punto de vista de la eternidad, tras un velo de ignorancia de los cuerpos en los que están encarnados; es decir, con las mismas creencias previas. Por lo tanto, cuando convierten sus conclusiones en conocimiento común, no deberían acordar estar en desacuerdo.

Ello torna tanto más agudo el enigma de por qué las personas discrepan de hecho. Los economistas Tyler Cowen y Robin Hanson se han enfrentado al enigma. Parten de la observación de que los desacuerdos parecen arraigados con frecuencia en diferentes creencias previas acerca de las virtudes relativas de los dos contendientes. Ambas partes se aferran a sus creencias respectivas, pese a las evidencias comúnmente conocidas, porque cada una de ellas está convencida de que es la más racional, honesta, informada y competente de las dos. Por supuesto, el sentido común debería decirles que las dos no pueden tener razón, por lo que no deberían conceder más peso a sus propias convicciones que a las del otro. ¿Creen inocentemente que está bien que las dos partes tengan esas distintas creencias previas interesadas? ¿O acaso saben que eso no está bien, pero perseveran deshonestamente porque desean ganar la discusión?

Cowen y Hanson optaron por esquivar la línea de razonamiento, metafísica y ciertamente nebulosa, acerca de si los individuos deberían tener las mismas creencias previas porque podrían haber nacido en diferentes cuerpos. En vez de ello, reflexionaron sobre si las personas ordinarias *piensan* que todos deberían tener las mismas creencias previas; en particular, que deberían dejar a un lado las creencias previas interesadas acerca de su propia competencia y rectitud, que hacen tan comunes los desacuerdos. Observaron que las personas condenan con facilidad las decisiones interesadas de *los demás*. Se sienten horrorizadas ante el juez que no se inhibe del juicio de un pariente y falla a favor de este, o ante el político que adjudica un contrato a un contribuyente a su campaña. Solo hacen una excepción consigo mismas. Cowen y Hanson concluyen que la mayoría de los desacuerdos son deshonestos: las personas adoptan una postura que las hace seguir adelante aunque saben, en cierto nivel, que no deberían hacerlo. No es que los contendientes estén mintiendo de forma consciente. Cowen y Hanson citan la teoría de Robert Trivers de que los individuos se engañan a sí mismos para engañar mejor a los demás, ya que el mentiroso más convincente es aquel que se cree sus propias mentiras.[29]

Tanto si las discrepancias humanas son fruto de la deshonestidad como si obedecen a la incompetencia, la idealización de la deliberación racional en la prueba de Aumann constituye una llamada de atención sobre cómo podríamos tornar más racional nuestra propia deliberación. El *statu quo* deja mucho que desear. En los niveles más refinados del coloquio intelectual, en los foros de debate bautizados con el nombre de venerables universidades británicas y en revistas cuyos nombres son combinaciones de *New York*, *London*, *Review*, *Literary*, *Books* y *Times*, el estilo de argumentación habitual es el combate de gladiadores. El objetivo es vencer al adversario y las tácticas son la proyección de una confianza inquebrantable, la caricatura fulminante, el ataque a los flancos desprotegidos, la autodefensa contra la falsificación, la ventaja obtenida al tener la última palabra. Es un deporte entretenido, pero una manera dudosa de buscar la verdad.

Un modo alternativo de deliberación ha sido propugnado recientemente por una familia de movimientos intelectuales que se hacen llamar *pronosticadores*, *la comunidad de la racionalidad* o simplemente *bayesianos*.[30] Guiados por la regla de Bayes y, en el caso de Cowen, Hanson y Aaronson, por el propio teorema de Aumann, abogan por normas de debate diseñadas para orientar a los deliberantes hacia el consenso acerca de la hipótesis con la más alta probabilidad *a posteriori* de ser verdadera. Entre las normas se incluye expresar rangos de confianza («Creo que existe una probabilidad de 0,5 a 0,7 de que esté en lo cierto»), tratar al oponente como a un «hombre de acero» más que como a un «hombre de paja» (exponer su posición con la máxima fuerza posible, en vez de montar una efigie con el ánimo de derribarla), aceptar las colaboraciones entre adversarios (en las que los contendientes diseñan un estudio que acuerdan de antemano que resolvería un asunto) y apostar por predicciones concretas derivadas de sus teorías (como ha afirmado el economista Alex Tabarrok: «Una apuesta es un impuesto a las sandeces»).

Concluí el capítulo anterior con la observación de George Lakoff y Mark Johnson de que el lenguaje está repleto de familias de modismos que se basan en una metáfora común, como EL AMOR ES UN VIAJE y CONOCER ES VER. Lakoff y Johnson invitan a sus lectores a interrogar a las «metáforas mediante las que vivimos», para ver si nos atan a una forma de construir el mundo que podríamos trascender. Llaman la atención en especial sobre la metáfora conceptual UNA DISCUSIÓN ES UNA GUERRA:

> Tratemos de imaginar una cultura en la que las discusiones no se vieran en términos bélicos, en la que nadie perdiera ni ganara, donde no existiera el sentido de atacar o defender, ganar o perder terreno. Imaginemos una cultura en la que una discusión fuera visualizada como una danza, los participantes como bailarines, y en la cual el fin fuera ejecutarla de una manera equilibrada y estéticamente agradable. En esa cultura, la

> gente consideraría las discusiones de una manera diferente, las experimentaría de una manera distinta, las llevaría a cabo de otro modo y hablaría acerca de ellas de otra manera.[31]

Durante las décadas posteriores a mi lectura del libro de Lakoff y Johnson, el ejemplo se me antojaba forzado. Sin duda, el objetivo de una discusión es dirigirse hacia la verdad, no representar una actuación. Pero desde que leí la explicación de Aumann de cómo el conocimiento común puede guiar a los contendientes racionales hacia el consenso, y el sinuoso y serpenteante camino que sigue para llegar allí, aprecio la perspicacia de Lakoff y Johnson: la discusión racional debería asemejarse más a una danza que a una guerra.

CAPÍTULO 3

Juegos y diversión

La caza del ciervo, la batalla de los sexos, halcones y palomas, y otros juegos de coordinación que explican la necesidad del conocimiento común

¿Para qué sirve el conocimiento común? Las sorpresas del capítulo 2 mostraron con claridad que el conocimiento común es un estado de conciencia especial. Pero los escenarios estaban diseñados para poner el foco en esa especificidad y a veces rayaban en lo fantástico.

En este capítulo[1] mostraré que el conocimiento común no es un truco que usamos de manera ocasional para sacar una conclusión lógica clara, sino un elemento habitual de la vida social humana; de hecho, un prerrequisito de la vida social. Expondré unas cuantas situaciones comprometidas en las que los humanos se encuentran de forma reiterada; situaciones en las que los actores racionales han de escoger entre alternativas cuyos resultados dependen de las elecciones de otros actores racionales. Estos son los «juegos» de la rama de las matemáticas llamada *teoría de juegos*.[2] Pese a estar estilizados, captan giros recurrentes de la trama que conforman el drama humano, y muestran que muchas aparentes singularidades de la vida social se pueden explicar como salidas racionales de estas situaciones comprometidas.

El foco de atención serán los juegos de coordinación, en los que los actores prosperan solo si hacen elecciones complementarias, pero se enfrentan a más de una forma de hacerlo y necesitan conocimiento común para alinear sus elecciones. Con frecuencia, la mejor manera de entender algo es que nos muestren lo que *no* es, por lo que prepararé el terreno con un juego que es la más célebre creación de la teoría de juegos, pero que difiere de los juegos de coordinación en casi todos los sentidos. Como mencioné en el capítulo 1, se conoce como *el dilema de los prisioneros*.[3]

Un fiscal retiene a los cómplices de un delito en celdas separadas, carece de pruebas para condenarlos y les ofrece un trato. Si uno traiciona a su compañero testificando en su contra, quedará en libertad y su cómplice irá diez años a prisión. Si cada uno delata al otro, ambos recibirán una condena de seis años. Si cooperan con su cómplice y guardan silencio, el fiscal puede condenarlos únicamente por un delito menor y solo pasarán seis meses en la cárcel.

El dilema se representa en el siguiente diagrama como una matriz en la que las opciones posibles de un jugador, en este caso Choo-choo, se muestran en las filas, y las opciones del otro, Onions, se presentan en las columnas.[4] Cada celda muestra lo que les sucede si hacen esa combinación de decisiones. El resultado de Choo-choo se indica en gris en el ángulo inferior izquierdo de cada celda; el de Onions, en negro en el superior derecho.

		Onions	
		Cooperar (silencio)	Traicionar (delación)
Choo-choo	Cooperar (silencio)	6 meses 6 meses	Libertad 10 años
	Traicionar (delación)	10 años Libertad	6 años 6 años

Al hacer su elección (escoger una fila), Choo-choo considera lo que le espera (el resultado en gris) dada cada una de las decisiones de Onions (las dos columnas). Si Onions opta por cooperar (columna izquierda), la mejor opción de Choo-choo es traicionar (fila inferior), porque quedar en libertad es mejor que cumplir seis meses de condena. Si Onions decide traicionar (columna derecha), la mejor opción de Choo-choo es traicionar, porque seis años en chirona son preferibles a diez. Es una obviedad (en la jerga, una *estrategia dominante*): Choo-choo traiciona. Considerémoslo ahora desde el punto de vista de Onions, que toma sus propias decisiones (qué columna escoger) fila a fila, fijándose en los resultados en negro. Si Choo-choo coopera, a él le compensa traicionar. Si Choo-choo traiciona, a él le compensa traicionar. Onions escoge su propia opción dominante: la traición.

En el sentido del teórico de juegos, un «juego» no tiene necesariamente un ganador o un perdedor, ni una solución correcta. Pero puede tener un equilibrio de Nash, así llamado en honor al matemático John Nash, el protagonista de la biografía *Una mente prodigiosa* y la película *Una mente maravillosa*. Un equilibrio de Nash, o equilibrio para abreviar, es un conjunto de opciones (una celda de la matriz) en el que ningún jugador tiene un incentivo para cambiar dada la elección del otro. El dilema de los prisioneros tiene un equilibrio: la celda inferior derecha, la traición mutua. Los cómplices se encuentran trágicamente arrastrados al segundo peor resultado para cada uno de ellos (seis años encerrados), mientras que, si cada uno se hubiera mantenido fiel al otro, podrían haber disfrutado de la segunda mejor opción (seis meses).

El dilema de los prisioneros es una de las grandes ideas de la historia intelectual, y debería ser entendido por todas las personas instruidas.[5] Muestra cómo los individuos que actúan racionalmente en su propio interés pueden salir peor parados que si reunieran de algún modo la voluntad para ser altruistas. Aboga por una racionalidad superior en la que los actores se someten a un contrato social que les ata las manos por su propio bien (en este caso, al saber que si rompieran el voto de silencio delatando a sus cómplices, acabarían durmiendo con los peces). Alternativamente, si se repite el juego, los jugadores pueden escapar del dilema desarrollando un sentido de justicia que los impulse a recompensar la cooperación y castigar la traición. En la versión multijugador llamada el *juego de los bienes públicos* o la *tragedia de los comunes*, explica por qué, en ausencia de recompensas y castigos externamente impuestos, toda persona y toda nación poseen un incentivo para consumir en exceso los recursos y contaminar el medio ambiente, aun sabiendo que cuando todos hagan lo mismo saldrán peor parados. En *Los ángeles que llevamos dentro*, argumenté que un isomorfo que bauticé como el *dilema de los pacifistas* explica por qué cuesta tanto reducir la violencia, y describí las formas en las que el juego había cambiado a lo largo del tiempo para acarrear los declives observados por los historiadores.

Pero el dilema de los prisioneros es solo una de las setenta y ocho formas en las que se pueden ordenar los resultados de dos jugadores que se enfrentan a dos elecciones.[6] Los aficionados a la teoría de juegos, entre los que figuran el experto en relaciones internacionales Joshua Goldstein, el experto en derecho Richard McAdams y el filósofo Brian Skyrms, han señalado que se ha convertido en un martillo que lleva a los escritores a tratar el mundo como un clavo.[7] Muchas situaciones difíciles humanas no son dilemas de prisioneros, con un único equilibrio dictado por los resultados.

Esto nos devuelve a los tertulianos de café de los dos capítulos precedentes, Charlotte y James. Recordemos que les gusta charlar mientras se toman un café, pero lo que menos les importa a ambos es que su lugar de encuentro sea el Coffee Connection o el Java Joint. Una batería agotada y una zona sin cobertura les obligan a tomar sus decisiones incomunicados.

Aunque están en un dilema, la matriz que este representa es totalmente diferente de aquella a la que se enfrentaban los desdichados prisioneros. Asignemos un número de 0 a 100 al valor subjetivo que cada uno otorga a los resultados, siendo 100 el disfrute de una cita consumada y 0 el fastidio de la oportunidad perdida.

La cita tiene *dos* equilibrios: la celda superior izquierda, donde Charlotte no tiene ningún incentivo para cambiar su elección al Joint, dado que James ha escogido el Connection, o viceversa, y la celda inferior derecha, por la misma razón.

James

Charlotte	Conexión	Conjunto
Conexión	100 (Charlotte), 100 (James)	0 (Charlotte), 0 (James)
Conjunto	0 (Charlotte), 0 (James)	100 (Charlotte), 100 (James)

Y aquí es donde termina el juego y comienza la diversión. La teoría de juegos nos dice que Charlotte y James salen mejor parados si terminan en los recuadros superior izquierdo o inferior derecho, y que si alguna vez tienen esa suerte, permanecerán allí. Ahora bien, ¿qué aconseja sobre cómo deberían encontrar su camino hacia uno u otro bendito equilibrio? La respuesta es: nada. Los resultados son los mismos, y si alguno de ambos se encuentra en una de las celdas no coincidentes, los dos tienen un incentivo para cambiar, pero ese es el problema: si ambos cambian, no salen mejor parados. Como vimos en el capítulo 1, el intento de meterse en la cabeza del otro no los liberará del dilema, y, como vimos en el capítulo 2, tampoco les ayudarán el intercambio y la confirmación de mensajes sin la seguridad de que estos lleguen a su destinatario.

Por supuesto, a estas alturas ya sabes lo que serviría de ayuda. Si les devolviéramos sus teléfonos móviles operativos, bastaría una breve charla para generar el conocimiento común que resolvería su problema de un plumazo. Pero la idea de que el lenguaje genera el conocimiento común capaz de resolver un dilema de coordinación no es tan infalible como parece.

Muchos teóricos de juegos se muestran escépticos respecto a que el lenguaje pueda tener ese poder, porque las palabras carecen de valor. Como señalara el magnate del cine Sam Goldwyn, un contrato verbal no vale ni el papel en el que está escrito.[8] En el dilema de los prisioneros, incluso si Choo-choo pudiera decirle a Onions: «Yo cooperaré si tú lo haces», ¿por qué habría de creerle Onions, dado que, cuando llegue la hora, la tentación de traicionar será abrumadora? Peor aún, si *pudiera* lograr que Onions le creyera, no haría sino aumentar su tentación, seduciéndole con la oportunidad de quedar en libertad. Análogamente, si por algún motivo sirviera a los intereses de Charlotte que James fuera al Connection, podría engañarle para que acudiera allí diciéndole que ella iba a ir, fuera o no cierto. James no nació ayer, por lo que haría oídos sordos, con el resultado de que nadie le diría jamás nada a nadie.

El problema de la palabrería barata conduce a la teoría de la señalización costosa.[9] Los comunicadores solo pueden transmitir información de manera creíble, dada la amenaza de que los mentirosos digan lo mismo, si al hacerlo incurren en un coste que pueden asumir con más facilidad que los mentirosos. Por eso un antílope da un salto en el aire para señalar a una leona que le compensaría más cazar a otro antílope, en vez de flexionar sus ancas, lo que también podrían aprender a hacer los antílopes más lentos. Los pavos reales despliegan colas esplendorosas para impresionar a las hembras con su salud, en vez de desarrollar termómetros en su frente cuyas lecturas podrían ser imitadas por los rivales más enfermos. Y los estudiantes obtienen títulos en teoría de la literatura o cosmología en las universidades de élite para impresionar a sus empleadores con su inteligencia y disciplina, en lugar de alardear de esas cualificaciones en una declaración personal.[10]

Pero con un puro juego de coordinación como la cita, la señalización costosa es una solución en busca de un problema.[11] La palabrería barata funciona muy bien, porque los intereses de los dos jugadores están alineados. El anuncio de Charlotte «Te veré en el Coffee Connection» es autoseñalizador, porque ella no tiene ninguna razón para mentir, y es autocomprometedor, ya que, una vez que lo dice y es creído, ella tiene todos los motivos para llevarlo a cabo. Por la misma razón, los equilibrios en otros juegos de pura coordinación, como conducir por la derecha o por la izquierda, no necesitan señalización costosa ni imposición. A todos les interesa respetarlos, como se explica en un chiste. Una mujer llama al teléfono móvil de su marido mientras este conduce hacia el trabajo y le advierte: «Ten cuidado, cariño. Dice la radio que hay un maníaco conduciendo por el lado equivocado de la autopista». «¿*Un* maníaco? —responde—. «¡Hay cientos de ellos!».

Que la palabrería barata sea creíble o no depende de si existe un conflicto de intereses. En este caso, no hay ninguna celda de la matriz con un número más alto para Charlotte que para James, o viceversa. En los juegos que sí tienen un conflicto, como los que veremos en el resto del capítulo (y, por supuesto, en el dilema de los prisioneros), la palabrería barata puede que, en efecto, no valga ni el papel en el que está escrita. Cuando el conflicto es parcial, como en un acuerdo comercial, los contratos están obligados por la amenaza de costosas demandas y sanciones. Cuando el conflicto es total, como en el ajedrez o en el póquer, no tiene ningún sentido que hablen.

También podemos darle la vuelta a la pregunta. ¿Qué nos dice la facilidad de la conversación acerca de la vida social humana? La mayoría de las conversaciones no son costosas, por supuesto; no hablamos con canicas en la boca para demostrar nuestra sinceridad. Esto sugiere que, en la mayor parte de la historia humana, las personas se encontraban en situaciones de coordinación simétrica en las que la palabrería barata resultaba de utilidad. Si hubiéramos pasado la mayor parte de nuestro tiempo en presencia de nuestros enemigos, habríamos evolucionado para cerrar el pico y taparnos los oídos. Esta confianza es respaldada, por supuesto, por el recelo hacia los obvios conflictos de interés o la fama de hipocresía, pero la conversación sería imposible sin una máxima de honestidad por defecto.[12] La excepción que confirma la regla son los timadores, que explotan sagazmente la confianza por defecto en las interacciones sociales casuales para estafar a los incautos.[13] De hecho, en los experimentos en los que las personas juegan a los juegos de la teoría de juegos, si se les da la oportunidad de intercambiar palabrería barata, es más probable que cooperen, lo cual sugiere que las personas parten en realidad de una presunción autocumplida de intereses comunes.[14]

Los juegos de coordinación sugieren asimismo una respuesta a la pregunta «¿Por qué evolucionó el lenguaje?», que ha enredado a los científicos cognitivos y evolutivos desde que el psicólogo Paul Bloom y yo mismo agitamos ese avispero en 1990.[15] Estas son algunas de las hipótesis que han circulado: el lenguaje fue un subproducto accidental de un gran cerebro; surgió de repente de una sola mutación afortunada; nos permitió intercambiar conocimientos prácticos; hizo posible que negociáramos acuerdos recíprocos; fue un medio de compartir cotilleos; es una señal costosa y sexualmente seleccionada de aptitud neurobiológica, como la cola del pavo real, en la que los oradores cautivadores y los seductores con labia tenían más probabilidades de copular. Curiosamente ausente de todos estos debates es lo que hoy por hoy considero la explicación más simple de todas: el lenguaje genera a bajo coste el conocimiento común que hace posible la coordinación social.

Regresemos al escenario en el que el discurso directo no se encuentra disponible, como cuando un teléfono móvil se queda sin batería. La teoría de juegos guarda silencio sobre lo que debería hacer un actor racional, porque no hay nada que elegir entre las celdas superior izquierda e inferior derecha, con sus resultados idénticos. Pero he aquí un caso en el que la psicología puede solucionar un problema que las matemáticas no son capaces de resolver. En el capítulo 1 introduje una idea seminal del politólogo Thomas Schelling (otro premio nobel): la relevancia común o un punto focal.[16] Si una de las opciones llama la atención de Charlotte por cualquier motivo, y ella sabe que James está cortado por el mismo patrón, puede gravitar hacia dicha opción, confiada en que James se inclinará en el mismo sentido, porque él espera que ella también lo haga, *ad infinitum*. Sus expectativas son autocumplidas.

El ejemplo clásico de Schelling era una pareja separada que tenía que reunirse en algún lugar, en cualquier lugar de Nueva York. Sería sabio por su parte que ambos se dirigieran al gran reloj de la Grand Central Station a mediodía, aun cuando este no estuviera especialmente cerca de donde se habían perdido de vista, porque cada uno de ellos puede esperar que al otro se le ocurra esa idea.[17]

El poder de los puntos focales para resolver los dilemas de coordinación abre la puerta a que los caprichos de la psicología, la historia y la cultura se conviertan en soluciones para los problemas concretos de actores racionales que persiguen sus intereses. Como dice Schelling:

> Encontrar la clave, o, mejor, encontrar una clave —cualquier clave que sea mutuamente aceptada como tal se convierte en la clave— puede depender de la analogía, del precedente, del acuerdo accidental, de la simetría, de la configuración estética o geométrica, del razonamiento casuístico y de quienes sean las partes y de lo que cada una de ellas sepa acerca de la otra. El puro capricho puede enviar al hombre y su mujer al departamento de objetos perdidos; la lógica puede inducirles a reflexionar y a esperar que el otro reflexione acerca del lugar en que se habrían puesto de acuerdo en encontrarse si hubieran pensado anteriormente en prever la contingencia [...]. Pero cabe tener en cuenta que, en último término, la imaginación interviene tanto como la lógica; y la lógica se halla notoriamente penetrada de casuismo. Es muy posible que los poetas desarrollen mejor que los lógicos este juego, que quizá se asemeje más a los juegos de palabras y los anagramas que al ajedrez.[18]

En un estudio informal, Schelling ofrecía recompensas a parejas de personas si ambas escogían cara o cruz. La mayoría elegían cara [*heads*] y reclamaban su premio, presumiblemente por tratarse de la primera palabra de la frase *cara o cruz* [*heads or tails*]. El orden de las dos palabras es un fenómeno lingüístico (en las conjunciones, la vocal más corta y la consonante menos obstruyente tienden a ser las primeras) que es completamente irrelevante para el problema, pero lo solucionaba.[19] Los puntos focales dependen de la conciencia de los jugadores y pueden variar en función de su respectiva cultura local e historia reciente. Cuando el antropólogo Lee Cronk trató de reproducir en su clase la vieja demostración de Schelling, quedó sorprendido al encontrarse con que la mayoría de los estudiantes escogía cruz [*tails*].[20] Descubrió que, en las décadas transcurridas, se había popularizado una nueva expresión acerca del lanzamiento de monedas: «*Tails never fails*» [«La cruz nunca falla»]. En esta ocasión la rima, igualmente irrelevante, resuelve el problema.

Habida cuenta de que los puntos focales son rehenes de la variabilidad de la atención humana, una cultura escogerá con frecuencia uno e intentará aferrarse a él, en cuyo caso lo denominamos *convención*.[21] Siete no es un número especialmente útil para contar un ciclo semanal de días, pero una vez que los babilonios se decidieron por él por sus estrafalarias razones astrológicas, quedó a disposición de todas las civilizaciones posteriores como una solución al problema de coordinar los días de trabajo y descanso. Eso dejaba abierta todavía la cuestión de cuál de los siete días reservar para el descanso. Los judíos escogieron el sábado, porque fue entonces cuando Dios descansó después de crear el cielo y la tierra; los cristianos eligieron el domingo, porque fue entonces cuando el hijo de Dios resucitó de entre los muertos. Por absurdas que fueran, esas justificaciones funcionaban para cada comunidad siempre y cuando esta no tuviera que coordinarse con demasiada frecuencia con la otra. Los miembros de la comunidad minoritaria podían reconocerse entre sí por señales en su vestimenta y estilo de barba que proporcionaban un conocimiento común de sus equilibrios compartidos: su día de descanso y sus convenciones para otros retos de coordinación, como el matrimonio, el derecho, la dieta y el reconocimiento de la mayoría de edad.

La idea de que las convenciones pueden ser soluciones a los juegos de coordinación puede conferir sentido a la fantasmagoría de las prácticas culturales que se estudian en los cursos introductorios de Antropología. Y puede contribuir a resolver un debate fundamental en ese campo, a saber: si las prácticas culturales tienen justificaciones prácticas (los judíos evitan el cerdo porque este podría albergar triquinosis) o son estructuras simbólicas arbitrarias (los judíos evitan el cerdo porque este cae en el lado equivocado del binomio sagrado-profano). En los juegos de coordinación, lo arbitrario puede ser eminentemente práctico.[22]

Observemos cómo los problemas planteados por los juegos de coordinación son muy diferentes de los suscitados por el dilema de los prisioneros y otros juegos clásicos, en los que solo los resultados determinan las respuestas racionales. Los dilemas de coordinación, incluso cuando se analizan con la obstinada matemática de la teoría de juegos, dan preeminencia a las enrevesadas preocupaciones humanas de la cultura, la historia, la tradición, el simbolismo, la estética y la conversación informal.

El experto en derecho McAdams sostiene que todas estas son razones para evitar ver un dilema de los prisioneros detrás de cada árbol. Incluso los dilemas a los que se enfrentan los prisioneros rara vez son dilemas de los prisioneros. Consideremos la coartada, un isomorfo de la cita. Una vez más, los cómplices del delito permanecen encerrados en salas de interrogatorio diferentes, pero en esta ocasión los argumentos del fiscal son tan débiles que los presos podrían lograr su libertad si ofrecen una coartada creíble para su paradero en el momento del delito. Para hacerla creíble, la coartada ha de ser corroborada, aunque solo sea por el cómplice, pero no han dispuesto de antemano del tiempo suficiente para pactar sus declaraciones. Cada uno intenta pensar lo que pensaría el otro: ¿estaba en la casa del primer cómplice o del segundo?, ¿en un cine?, ¿en cierto bar? No importa la coartada exacta siempre que ofrezcan la misma. La charla trivial, si pudieran escabullirse para intercambiar unas palabras, generaría el conocimiento común que necesitan; de lo contrario, han de confiar en lo mejor con la relevancia común de un punto focal.

Encontrarse en la Grand Central o en Penn Station, conducir por la derecha o por la izquierda, dormir hasta tarde los sábados o los domingos, y ofrecer una coartada consistente son juegos de pura coordinación en los que los intereses de todos están alineados y cualquier solución conjunta es tan buena como cualquier otra. Sin embargo, los intereses entran en conflicto con frecuencia. Supongamos que tanto James como Charlotte tuvieran una fuerte preferencia por un café sobre el otro, sin dejar de preferir cada uno la compañía del otro a tomarse algo a solas. En la teoría de juegos, su situación se designa como la batalla de los sexos, lo cual en realidad no tiene nada que ver con los sexos, aparte de invocar por conveniencia algunos estereotipos de género.[23] Pero, como hemos visto, los términos técnicos son convenciones y pueden ser adoptados aunque no hubieran sido escogidos por lo que podríamos considerar buenas razones.

La batalla de los sexos hace referencia a un escenario hipotético como el siguiente. Una pareja, llamémoslos Steve y Rebecca, prefieren pasar tiempo juntos que separados, pero tienen diferentes preferencias respecto de dónde pasar ese tiempo: Steve prefiere ver cómo se enfrentan los Boston Brunins a los Montreal Canadiens y Rebecca prefiere disfrutar de un espectáculo de *La Traviata*.[24] Estos son los resultados:

		Steve	
		Ópera	*Hockey*
Rebecca	Ópera	75 100	0 0
	Hockey	0 0	100 75

Una vez más hay dos equilibrios: si Rebecca va a la ópera, Steve prefiere la ópera, y viceversa (superior izquierda), y si Rebecca va al partido de *hockey*, Steve prefiere el partido de *hockey*, y viceversa (inferior derecha). Una matriz con dos equilibrios significa que estamos en un juego de coordinación en el que las dos partes salen mejor paradas en cualquiera de ellos que en las otras dos celdas, y no hay nada en los números que fuerce a la pareja en un sentido o en el otro. Ahora bien, a diferencia de la cita, los números de las dos celdas difieren; cada uno de ellos prefiere un equilibrio al otro.

Una vez más, necesitan conocimiento común de sus intenciones respectivas para estar seguros de terminar en el mismo sitio. Sería suficiente con hablar en directo (una llamada telefónica para concretar la cita), aunque el problema es qué equilibrio convertir en conocimiento común, dado que cada uno preferiría uno diferente. Podrían ajustarse a una convención como la caballerosidad y pasar una noche en la ópera, o el patriarcado y animar en el partido, o la equidad y turnarse o echar una moneda al aire. Podrían buscar un punto focal, como qué sitio estaba más cerca o qué entradas eran más baratas, aunque la diferencia no fuera lo bastante grande como para invertir sus preferencias. Alternativamente, uno de ellos podría forzar el asunto anunciando su intención justo antes de que su teléfono móvil se quedara sin batería, o señalizar de manera convincente que eran intransigentes con respecto a su preferencia por orgullo, superstición o pura terquedad: «o a mi manera o nada». Dado que una segunda opción de cita es mejor que nada, el testarudo tiene al conciliador entre la espada y la pared. Schelling denominaba estos sacrificios voluntarios del control *tácticas paradójicas*, que son una fuente interminable de fascinación para aquellos deseosos de comprender la insensatez humana.[25]

La batalla de los sexos se desarrolla en la vida real cuando las personas se ponen a regatear. Cuando un comprador y un vendedor regatean sobre un precio, existe un rango de valores que hace que a ambos les merezca la pena cerrar el trato en vez de marcharse. Pero el vendedor prefiere un precio alto en el rango y el comprador uno bajo. Podrían encontrar uno de esos equilibrios con la ayuda de un punto focal, como hallar un punto intermedio o acordar una cifra redonda, o que uno de ellos ceda paradójicamente el control, como un vendedor de coches que necesita oportunamente la aprobación de un gerente obstinado o un comprador de coches que necesita oportunamente la aprobación de un agente de préstamos. La batalla también se desarrolla en la adopción de estándares técnicos, jurídicos y financieros. Todo el mundo preferiría que hubiera una sola clase de conector para teléfonos móviles y auriculares para reemplazar el embrollo de cables que ahora llenan nuestros cajones, pero a Apple le beneficiaría que fuera Lightning, mientras que otras compañías presionarían para que fuera USB-C.*

Aunque la teoría de juegos fue inventada en 1944 por John von Neumann y Oskar Morgenstern, la idea de que los costes y los beneficios de una elección pueden depender de las elecciones de otros fue anticipada, como tantas otras grandes ideas, durante la Ilustración. En 1755, Jean-Jacques Rousseau diseñó otro escenario de coordinación, lógicamente distinto de los que hemos considerado hasta ahora:

> Si se trataba de capturar un ciervo, cada uno sabía perfectamente que para ello debía ocupar su puesto; pero si una liebre pasaba al alcance de uno de ellos, no se puede dudar que la perseguiría sin escrúpulos y, una vez atrapada su presa, no le habría importado que sus compañeros perdieran la suya.[26]

El juego ligeramente inspirado en este pasaje se llama la caza del ciervo.[27] En la versión de Rousseau, cada cazador es tentado por el egoísmo y la impaciencia a buscar una recompensa pequeña pero segura, la liebre, antes que una mayor pero menos cierta, el ciervo, que podría haber capturado si hubiera cazado con los demás. La incertidumbre no dimana de la posibilidad de que el ciervo escape del grupo de cazadores (supongamos que, si trabajan juntos, siempre pueden tenderle una emboscada), sino de la posibilidad de que cualquiera de los *otros* cazadores vaya también tras una liebre, aunque solo sea por *su* temor a que algún *otro* cazador pudiera hacerlo. Cuando hay solo dos cazadores y acuerdan dividir un cadáver por la mitad, se enfrenta a los siguientes resultados, calculados en kilos de carne:

* Aunque en Estados Unidos no existe, de momento, normativa al respecto, en la Unión Europea entró en vigor la norma para usar solo USB-C en diciembre del 2024. Apple acabó cediendo también en Estados Unidos y ya emplea USB-C *(N. del T.)*.

		François-Marie	
		Cooperar (cazar ciervo)	Traicionar (cazar liebre)
Jean-Jacques	Cooperar (cazar ciervo)	15 15	2 0
	Traicionar (cazar liebre)	0 2	2 2

El tema de renunciar a una gran recompensa traicionando una colaboración le confiere una cierta semejanza con un dilema de los prisioneros, pero no lo es porque, en dicho dilema, lo mejor que puedes hacer es traicionar cuando el otro tipo coopera (quedar en libertad delatándole cuando él guarda silencio), pero, en la caza, lo mejor que puedes hacer es cooperar cuando el otro tipo coopera (unir fuerzas para derribar un carnoso ciervo en vez de una enclenque liebre). Más importante es el hecho de que un dilema de los prisioneros tiene un equilibrio de Nash (traición mutua), mientras que una caza del ciervo tiene dos: si François-Marie caza liebres, a Jean-Jacques le compensa cazar liebres, y viceversa, pero si François-Marie caza ciervos, a Jean-Jacques le compensa cazar ciervos, y viceversa. El doble equilibrio nos indica que estamos en un juego de coordinación.

El dilema de coordinación es camuflado por el lenguaje de la cooperación y la traición, así como por el enmarcado moralista de la parábola por parte de Rousseau en términos de escrúpulos y falta de consideración. Pero la tensión en una caza del ciervo no reside tanto en la traición cuanto en la incertidumbre. En una versión menos moralista de la historia, los dos cazadores deciden cada mañana antes de reunirse si llevar el armamento pesado necesario para derribar a un ciervo en colaboración o el armamento ligero suficiente para cobrarse cada uno su propia liebre. Jean-Jacques estaría encantado de llevar su escopeta si pudiera estar seguro de que François-Marie también lo haría, y viceversa, pero a ambos les preocupa cargar con la pesada arma si el otro aparece tan solo con una honda, que cada uno podría haber escogido como la opción segura si le preocupara que el otro pudiera haber hecho eso mismo, y así sucesivamente por la galería mental de los espejos. El conocimiento común les permitiría salir del apuro, pero los teléfonos móviles tardarían aún otros doscientos años en inventarse. (La charla trivial de la llamada sería suficiente siempre que ninguno de ambos tuviera nada que ganar si el otro cazaba un ciervo mientras él cazaba una liebre).[28] Sin el conocimiento común, el equilibrio de la caza de la liebre resulta tentador para ambos, pese a su insignificante recompensa, porque ir tras la liebre es lo seguro, en tanto que la preparación para cazar el ciervo entraña el riesgo de que el otro cazador no se prepare para ello, aunque solo sea porque también es reacio al riesgo. Lo que necesitan es una seguridad común. Por esta razón, la caza del ciervo se denomina con frecuencia *juego* o *dilema de la confianza*.

El dilema de la caza del ciervo dista de ser hipotético. Los antropólogos Michael Alvard y David Nolin estudiaron a un pueblo indonesio llamado los lamaleranos, que cazan ballenas en equipos de ocho a catorce hombres, que dividen las tareas de remar, achicar, timonear y arponear.[29] Solo si trabajan juntos pueden cazar una ballena. Pero, en un giro que podría haber sido escrito por Rousseau, también tienen la opción de pescar en solitario o en pequeños grupos. La versión de la caza del ciervo de los lamaleranos es especialmente aguda porque, cuando se requiere un equipo tan grande, basta con que un miembro no se presente para que fracase la caza.

Los lamaleranos resuelven su dilema de coordinación con una convención que estipula qué hombres se espera que cacen en cada barco. Los miembros de un grupo de descendencia patrilineal (parientes paternos, descendientes del mismo abuelo o bisabuelo) cazan juntos. Esta nítida convención puede convertirse fácilmente en conocimiento común porque todos pueden saber quién está dentro y quién está fuera, y pueden esperar que todos los demás lo sepan también.[30] Ello contrasta con el mero parentesco, que se desvanece conforme los parientes se vuelven más distantes, y a quién se considera pariente acaba siendo una cuestión de opinión. (Mi perfil en un sitio web de genómica personal enumera a más de cinco mil «parientes» que varían en la cantidad de ADN que comparten, desde el 0,07 hasta el 16,79 por ciento, incluida dudosa parentela como el columnista David

Brooks, el abogado Alan Dershowitz y la actriz Mayim Bialik. Pero menciona exactamente a 116 hombres que comparten mi cromosoma Y, heredado de un tataratatarabuelo común).[31] Un grupo de descendencia patrilineal contrasta asimismo con un sistema que podría parecer más lógico, a saber: formar equipos con habilidades complementarias, pero que es también más subjetivo y, por ende, vulnerable a la descoordinación.

Si el nerviosismo de los dos cazadores en el escenario original parece un *déjà vu* es porque hemos visto este juego en varios isomorfos en los capítulos precedentes.[32] El problema del ataque coordinado del capítulo 2 es una caza del ciervo, donde atacar juntos es cazar ciervos, quedarse quieto es cazar liebres y atacar en solitario es presentarse con una escopeta y volver a casa con las manos vacías.

Otro tanto sucede con los pánicos bancarios y las burbujas de activos del capítulo 1: los inversores permanecen y obtienen rentabilidades del tamaño de un ciervo si tienen razones para creer que todos los demás inversores van a permanecer, pero corren hacia las salidas con la esperanza de marcharse pronto con una liebre, en lugar de tarde sin nada, si temen que otros inversores tengan esa misma preocupación.

Lo mismo ocurre con las protestas: si acuden otros manifestantes en número suficiente, todos disfrutan del ciervo del cambio de régimen, pero a riesgo de ser encarcelados o acribillados a balazos si son superados en número, lo cual los tienta a quedarse con sus liebres en casa refunfuñando sobre el régimen. El desafío para los líderes de los movimientos en pro del cambio no consiste simplemente en generar conocimiento común del agravio compartido (por ejemplo, repartiendo panfletos o abriendo paraguas), sino en persuadir a los espectadores para que se unan a la caza generando expectativas comunes de éxito, que pueden llegar a autocumplirse: *Jamás nos rendiremos*; *Venceremos*; *No nos moverán*; *Tengo un sueño*.

Y, sin embargo, otra caza del ciervo familiar procede del propio dilema de los prisioneros cuando este se repite para dar a cada preso una oportunidad de recompensar o castigar al otro por lo que ha hecho en la última ronda. En ese caso, un par de prisioneros desconfiados podrían encontrarse encasillados en un equilibrio en el que se traicionen el uno al otro una y otra vez. Pero si empiezan a cooperar y luego juegan al toma y daca, traicionando solo para castigar al otro tipo por traicionar, pueden permanecer instalados en cambio en un feliz equilibrio cooperativo. En *La caza del ciervo y la evolución de la estructura social*, Skyrms sostiene que la evolución de las sociedades a partir de un anárquico estado de naturaleza hacia un contrato social mutuamente beneficioso puede equipararse a una dinámica en la que los ciudadanos aprenden, se confabulan, se congregan o dan tumbos hacia la caza conjunta del ciervo en lugar de conformarse con la liebre.

El último de los juegos de coordinación evocadores también toma su nombre del reino animal, pero en esta ocasión de las aves en lugar de los mamíferos. O, para ser más precisos, sus dos nombres, porque dos estereotipos de conflicto con la misma gama de peligros y recompensas tienen nombre de ave.

El más familiar se llama *juego del gallina*, por la supuesta pusilanimidad de este animal. Dos adolescentes conducen el uno hacia el otro a alta velocidad por una carretera, y el primero en virar queda humillado como *el gallina*. Los resultados, con los nombres de los jugadores tomados de *Rebelde sin causa* que practicaban un juego similar,[33] se muestran en la siguiente tabla.

		Buzz	
		Virar	Seguir recto
Jim	Virar	Anticlímax 0 Anticlímax 0	Victoria 10 «Gallina» –10
	Seguir recto	«Gallina» –10 Victoria 10	Choque –100 Choque –100

En un escenario más amable y más realista, dos conductores convergen en una intersección no marcada o dos caminantes se acercan por un estrecho pasillo, y uno sufre la molestia de esperar para dejar que pase el otro. Hay dos equilibrios, aunque no son las celdas en la diagonal principal en la que cada jugador intenta coincidir con las decisiones del otro. Por el contrario, si el otro tipo vira, tú quieres seguir recto, y si el otro sigue recto, tú quieres virar, por lo que celdas de las que ninguno de los conductores quiere salir son aquellas en las que toman decisiones opuestas. La tragedia es que cada conductor prefiere el equilibrio en el que él persiste y el otro es el gallina, pero si ambos siguen esa preferencia, terminan en la celda que tienen un interés común en evitar, un choque desastroso.

El juego del gallina se hizo famoso en la década de 1950 no solo por la película de James Dean, sino también porque Bertrand Russell lo comparó con la confrontación entre Estados Unidos y la Unión Soviética. Como diría más tarde el humorista Dave Barry, la Guerra Fría consistía en «258 puntos cruciales de conflicto mundial, en los que en este momento Estados Unidos y la Unión Soviética, cada uno con una mano en el volante y la otra en la bocina, se acercan simultáneamente a la misma plaza de aparcamiento».

Joshua Goldstein, experto en relaciones internacionales, ha argüido que la metáfora es apropiada.[34] Muchas guerras comerciales, crisis de deuda, amenazas militares y conflictos bélicos caen dentro del patrón de un juego del gallina más que de un dilema de los prisioneros, que se asemeja superficialmente a aquel porque dos actores que persiguen sus respectivos intereses propios salen peor parados que si hubieran cooperado. Pero en un dilema de los prisioneros, el peor resultado posible es cooperar mientras la otra parte traiciona, mientras que, en el juego del gallina, el peor resultado es que ambas partes se traicionen mutuamente (es decir, sigan recto hasta chocar). Entre los ejemplos plausibles de la vida real figuran las confrontaciones entre Hitler y Chamberlain en 1938, la Unión Soviética y sus repúblicas separatistas en 1990, Estados Unidos e Irak en 1991 y 2003, Estados Unidos y la Unión Soviética durante el bloqueo de Berlín de 1948, y, la más célebre, la crisis de los misiles en Cuba de 1962. En el momento de escribir estas líneas, Estados Unidos y la OTAN están intentando impedir que la guerra en Ucrania se convierta en un juego del gallina entre ellos y Rusia.

El segundo prototipo de conflicto, un isomorfo del juego del gallina, procede literalmente de la biología. Fue bautizado por el inventor de la teoría evolutiva de juegos, John Maynard Smith, con el nombre de dos especies de aves que son metonimias de la agresión y la conciliación, el halcón y la paloma.[35] Los términos no deberían interpretarse en sentido literal; de hecho, las palomas son unas aves bastante agresivas, y los antagonistas en el juego del halcón y la paloma suelen pertenecer a la misma especie.

Supongamos que dos urracas compiten por un territorio que ambas desean ocupar. Cada una de ellas puede graznar y extender sus alas (paloma) o arañar y picar a la otra (halcón). Si ambas se limitan a exhibirse pacíficamente, se dividen el territorio.[36] Si una se exhibe y la otra ataca, la paloma cede ante el halcón. Si ambas atacan, se produce un gran revuelo y las dos resultan heridas de muerte.

Chucho \ Checho	Paloma	Halcón
Paloma	División 50 / División 50	Cesión 0 / Victoria 100
Halcón	Victoria 100 / Cesión 0	Lucha –100 / Lucha –100

Como de costumbre, los números de las casillas pretenden mostrar las magnitudes relativas de los resultados, no sus valores absolutos, y resulta fácil ver que la ordenación de las cuatro casillas es la misma que en el juego del gallina. Por supuesto, en realidad, los valores tienen su importancia: cuando las personas o las urracas compiten, sopesan el beneficio del recurso disputado contra el coste potencial del conflicto y la probabilidad de ganar para decidir si merece la pena luchar por el recurso en cuestión.

La selección natural favorece la victoria, pero favorece con más rotundidad aún no morir en una lucha. Por eso los animales reales de la misma especie rara vez luchan a muerte (aunque a veces lo hagan). Los biólogos evolutivos han sentido curiosidad por cómo se las ingenian para evitar la celda de la lucha mutua con su tragedia shakespeariana con los cadáveres esparcidos por el escenario. Una opción es desarrollar una estrategia condicional que clasifique a los animales en uno de los dos equilibrios: primero pavonearse para ver quién es más grande y más fuerte, y luego jugar al halcón si eres tú o a la paloma si es la otra urraca. El combate mortal se produce cuando cada uno de los animales se cree el más fuerte, uno de ellos equivocadamente; una tragedia análoga a las muchas guerras catastróficas de la historia humana que se desencadenaron por el mutuo exceso de confianza.[37]

Alternativamente, los antagonistas pueden instalarse en un equilibrio con la ayuda de nuestro familiar desempate: la relevancia común o un punto focal. El punto focal más común es la pura precedencia: el animal que aparece primero en un territorio actúa como si este fuera suyo y se mantiene firme mientras el intruso cede. Maynard Smith calificó caprichosamente de *burguesa* esta estrategia, pero muchos pensadores, empezando por David Hume, han sostenido que ese es literalmente el fundamento de la convención humana de la propiedad.[38] Los derechos legales de propiedad no dependen de un juicio de quién «merece» el recurso, sino del conocimiento común de quién se reconoce que tiene el derecho de conservarlo y usarlo. Como en la estrategia burguesa, la posesión es nueve décimas partes de la ley: en caso de incertidumbre, los tribunales suelen reconocer como su poseedora a la parte titular u ocupante del recurso. Con independencia de que sean justos o injustos en algún sentido cósmico, los derechos de propiedad comúnmente conocidos impiden los interminables robos y represalias.

Con el destino del mundo dependiendo literalmente de la respuesta, tanto los académicos como los dirigentes se interesan en cómo los jugadores en un juego del gallina pueden evitar la celda del choque e ingresar en uno de los dos equilibrios (o, la mejor de todas, la celda de la solución de compromiso).[39]

De nada servirá proporcionar a los adolescentes unos teléfonos móviles para que puedan intercambiar unas palabras, porque si uno dice: «¡Yo no me voy a desviar, perdedorrrr!», el otro podría llamarlo fanfarrón, sabiendo que no tiene interés en llevar a cabo la amenaza. Una alternativa tentadora pero peligrosa es la táctica paradójica de perder la racionalidad o el control. Uno de los conductores podría bloquear el volante de forma evidente y colocar un bloque de cemento sobre el acelerador, obligando al otro a virar so pena de matarse ambos. En las relaciones internacionales, esto se conoce como *la estrate-*

gia del loco, atribuida en varias ocasiones a Richard Nixon, Sadam Hussein, los Kim de Corea del Norte y Donald Trump. La estrategia entraña un peligro evidente: ambos conductores podrían bloquear sus volantes respectivos al mismo tiempo. Otro es que el sacrificio del control puede ser un conocimiento privado antes que común; por ejemplo, si el segundo conductor no advirtiera o no creyera que el primero había bloqueado su volante.

En la broma más macabra de la historia del cine, la película *¿Teléfono rojo? Volamos hacia Moscú* mostraba cómo la falta de conocimiento común podía destruir el mundo.[40] Los soviéticos han desarrollado la táctica paradójica definitiva, la máquina del fin del mundo, una red de bombas nucleares capaz de destruir toda la vida en la Tierra y que se dispara automáticamente si el país es atacado. Un oficial estadounidense canalla, que desconoce la disuasión, lanza un ataque irrevocable y, mientras este está en marcha, un brillante teórico de juegos, el doctor Strangelove, consulta con el presidente estadounidense y el embajador soviético:

> STRANGELOVE: Solo hay una cosa que no entiendo, señor embajador. La máquina del fin del mundo pierde su sentido si se mantiene en secreto. ¿Por qué no se lo han contado al mundo?
>
> EMBAJADOR: Se iba a anunciar el lunes en el congreso del partido. Como saben, al presidente le encantan las sorpresas.[41]

Existen formas más seguras de participar en un juego del gallina. Si los jugadores viven para jugar otro día, y el día siguiente, y así sucesivamente, pueden jugar al toma y daca o a alguna otra estrategia de represalias que pueda convertir la mutua conciliación en un equilibrio.[42] O podrían regatear, es decir, ofrecer cambiar los resultados (por ejemplo, acordando dividir un recurso en lugar de luchar por él en su totalidad) y convertir el juego en una batalla de los sexos. Sin embargo, fue otra la alternativa preferida por Bertrand Russell, Albert Einstein y otros intelectuales en los años cincuenta del pasado siglo. A su juicio, únicamente un gobierno mundial con el poder de reescribir los resultados castigando a los agresores, con armas nucleares si fuera menester, podría salvar a la especie de la aniquilación.

Pero, en la práctica, parecen haber sido la convención y la relevancia común las que han resuelto lo irresoluble. Los politólogos han examinado qué desarrollos históricos merecen el reconocimiento por la Larga Paz, el declive de las guerras entre Estados después de la Segunda Guerra Mundial.[43] Un candidato importante es una convención históricamente novedosa, el principio de integridad territorial.[44] La guerra ya no es tratada por la comunidad internacional como un medio legítimo de rectificación de fronteras: los miembros de Naciones Unidas se han comprometido a no hacer la guerra excepto en autodefensa o con la aprobación del Consejo de Seguridad. Se reconocen las fronteras internacionales, por arbitrarias o injustas que sean, o, cuando surjan nuevas naciones, se transfieren de las fronteras provinciales o coloniales.

¿Podrían estas normas ineficaces haber disuadido de veras a los halcones y a los conductores kamikazes que pueblan el duro barrio conocido como el sistema global de los Estados nación? No siempre, desde luego, como vimos en la invasión de Ucrania en 2022 por parte de Rusia. Pero la lógica de la relevancia común en los juegos de coordinación torna plausible que los puntos focales marquen una diferencia. Buenas cercas hacen buenos vecinos. En un juego de halcones y palomas en el que la parte más débil puede amenazar con causar auténtico daño (dado que tiene más que perder), ambas partes pueden buscar la seguridad en un punto focal como «Atengámonos a la frontera que ya figura en el mapa», en lugar del riesgo de escalada a una guerra mutuamente ruinosa. De hecho, en una clara ruptura con siglos de historia, ningún Estado miembro de Naciones Unidas en el período de posguerra ha dejado de existir mediante conquista, y pocos territorios han cambiado de manos de modo permanente (exceptuando algunas pequeñas islas y zonas interiores escasamente pobladas). Cuando una nación ha intentado absorber un territorio conquistado (como Israel con los Altos del Golán), la comunidad internacional ha rehusado reconocer la anexión. El propio reconocimiento diplomático es una convención ratificada por el conocimiento común: lo que significa que un país o una frontera sean «reconocidos» es que todos los países saben que cualquier otro país los reconoce, y lo saben, y así sucesivamente.

Junto con el principio de integridad territorial, otro punto focal hacia el que pueden gravitar los países es la estipulación de un mediador o árbitro.[45] Naciones Unidas, Estados Unidos y el Vaticano han desempeñado ocasionalmente ese papel (pese a la sarcástica pregunta de Stalin: «¿Cuántas divisiones tiene el papa?»). En los Acuerdos de Dayton de 1995, el negociador estadounidense Richard Holbrooke persuadió a los serbios y a los bosnios para que terminaran la guerra con la ayuda de otro punto focal: una división territorial en el 51 y el 49 por ciento que concedía un área mayoritaria de la nación a la porción bosnio-croata de la federación de Bosnia-Herzegovina.

El poder blando de agentes impotentes es común en la historia humana. La Corte Internacional de Justicia tiene un alto índice de éxito en la resolución de conflictos territoriales aun cuando, al igual que el papa, carece de divisiones armadas.[46] Otro tanto sucede con los consejos religiosos, como los tribunales rabínicos y los de la *sharía*, y con los ordenamientos jurídicos históricos en muchas partes del mundo, que arraigaron antes de que la policía y las cárceles pudieran hacer cumplir sus resoluciones. Las comunidades de ganaderos, pastores y pescadores en las fronteras sin ley desarrollaban habitualmente reglas no escritas para zanjar sus disputas.[47] El conocimiento común se puede captar en un dicho conciso, como la ley de los balleneros en *Moby Dick*: «Un pez amarrado pertenece a la parte que lo amarra. Un pez suelto es buena presa para el primero que lo atrape». En todos estos casos, los contendientes pueden acatar una resolución porque es un punto focal que genera expectativas autocumplidas en su juego de halcones y palomas. El ganador se mantiene firme porque espera que el perdedor ceda, y viceversa; ambos prefieren ese resultado a una contienda ruinosa.

McAdams sostiene que la magia de los puntos focales puede explicar una característica de los ordenamientos jurídicos conocida desde hace tiempo: estos no son solo coercitivos, sino también expresivos. Los gobiernos democráticos no podrían hacer cumplir sus leyes con una vasta red de funcionarios, soplones y telepantallas que desincentivasen a los infractores de la ley atrapándolos y castigándolos cada vez. Antes bien, como sucede con la ley que obliga a conducir por la derecha, la mera declaración de una expectativa puede crearla y hacer que se cumpla de forma automática. Los antagonistas en varios juegos de halcones y palomas utilizan la ley como un punto focal que estipula quién debería ceder ante quién si ambos desean evitar un conflicto. Un ejemplo reciente es la ley que prohíbe fumar en los espacios públicos. Probablemente jamás se haya arrestado ni condenado a nadie por fumar en un auditorio o en una terminal de aeropuerto. Pero una vez quesecolocaronlosletrerosdePROHIBIDOFUMAR,losnofumadores,quepreviamente no habrían querido montar una escena, se envalentonaron para fulminar con la mirada a los infractores o pedirles que parasen, y estos no ofrecieron resistencia.

Nada de esto significa que debamos dejar de financiar a la policía.[48] Las partes que siempre se encuentran en el papel de palomas, o que son lo bastante fuertes como para hacer de halcones sin sufrir muchos daños en un conflicto, pueden ignorar la convención y tomarse la justicia por su mano. Y cuando funcionan los códigos no escritos, con frecuencia se hacen cumplir con un poco de vandalismo e intimidación, con el peligro constante de degenerar en una sangrienta *vendetta*. Así pues, también es importante el miedo a las sanciones predecibles que neutralicen los beneficios esperados de la agresión. La función expresiva de la ley no refuta una concepción de las personas como actores racionales que responden a incentivos. Pero sí amplía esa concepción para incluir las estrategias contraintuitivas que los actores racionales pueden desplegar cuando interactúan con otros actores racionales en los dilemas de coordinación.

Los juegos explorados en este capítulo no se pueden interpretar demasiado al pie de la letra. He dejado fuera mucha teoría de juegos, incluidas las estrategias probabilísticas, las mezclas de jugadores con diferentes estrategias, los juegos que se desarrollan en otros juegos y muchas más cosas. E incluso en los casos más simples, nunca resulta evidente cómo reducir un resultado complejo, con su variedad de recompensas materiales y psicológicas, a un solo número. Como se suele decir, no es más que un juego.

Con todo, confío en haberte convencido de que los juegos de coordinación, con sus soluciones históricas, culturales y psicológicas a problemas irresolubles de otra manera, pueden iluminar muchos misterios de la condición humana. El conocimiento común puede hacer importante la frivolidad, práctica la estética, empoderadora la impotencia, eficiente el derroche y sistemática la arbitrariedad.

CAPÍTULO

4

Leer la mente de un lector de mentes

Espectadores, pánicos bancarios, concursos de belleza y otras formas de meternos en la cabeza de los demás

Cada vez que intento explicarle a alguien el concepto de conocimiento común («Verás, es cuando yo sé algo y tú lo sabes, y yo sé que lo sabes, y tú sabes que lo sé, y yo sé que tú sabes que yo lo sé...»), los labios de mi oyente esbozan una leve sonrisa. Se trata de un reconocimiento de que la curiosidad de un humano sobre lo que otros humanos están pensando sobre él es inagotable, junto con una sensación de que, a la postre, la curiosidad es fútil, porque la mente empieza a tambalearse cuando explora las profundidades de los pensamientos sobre los pensamientos sobre los pensamientos.

La tensión entre nuestro interés en los estados mentales de otras personas y nuestra dificultad para estar al tanto de ellos se expresa a veces de formas caprichosas. Este viejo poema, que termina con tres capas de pensamientos dentro de pensamientos, es bastante fácil de seguir. (Podemos contar las capas de mentalización sumando los verbos de estados mentales en la cláusula más compleja, en este caso *she knew* [ella sabía], *I knew* [yo sabía] y *she meant* [se refería]).

> Muchos son los años que han pasado
> desde que cortejé a una muchacha adolescente.
> Ve a ver a mi padre, me dijo, cuando le pedí que se casara conmigo,
> cuando ella sabía que yo sabía que su padre había muerto,

pero ella sabía que yo sabía qué vida había llevado.
Así pues, ella sabía que yo sabía a qué se refería
al decirme que fuera a ver a su padre.

'Twas a long time ago, many years intervenes,
Since I courted a lass who was yet in her teens.
Go to Father, she said, when I asked her to wed,
when she knew that I knew her father was dead,
but she knew that I knew what a life he had led.
So she knew that I knew what she meant when she said, Go to Father.[1]

El desafío es mayor con cuatro capas, como en este anuncio de 2010 en el metro del ya desaparecido *smartphone* BlackBerry:

Sabrás que saben que sabes que lo han leído.

Al pararse a pensar, el pasajero podía ver que el anuncio estaba promocionando una funcionalidad (bastante distópica) del dispositivo llamada *confirmación de conversaciones*, en la que el receptor del mensaje no puede negar al emisor que lo ha leído.

La dificultad de un pensamiento en cuatro capas se interpretó en clave humorística en un célebre episodio de *Friends*, la comedia de situación sobre seis amigos platónicos y sus enredos románticos. Monica y Chandler han empezado una relación sexual clandestina, pero Joey se ha topado con evidencias de ella, y Phoebe y Rachel los han descubierto *in fraganti*, pero han decidido mantener en secreto su conocimiento para poder burlarse de la pareja y gastarles bromas. La pareja se da cuenta y pone al corriente a Joey para cambiar las tornas y seguir el juego. Cuando Phoebe y Rachel descubren que Joey, que tiene pocas luces, está al tanto del asunto, le preguntan:

> Rachel: Joey, ¿ya saben que lo sabemos?
> Joey: Saben que lo sabéis.
> Rachel: ¡Uf, ya lo sabía! ¡No puedo creer a esos dos!
> Phoebe: ¡Se han pensado que podían meterse con nosotros! ¡No saben que sabemos que saben que lo sabemos! ¡Joey, no puedes decir nada!
> Joey: No podría hacerlo aunque quisiera.[2]

Con seis capas de estados mentales, lo absurdo de hacer un seguimiento de ellas inspiró una viñeta del *New Yorker* de Bruce Eric Kaplan sobre las relaciones conyugales:

«Claro que me importa que imaginaras que pensaba que notabas que quería que lo sintieras».

Y con más capas todavía, la futilidad de comprender el pensamiento puede servir como subtexto irónico de que podríamos salir mejor parados si no intentáramos siquiera comprendernos los unos a los otros con tanta profundidad. El poema «Nudos» del psiquiatra R. D. Laing contiene estos versos:

Así que Jill no sabe
que ella no sabe
que Jack no sabe
que Jill cree
que Jack sabe
y Jack no sabe que él no sabe
que Jill no sabe que ella no sabe
que Jack no sabe
que Jill cree que Jack sabe
lo que Jack cree que él no sabe

La siguiente estrofa concluye «Los dos lo pasan muy bien».

Este capítulo trata de los procesos cognitivos que nos permiten pensar en lo que otros piensan sobre lo que otros piensan. Si el conocimiento común es algo tan crucial en los asuntos humanos como vengo sosteniendo (nada menos que un prerrequisito para la coordinación social) y si el conocimiento común consiste en que todos sepan que todos saben que todos saben algo, *ad infinitum*, entonces los humanos han de ser expertos en esta mentalización recursiva. Sin embargo, como los fantasiosos ejemplos muestran, cualquier caso de él-sabe-que-ella-sabe que abarque más de unos pocos niveles de incrustación resulta endemoniadamente difícil de pensar. ¿Cómo pueden las personas coordinar tan bien sus decisiones si la meditación necesaria requiere un vigor mental sobrehumano?

Los lógicos han intentado definir con exactitud cómo debería representarse el conocimiento común, es decir, cómo puede capturarse este en un enunciado preciso, y si las diversas posibilidades son lógicamente equivalentes o seleccionan diferentes versiones del concepto. Y, siendo humanos, no pueden evitar preguntarse cuáles de estas formulaciones podrían ser los pensamientos que los humanos mortales pensamos en efecto cuando tenemos conocimiento común. Este último interrogante es el que anima a los científicos cognitivos y constituye el tema de este capítulo. Comencemos por examinar las tres teorías principales al respecto.[3] (Como de costumbre, pasaré por alto la diferencia entre conocimiento común y creencia común).

La representación más clara del conocimiento común es una lista de proposiciones *reiteradas* o *recursivas* (*recursiva* significa que «contiene un ejemplo de sí misma»):

Amy sabe que *x*.
Brad sabe que *x*.
Amy sabe que Brad sabe que *x*.
Brad sabe que Amy sabe que *x*.
Amy sabe que Brad sabe que Amy sabe que *x*.
Brad sabe que Amy sabe que Brad sabe que *x*.
Amy sabe que Brad sabe que Amy sabe que Brad sabe que *x*.
...

Existen dos objeciones evidentes a semejante lista como una representación mental del conocimiento común. Una es que un número infinito de proposiciones no puede caber en un cráneo finito. La otra es que cada proposición es más larga y más enrevesada que la anterior, y después de unas cuantas de la lista no hay mortal capaz de entenderlas.

A la primera objeción cabría responder señalando que los tres puntos al final de la lista, o sus equivalentes lingüísticos *y así sucesivamente*, *etcétera* o *ad infinitum*, pueden capturar la idea de la serie infinita. Es algo similar a nuestra manera de expresar la idea de un número par como «0, 2, 4, 6, 8...».[4]

La segunda objeción se podría responder utilizando símbolos que representen proposiciones, de suerte que estas no tengan que aumentar de longitud:

(1) Amy sabe que x.
(2) Brad sabe que x.
(3) Amy sabe que (2).
(4) Brad sabe que (1).
(5) Amy sabe que (4).
(6) Brad sabe que (3).
...

Ahora que disponemos de símbolos que representan proposiciones enteras, podemos prescindir de una lista infinita, siempre que permitamos que una proposición contenga un símbolo referido a ella. Ello nos brinda un segundo modo de capturar el conocimiento común, denominado representación *reflexiva* o *en punto fijo*. Podría formularse así:

(*n*) Amy y Brad saben *x*, y Amy y Brad saben *n*.

La ventaja de esta proposición autorreferencial es que acaba con la molesta infinitud de una lista. Las desventajas son que sigue siendo poco intuitiva en términos cognitivos y quizá paradójica. No se trata de que las personas no entiendan las oraciones autorreferenciales. *Esta oración tiene cinco palabras* es muy clara, y la gente sonríe cuando descubre la ley de Hofstadter: «Siempre se tarda más tiempo del que se espera, incluso cuando se tiene en cuenta la ley de Hofstadter». Pero la proposición (*n*) no es especialmente intuitiva, y mientras que algunos filósofos (como Gilbert Harman y Jon Barwise) la han propuesto como una plausible representación finita del conocimiento común, otros (como Robert Aumann, autor del célebre teorema del acuerdo) creen que es circular y que no es en absoluto una definición.[5]

La tercera representación posible del conocimiento común depende de la *evidencia* o *visibilidad* (a veces *base compartida*).[6] Un acontecimiento evidente es aquel que no puede ocurrir sin que se sepa que ha ocurrido. Mantener una conversación, por ejemplo, es evidente para los conversadores, y firmar un contrato es evidente para los signatarios. Análogamente, cuando calificamos un acontecimiento de «público», «conspicuo», «destacado» o «inusual», o decimos que «no tiene pérdida», estamos sugiriendo que el acontecimiento en cuestión es evidente: cuando sucede, la gente lo sabe por definición. Así pues, el conocimiento común de *x* se puede representar de este modo:

Amy y Brad experimentaron un acontecimiento evidente que implica *x*.

Cuando el anfitrión de una cena anuncia «Amy tiene espinacas en los dientes», es evidente para todos los presentes que el anfitrión lo ha dicho, y ello implica que Amy tiene en efecto espinacas en los dientes. Eso es suficiente para que las espinacas en los dientes de Amy sean conocimiento común. El hecho de que el suceso presenciado por la pareja sea evidente permitiría que Amy infiriese que, si ella lo sabe,

Brad sabe que ella lo sabe, y viceversa, en tantos niveles como ella deseara desplegar, aunque no tendría por qué desplegar ninguno si no estuviera de humor; basta con el mero conocimiento de que ella y Brad experimentaron un acontecimiento evidente.

En realidad, los tres formatos obvian la necesidad de que los conocedores se pierdan en una espiral interminable de pensamientos «Yo sé que ella sabe que yo sé...» hasta el fin de los tiempos. Con la representación recursiva, podrían detenerse en algún punto y pensar «y así sucesivamente». Con la reflexiva, podrían advertir que la autorreferencia de la proposición permite que se desarrolle en tantas proposiciones y tan profundamente integradas como deseen. Con la proposición evidente, la capacidad de generar esas proposiciones es evidente. Con cualquiera de estas posibilidades, podemos decir que el conocedor tiene *razones para creer* el conjunto infinito de proposiciones múltiplemente incrustadas que conforman el «conocimiento común», a saber: que tendrían motivos racionales para asentir a cada una de ellas si tuvieran que hacerlo, incluso si no las *creen* literalmente en el sentido de que pasen por su mente tales pensamientos.[7] Por analogía, tan pronto como descubrí en mi infancia los números pares, tenía una razón para creer que «847.576.954 es un número par», aun cuando ese pensamiento no se me hubiera pasado por la cabeza hasta el momento en que tecleé esa oración.

La pregunta que ahora nos incumbe es: ¿de veras albergan los individuos esas representaciones en su cabeza? Y, en tal caso, ¿con cuánta habilidad y facilidad pueden pasar de la una a la otra? Examinemos las representaciones una tras otra.

Aunque las personas no puedan albergar en su mente una serie interminable de pensamientos «Él sabe que ella sabe que él sabe...», hemos visto que son capaces de albergar unos pocos. El talento para la mentalización recursiva surge en los primeros años de escuela. Así lo mostraron un par de psicólogos, Josef Perner y Heinz Wimmer, que se habían hecho famosos con anterioridad por demostrar la edad a la que los niños mostraban signos de simple mentalización, es decir, pensar en los pensamientos de otros. (Como he mencionado, la mentalización también se denomina *teoría de la mente*, donde *teoría* no se refiere a la teoría del científico, sino a la teoría intuitiva o popular del niño sobre lo que sucede en la cabeza de otras personas).

Para mostrar que un niño posee la facultad de mentalización, no basta con preguntarle si otra persona conoce algún hecho, porque si el hecho en cuestión es conocimiento común, no existe ninguna diferencia entre lo que la otra persona sabe y lo que el propio niño sabe: ambos están pensando en el mismo mundo. Wimmer y Perner se inspiraban en una observación del filósofo Dan Dennett, según la cual una prueba rigurosa consistiría en investigar si los niños entienden que alguien puede profesar una creencia que ellos saben que es *falsa*:

> Los niños muy pequeños que ven un espectáculo de títeres de cachiporra chillan de alegría anticipada mientras Punch se prepara para arrojar la caja por el precipicio. ¿Por qué? Porque saben que Punch piensa que Judy está todavía en la caja. Ellos conocen la verdad; vieron escapar a Judy mientras Punch estaba de espaldas. Interpretamos el entusiasmo de los niños como una prueba abrumadoramente buena de que comprenden la situación: entienden que Punch está actuando sobre la base de una creencia errónea (aunque no sean lo suficientemente sofisticados como para expresarlo en esos términos).[8]

Dennett sugería un experimento que emplearía esa lógica para comprobar si un niño de una determinada edad (o, para el caso, un chimpancé) tiene una teoría de la mente: escenificar un evento en el que se traslada un objeto cuando un personaje está de espaldas y ver si el niño espera que el personaje mire en el sitio original (donde el personaje piensa que está) o en el nuevo lugar (donde el niño sabe que está). Wimmer y Perner realizaron los estudios.[9] El niño ve una breve representación teatral con juguetes en la que (por ejemplo) Mary quiere comprarse un helado en una camioneta del parque, pero tiene que ir a casa a buscar el dinero y, durante su ausencia, la camioneta se traslada a una iglesia. El niño ha visto desplazarse la camioneta hacia la iglesia, pero Mary no, por lo que esta sigue pensando que la camioneta está en el parque. Entonces el experimentador le pregunta al niño. «¿Adónde irá Mary a comprar el helado?». El famoso resultado de Wimmer y Perner es que los niños de tres años responden «A la iglesia», presumiblemente porque no tienen muy claro el hecho de que otras personas tienen sus propias mentes con sus propias creencias, que pueden ser falsas. Pero los de cuatro años pueden distinguir sus pensamientos de los de otros y decir «Al parque».

La interpretación más simple es que los niños desarrollan una teoría de la mente entre los tres y los cuatro años. Pero eso parece una simplificación excesiva. Por un lado, los niños pequeños no siempre son tan inconscientes. Las psicólogas Kristine Onishi y Renée Baillargeon han demostrado que incluso los infantes parecen sorprenderse cuando ven que una persona busca un objeto en el sitio al que este ha sido trasladado mientras la persona estaba fuera de la habitación.[10] Por otro lado, los adultos no siempre son tan sofisticados. Con frecuencia asumen alegremente que lo que saben es sabido por todos, un hábito denominado la maldición del conocimiento.[11] (En *El sentido del estilo*, sugerí que la maldición del conocimiento es la causa principal de la mala prosa. Los escritores emplean jerga, abreviaturas, abstracciones y glosas que son obvias para ellos, pero no para todo el mundo). Esto sugiere que el problema de los niños de tres años en el estudio clásico de las creencias falsas no es una incapacidad total para concebir los estados mentales ajenos, sino una dificultad para razonar conscientemente sobre ellos. La mentalización es posible, pero extenuante cuando su propio conocimiento difiere del de otros y han de mantener en orden los dos mundos. En cualquier caso, los hallazgos en la tarea de las creencias falsas son altamente replicables y abonan el terreno para una investigación del desarrollo de la mentalización *recursiva*.

En el nuevo estudio, Perner y Wimmer hacían ver a los niños una obrita teatral diferente, en esta ocasión con un personaje adicional.[12] Un segundo niño, John, está en el parque con Mary y, mientras ella está en casa cogiendo el dinero, el vendedor de helados le dice a John que se va a trasladar a la iglesia. Por fortuna para Mary, el conductor pasa por su casa mientras ella está allí y le comunica en un aparte que se dirige a la iglesia. Dado que John y Mary han sido informados fuera del alcance de la vista y el oído del otro, su conocimiento respectivo es privado, no común: ambos saben, pero ninguno de ellos sabe que el otro sabe. La pregunta clave es: ¿sabe el niño que John no sabe que Mary lo sabe?; esa sería una creencia de segundo orden que requeriría mentalización recursiva.

En la historia, ahora John quiere encontrar a Mary, y solo le dicen que esta ha ido a comprarse un helado. Preguntan al niño: «¿Dónde cree John que ha ido Mary?». Los niños de siete años, a pesar de entender lo que otras personas creen desde los cuatro años, no pueden hacer un seguimiento de lo que otras personas creen sobre lo que *otras* personas creen. Responden que John la buscará en la iglesia, donde John sabe que está la camioneta y donde de hecho Mary sabe que está la camioneta, pero John no tenía forma de saber eso. Los niños de ocho años aciertan más a menudo de lo que se equivocan, y los de diez aciertan siempre.

¿Hay algo especial en la edad de siete u ocho años que explique por qué los niños comienzan la mentalización recursiva hacia ese momento? Tal vez. Coincide más o menos con el inicio de lo que el psicólogo del desarrollo Jean Piaget denominaba la etapa del desarrollo cognitivo de las operaciones concretas, en la que los procesos de pensamiento de los niños se organizan en sistemas.[13] También se ha llamado *la edad de la razón*, el hito en el que los niños de las culturas tradicionales se consideraban preparados para empezar el colegio o a trabajar como aprendices y a ser tratados como agentes morales (como en la primera comunión católica).[14]

La historia sobre la camioneta de los helados requiere dos niveles de conocimientos incorporados (John piensa que Mary piensa). ¿Hasta dónde pueden llegar los individuos? Un estudio de los psicólogos Peter Kinderman, Robin Dunbar y Richard Bentall presentaba a estudiantes universitarios historias cuyos personajes tenían que lidiar con varias sorpresas, engaños y subterfugios que hacían que sus creencias difirieran de unos a otros y de la realidad.[15] Acto seguido se les hacían preguntas que variaban en el número de niveles de conocimientos incrustados (que, recordemos, corresponde al número de verbos de estados mentales en cada oración):

Primer orden: John querία ir al *pub* después del trabajo.

Segundo orden: John pensaba que a Sheila le gustaría ir al *pub* con él.

Tercer orden: John pensaba que Penny sabía que Sheila quería ir.

Cuarto orden: Penny creía que John pensaba que ella no sabría lo que Sheila querría hacer.

Quinto orden: John pensaba que Penny pensaba que John quería que Penny averiguara lo que Sheila quería hacer.

Los participantes no tenían problema con los pensamientos que requerían hasta cuatro niveles de mentalización, pero su rendimiento se desplomaba con las preguntas de quinto orden, esto es, los pensamientos sobre los pensamientos sobre los pensamientos sobre los pensamientos sobre los pensamientos.

La conclusión más simple es que la mente adulta tiene cuatro huecos para hacer un seguimiento de los pensamientos sobre los pensamientos. En los fragmentos del inicio del capítulo, esa era la línea divisoria entre las oraciones que son comprensibles con un poco de esfuerzo (como el anuncio de la BlackBerry y el diálogo de *Friends*) y las que resultan totalmente incomprensibles (como la viñeta de Kaplan y el poema de Laing). Consideremos cuánto más fácil habría sido la viñeta de Kaplan con cuatro niveles en vez de seis: «Claro que me importa cómo percibieras lo que yo quería que sintieras». Un ejemplo de la vida real es un célebre descargo de responsabilidad en cuatro niveles que se ha atribuido a varias figuras públicas a lo largo de los años: «Sé que crees que entiendes lo que pensabas que dije, pero no estoy seguro de que seas consciente de que lo que oíste no es lo que yo quería decir».[16] Evasivo pero inteligible.

Pero una parada en seco en cuatro niveles es una conclusión demasiado simple; el número exacto depende de la persona y del contenido. La mentalización recursiva mejora del principio al final de la adolescencia y luego en la edad adulta. Y es mejor en las personas con más capacidad de memoria funcional, con mejores destrezas lingüísticas y con una posición más baja en el espectro autista (es decir, con mayor perspicacia social).[17]

La facilidad para la mentalización recursiva depende asimismo de lo que se mentaliza. Por supuesto, cuesta más seguir el rastro de los pensamientos dentro de los pensamientos conforme aumenta el número. Pero la zambullida en la ininteligibilidad con las oraciones profundamente incrustadas no es solo cuestión de que el número de pensamientos exceda el número de huecos en la memoria. Recordemos el acertijo del cumpleaños de Cheryl en el capítulo 1, que solo requiere dos niveles de mentalización, pero no se puede resolver sin lápiz y papel. O el problema de las espinacas en los dientes del capítulo 2 («el acertijo lógico más difícil del mundo»), que aturde la mente con solo dos o tres niveles. O consideremos a Amy, que le dice a Brad que su coche está aparcado enfrente del colegio, pero en realidad se lo está llevando la grúa a un aparcamiento de la policía, y la persona del estacionamiento telefonea a Brad y a Amy por separado sin contárselo al otro. ¿Dónde piensa Amy que piensa Brad que Amy piensa que Brad piensa que está el coche? No es un escenario tan complicado, pero responder la pregunta resulta agotador.

La peculiar dificultad de pensar pensamientos sobre pensamientos reside en las profundidades de la arquitectura computacional de la cognición humana. El hándicap no es que la mente sea incapaz de representar complejas cadenas de ideas conectadas a otras ideas. Hasta los niños pueden visualizar las imágenes en estos pasajes familiares:

> Esta es la vaca con el cuerno arrugado que echó al perro que preocupó al gato que mató a la rata que se comió la malta que estaba en la casa que construyó Jack.
>
> Entonces llegó el Santo, bendito sea Él, y destruyó al ángel de la muerte que mató al carnicero que mató al buey que bebió el agua que apagó el fuego que quemó el palo que golpeó al perro que mordió al gato que compró mi padre por dos monedas.[18]

En estas oraciones recursivas, cada cláusula incrustada sirve para limitar la identidad del sustantivo que modifica. Pero los conceptos que hay detrás de los nombres no se *definen* mediante la cláusula modificadora (no pertenece a la naturaleza de la rata el hecho de comer malta), por lo que no hay necesidad de mantener simultáneamente en la mente toda la cadena de verbos para entenderla. Se puede identificar mentalmente cada entidad y dejarla a un lado en la memoria a largo plazo para permitir que la atención se dirija a la siguiente. En cambio, con la mentalización recursiva, no podemos entender con exactitud qué es lo que Amy está pensando sin captar toda la muñeca rusa de frases encajadas que vienen a continuación.

Y ello requiere no confundir las múltiples apariciones de un mismo concepto, en este caso el concepto «cree». Ese requisito es especialmente exigente para la cognición humana. En teoría no tiene por qué serlo. Un ordenador digital distingue con facilidad múltiples apariciones de un concepto; estas se almacenan simplemente en la memoria en espacios separados, cada una con una única dirección de *hardware*. Ello facilita la enumeración de un conjunto de proposiciones distintas con sus correspondientes conexiones lógicas. El pensamiento de cuarto orden de Amy, por ejemplo, se podría representar como algo parecido a esto, donde cada línea muestra una dirección de memoria y sus contenidos:

Dirección	**Contenidos**
05cffc48	cree (Amy, [77f9d022])
77f9d022	cree (Brad, [008b6f00])
008b6f00	cree (Amy, [4e7dc19a])
4e7dc19a	cree (Brad, [05dd764e])
05dd764e	localización (coche, colegio)

La primera celda de memoria, 05cffc48, contiene la proposición «Amy cree los contenidos de la celda de memoria 77f9d022». Toda la base de conocimientos mantiene todo en orden porque tenemos una separación nítida entre la identidad de una proposición (cada línea de la base de conocimientos, identificada por su dirección) y los contenidos de dicha proposición (Amy, Brad, el predicado *cree*). Los ordenadores digitales están diseñados para facilitar esta labor. Disponen de registros y espacios de memoria que pueden llenarse con símbolos, algunos de los cuales señalan a otros espacios de memoria, y un procesador que puede examinar la lista siguiendo el rastro de qué símbolos apuntan a qué espacio, consultando una estructura de memoria denominada *pila*. Pero el cerebro humano no parece funcionar de esa manera: no tiene ubicaciones de memoria preexistentes que puedan llenarse dinámicamente con contenidos arbitrarios. En vez de ello, los contenidos *mismos* definen las localizaciones, una arquitectura computacional llamada *memoria de contenido direccionable*.[19]

En el modelo más simple de memoria de contenido direccionable, un concepto, es este caso «cree», se representa una sola vez en todo el cerebro, en un único circuito neuronal.[20] Cuando la persona está pensando en ese concepto, se activan esas neuronas; de lo contrario, permanecen quiescentes. La falta de una dirección abstracta, etiqueta o variable que represente un pensamiento puede explicar un fenómeno cognitivo observado por vez primera por Fiódor Dostoievski y confirmado experimentalmente más de un siglo después por el psicólogo Daniel Wegner: «Intenta ponerte la tarea de no pensar en un oso polar, y verás que esa cosa maldita regresa a tu mente a cada instante».[21] Si el concepto de oso polar ocupara el espacio 03cffc481 de la memoria, nos bastaría con programar nuestro hilo de pensamiento para no consultar los contenidos del espacio 03cffc481. Pero eso parece imposible; considerar un pensamiento implica pensarlo.

Esto significa que nuestro sistema de manejo de las representaciones mentales adolece de un defecto: no puede representar con facilidad múltiples apariciones del mismo concepto, cada una con un conjunto diferente de participantes (en este caso, el pensador relevante y el pensamiento). Las distintas apariciones se superponen en un único símbolo y colapsan la representación sobre sí misma:

cree (Amy y Brad, [LOCALIZACIÓN (coche, colegio)])

Ahora bien, todo esto es una exageración; estaríamos cognitivamente incapacitados si nuestro cerebro no tuviera *ningún* medio para distinguir varios ejemplares de un único concepto en un momento dado. La clave está en que albergar una idea es fácil, mientras que empaquetar esa idea para que pueda insertarse como un componente dentro de otra (especialmente de otra idea de la misma clase) requiere un arduo proceso cognitivo. Se trata de un efecto ampliamente apreciado por los científicos cognitivos desde que el lingüista Noam Chomsky y el psicólogo George Miller advirtieran la marcada dificultad que tienen las personas para entender oraciones «autoincrustadas»,[22] en las que las frases se insertan sucesivamente dentro de frases con la misma estructura gramatical:

Murió la rata que comió el gato que persiguió el perro.

La rapidez que tiene el movimiento que tiene el ala que tiene el colibrí es extraordinaria.

Es dudoso que sea obvio que sea trágico que muriera.

Aunque técnicamente gramaticales, las oraciones colapsan en la ininteligibilidad cuando los individuos intentan identificar los referentes de las capas de cláusulas dentro de cláusulas.

Si la mentalización recursiva es tan exigente en términos computacionales, ¿cómo la hacemos? Una ley básica de la psicología cognitiva es que la mente humana puede superar sus limitaciones de procesamiento fusionando una colección de ideas simples que a menudo ocurren juntas en un ensamblaje cognitivo designado como *trozo* (*chunk*).[23] Los trozos se pueden ensamblar en otros mayores, y así sucesivamente. (Esto está relacionado con las técnicas informáticas conocidas como macros, almacenamiento en caché, subrutinas y memorización). Las personas recuerdan mejor los números de teléfono si, en lugar de intentar memorizar una serie de quince dígitos, los trocean en código de país, prefijo, número local (dividido en los tres dígitos de la centralita y los cuatro del número de línea) y extensión. Al aprender a tocar una pieza musical, un estudiante no aborda la pieza entera desde la primera nota hasta la última de una vez, sino que puede practicar los acordes e intervalos individuales hasta automatizarlos, luego las frases y los motivos recurrentes, luego versos enteros, luego estrofas, puentes, coros, movimientos y así sucesivamente.

De manera similar, cuando navegamos por el mundo social, troceamos combinaciones de pensamientos sobre pensamientos en unidades mentales sueltas, evitando tener que ensamblarlas en tiempo real en cada ocasión. Muchos de estos trozos han adquirido sus propios verbos:

fingir: Amy quiere que Brad crea que Amy cree algo que Amy no cree.
ocultar a: Amy quiere que Brad no sepa algo que Amy sabe.
engañar: Amy quiere que Brad crea algo que Amy no cree.
dudar: Amy piensa que Brad cree algo que Amy no cree.
seguir la corriente: Amy quiere que Brad piense que Amy cree algo que Brad cree aunque Amy no lo cree.

convencer: Amy quiere que Brad crea algo que Amy cree.
sospechar: Amy piensa que Brad quiere que Amy crea algo que Brad no cree.

Estas pueden combinarse a su vez en ideas sobre tramas humanas recurrentes, llamadas *guiones* o *esquemas*. En una «aventura», por ejemplo, dos personas ocultan una relación sexual a sus parejas respectivas; en un «escándalo», la gente llega a saber algo que una figura muy conocida intentaba ocultar; en una «discusión», cada una de las dos personas quiere convencer a la otra; y así sucesivamente.

La disponibilidad de los guiones mentales con creencias-sobre-creencias preenvasadas puede explicar por qué algunas de las cadenas de mentalización recursiva que hemos visto, como las tramas de «La carta robada» y el episodio de *Friends*, son razonablemente fáciles de seguir: implican guiones humanos familiares como el engaño delictivo, el sexo clandestino y las bromas pesadas. Además, cuando se desarrolla una narración suceso tras suceso, los lectores que han aprendido acerca de la creencia de un personaje sobre la creencia de otro pueden almacenar ese trozo en la memoria a largo plazo conforme siguen el desarrollo de la trama, y el trozo está ahí para ser incrustado con más profundidad aún a medida que se desarrollen los acontecimientos subsiguientes. Sabiendo que la relación secreta de Monica y Chandler ha sido descubierta por los tres amigos, el público puede manejar con facilidad una capa adicional cuando la pareja se entera subrepticiamente de ese descubrimiento.

En cambio, los acertijos desconcertantes introducen escenarios artificiosos y arbitrarios, y conocedores genéricos como los alfabéticos Amy y Brad, y Xavier y Yolande. Entonces se le arroja de golpe al lector la cebolla entera de pensamientos dentro de pensamientos. Este es un ejemplo del contraste que tracé en mi libro *Racionalidad* entre la «racionalidad ecológica», el sentido común acerca de dificultades humanas habituales, que es algo natural en nosotros, y la «racionalidad formal», la aplicación de abstractas fórmulas lógicas y estadísticas a temas arbitrarios.[24]

Tan automático es el proceso de captar combinaciones familiares de pensamientos que resulta fácil olvidar que hasta el más simple acto de comunicación requiere mentalización recursiva. Yo estoy escribiendo como si ver (o escuchar) una proposición implicara creerla, pero por supuesto no permitimos que nos implanten quirúrgicamente ideas en nuestro cerebro. Siempre evaluamos el discurso ajeno en el contexto de sus intenciones (desarrollaremos esto en el capítulo 7).[25] Los filósofos del lenguaje señalan que «Amy dice *x* a Brad» significa aproximadamente «Amy quiere que Brad crea *x* haciéndole reconocer que ella quiere que lo crea». Esto implica que puedes atribuirte el mérito de al menos cuatro capas adicionales de mentalización además de todas las que hayas ejercitado en la comprensión de los ejemplos de este libro. Esas capas están tan profundamente arraigadas en el proceso de comprensión que rara vez se registran en nuestra conciencia a menos que nos encontremos confundidos o recelosos respecto de lo que está tramando el hablante.

Hemos visto que los niños mayores y los adultos pueden ejercitar la mentalización recursiva hasta cierto punto y estancarse cuando la estratificación de pensamientos dentro de pensamientos se vuelve demasiado profunda o autosimilar, pero pueden ampliar esos límites cuando una combinación de pensamientos forma parte de un guion estereotipado. Nada de esto nos lleva al conocimiento común, en el que el número de capas es infinito; o, al menos, los pensadores llegan a la conclusión de que lo es, dado que obviamente no pueden pensar un pensamiento infinitamente estratificado.

Según una historia apócrifa que a los académicos les encanta contar (atribuida habitualmente a William James o a Bertrand Russell), después de una conferencia pública sobre cosmología, un profesor es abordado por una anciana que ofrece una teoría alternativa del sistema solar: la Tierra, le dice, descansa sobre una tortuga gigante. Siguiendo la corriente a la mujer, el conferenciante le pregunta en qué se apoya la tortuga. Ella le responde con confianza que se apoya sobre una segunda tortuga. Cuando él le pregunta con escepticismo dónde se apoya la segunda tortuga, ella se jacta: «No insista, profesor, hay infinitas tortugas, una debajo de otra».[26] Para que la mentalización recursiva dé lugar a conocimiento común, el mentalizador tiene que dar el salto a «etcétera», «y así sucesivamente», «*ad infini-*

tum» o «tortugas hasta el fondo». Obsérvese que el salto no está necesariamente justificado ni es inocuo. Como vimos en el capítulo 2 con James y Charlotte intentando quedar y dos ejércitos o pilotos de combate tratando de coordinar un ataque, ningún número infinito de niveles de conocimiento garantiza el conocimiento común en toda su gloria infinita. Pero, aunque falible, la conclusión de que hay infinitas tortugas, una debajo de otra, puede ser razonable en ciertas circunstancias.

Antes de que consideremos con cuánta facilidad dan semejantes saltos las personas, consideremos las otras dos teorías de cómo se puede representar mentalmente el conocimiento común.

La segunda representación posible del conocimiento común es un enunciado reflexivo o autorreferente como «(*n*): Amy y Brad saben *x*, y Amy y Brad saben *n*». Esto parece especialmente poco intuitivo. Nuestro examen de la mentalización recursiva sugería que los individuos no asignan fácilmente un símbolo mental a una proposición para seguir el rastro de sus múltiples apariciones. Una proposición reflexiva impone la demanda adicional de que el símbolo etiquete una proposición y aparezca simultáneamente dentro de esta. Desde luego no guarda ningún parecido con ninguna manifestación o epifanía que haga su aparición ante las candilejas de la conciencia.[27] Quizá la mente albergue una proposición reflexiva de modo inconsciente, pero no se me ocurre evidencia alguna de ello.

Y esto nos conduce a la tercera posibilidad para representar el conocimiento común: la evidencia.[28] Esta es la idea de que algo es conocimiento común si el suceso que lo revela es, por definición, conocido por todos. Es decir, está en la naturaleza misma del acontecimiento que se sabe que este ha ocurrido. Cuando las personas perciben el suceso, lo que están percibiendo incluye el hecho de que otras personas lo están percibiendo. Ello implica que también esas personas están percibiendo que el suceso está siendo percibido, y así sucesivamente. El conocimiento derivable del acontecimiento es conocimiento común.

Lo que se considera «evidente» no siempre lo es, por lo que examinaremos algunos ejemplos. Uno es un acontecimiento *público* no solo en el sentido de que todos lo ven, sino de que todos pueden ver a todos los demás viéndolo. Los tres primeros dibujos del capítulo 1 (páginas 14-15) muestran la diferencia con dos observadores: los dos primeros representan el conocimiento privado y el recíproco; el tercero, con su triángulo de miradas, representa un evento público que genera conocimiento común. Los psicólogos designan esta situación como *atención conjunta*, y han propuesto que esta permite a los niños, a partir de un año de edad aproximadamente, aprender las destrezas lingüísticas y sociales de su cultura.[29]

Cuando hay más de dos observadores, el contraste puede representarse mediante el par de diagramas siguientes. El escenario radial de la izquierda (que podría ocurrir si, por ejemplo, todos los habitantes de unos apartamentos divisaran a alguien en un patio de noche asomándose por una rendija de sus cortinas) representa el conocimiento privado. La malla poligonal de la derecha, que indica un acontecimiento verdaderamente público, implica conocimiento común.

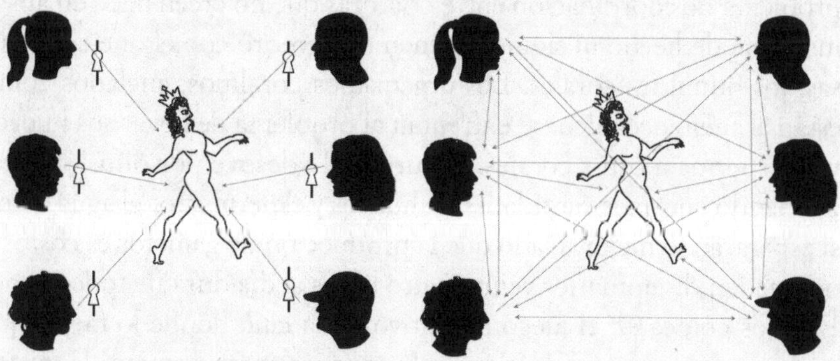

Otra clase de suceso evidente es un acto de comunicación verbal. Siempre que el hablante esté hablando *con* el oyente y no *a* este (como podría suceder si este no entendiera el idioma), un acto de comunicación implica que hay un entendedor al otro lado, y su intención de transmitir alguna idea es conocimiento común entre ellos.[30]

Una clase diferente del fenómeno evidente es el punto focal: un hito conspicuo que destaca para un observador, a partir del cual este puede suponer de modo razonable que destaca para todos los demás.

Un punto focal, aunque no llega a ser conocimiento común, crea relevancia común y, como vimos en el capítulo 3, puede presentarse como una solución efectiva a un dilema de coordinación, como en el caso de la pareja separada que se reúne a mediodía en la Grand Central Terminal.[31]

Las demandas cognitivas de la evidencia son mínimas, y el psicolingüista Herbert Clark y otros han sostenido que se trata de la implementación psicológica más plausible del conocimiento común.[32] Es el «órgano sensorial del conocimiento común» al que hice alusión en el capítulo 1, y es la más cercana a la metáfora conceptual del conocimiento común como un objeto o sonido conspicuo, como *Está ahí*. Aunque un acontecimiento evidente implica conocimiento común, la persona no necesita reflexionar sobre esa cadena de implicaciones. La tarta de capas infinitas de proposiciones implicadas por un suceso público es algo que los observadores tienen una *razón para creer* (en teoría), incluso si nunca se toman la molestia de creerlo.[33]

Podemos ver esto en un caso en el que un punto focal soluciona un problema de coordinación entre criaturas que no creen nada en absoluto, que de hecho ni siquiera tienen un cerebro con el que creer cosas: los humildes corales. Los organismos coralinos, anclados como están al suelo oceánico, se enfrentan al problema de llevar sus huevos y su esperma a otros corales. Recurren al «desove por difusión», esparciendo enormes cantidades de huevos y esperma por el agua como si esperaran lo mejor. Dado que la producción de gametos es costosa, no pueden diseminarlos veinticuatro horas al día durante todo el año. Esto los coloca en el juego definitivo de la cita, donde lo mejor que podría hacer cada coral del arrecife es esparcir sus gametos la misma noche, cualquier noche, que todos los demás corales, con el fin de que los gametos tengan la oportunidad de encontrar a sus contrapartes flotando en algún lugar del mar. En lo que los biólogos marinos llaman el *festival sexual anual de la Gran Barrera de Coral*, los corales de todo el arrecife esparcen su esperma y sus huevos por el agua al mismo tiempo, un número fijo de días después de la luna llena de la estación (con diferentes desfases para las distintas especies). Esa noche no tiene nada de especial, salvo que todos los corales pueden asentarse en ella, lo que hacen con la ayuda de fotorreceptores llamados *criptocromos* que detectan la luz de la luna. El plenilunio es su punto focal.[34]

La moraleja es que los acontecimientos conspicuos (y, por ende, evidentes) pueden generar la información comúnmente percibida necesaria para resolver dilemas de coordinación sin necesidad de intrincadas capas de proposiciones incrustadas ni de una fórmula confusamente autorreferente. Al mismo tiempo, hemos visto que los seres humanos somos capaces de ejercitar la mentalización recursiva, al menos hasta cierto punto. ¿Cómo conducen estos dos talentos —advertir un suceso evidente y pensar acerca de los pensamientos— a las epifanías del conocimiento común que hacen posible la coordinación?

A fin de investigar la capacidad de los individuos para alcanzar el conocimiento común, he trabajado con un equipo de científicos sociales desde que eran estudiantes de posgrado y posdoctorado: Julian De Freitas, Peter DeScioli, Omar Sultan Haque, Yuhui Huang, James Lee, Miriam Lindner, Lawrence Ian Reed, Kyle Thomas y Dylan Tweed.

En nuestra primera investigación, Thomas, DeScioli, Haque y yo hicimos que las personas participaran en una fantasiosa versión en línea de la caza del ciervo.[35] Recordemos del capítulo anterior que este juego enfrenta una recompensa pequeña pero segura por trabajar individualmente a una recompensa mayor pero más arriesgada por trabajar juntos, donde el riesgo dimana de una falta de conocimiento común que las dos partes pretenden coordinar. Reclutamos a varios millares de usuarios de internet para que imaginaran que eran carniceros o panaderos. Cada día podían obtener un beneficio seguro preparando de manera individual alas de pollo o panecillos respectivamente. Pero ciertos días, dependiendo del precio de mercado, podían obtener un beneficio mayor con las salchichas y los panes para perritos calientes, ninguno de los cuales podía venderse sin el otro. Es decir, si el precio de los perritos calientes era alto, el carnicero podía obtener un beneficio mayor haciendo salchichas, pero solo si podía contar con que el panadero también sabía que el precio era alto (y si sabía que él lo sabía, y así sucesivamente) para hacer los panes con confianza. Nos interesaba la clase de información que tranquilizaría a cada uno respecto del conocimiento del otro (y el conocimiento acerca de su conocimiento, y así sucesivamente) y le animaría a aprovechar la oportunidad de obtener un beneficio mayor. Una cuarta parte de ellos, escogidos al azar, recibió uno de los siguientes avisos (imagínate que tú eres el panadero):

> **Conocimiento privado:** Un chico de los recados te indica que hoy el precio de mercado de los perritos calientes es alto. Pero no ha visto al carnicero, por lo que no te puede decir nada acerca de lo que este sabe.
>
> **Conocimiento (detectado) de segundo orden:** Un chico de los recados te informa de que hoy el precio es alto y menciona que también le ha dicho el precio al carnicero, pero ha olvidado mencionarle que iba a verte, por lo que el carnicero no sabe que tú sabes el precio.
>
> **Conocimiento (recíproco) de tercer orden:** Un chico de los recados te indica que el precio es alto y que va a visitar al carnicero para informarle también. Le dirá asimismo al carnicero que acaba de comunicarte a ti el precio, pero no le contará que te dijo que iba a verle. Así pues, aunque el carnicero es consciente de que tú conoces el precio de hoy, no está al tanto de que sabes que él lo sabe.
>
> **Conocimiento (común) público:** Un altavoz anuncia que el precio es alto.

En un homenaje a Rousseau, también realizamos una versión en la que los jugadores se imaginaban como cazadores que podían cazar conejos de forma individual o cazar ciervos juntos, uno como arquero y el otro como rastreador. Al igual que antes, un mensajero ocasionalmente despistado transmitía información sobre las recompensas, en este caso si se habían visto ciervos en la zona aquel día, o bien se hacía pública mediante el humo de un fuego.

La pregunta era qué estados de conocimiento daban a los participantes la confianza para acceder a coordinarse con su contraparte para obtener un beneficio mayor. Si fueran plenamente racionales y supieran que el otro participante era plenamente racional, trabajarían juntos solo cuando el precio elevado fuese conocimiento común; en todos los demás casos, correrían el riesgo de volver a casa con las manos vacías. Suponiendo que interpretaran una señal pública como un generador de conocimiento común, optarían por trabajar juntos solo cuando escucharan el altavoz o vieran la señal de humo, pero no cuando tuvieran cualquiera de los órdenes inferiores de conocimiento transmitidos por el mensajero.

No era una conclusión previsible que los participantes se coordinarían solo con conocimiento público. Si las personas están condenadas por una maldición del conocimiento, proyectarían su conocimiento privado sobre su contraparte e intentarían estúpidamente coordinarse incluso cuando el mensajero les informara del precio solo a ellos. Y si generalizasen de forma prematura que hay infinitas tortugas una debajo de otra, saltarían del conocimiento de segundo o tercer orden al conocimiento común e intentarían temerariamente coordinarse en esas condiciones.

¿Qué hicieron? Como en otros muchos experimentos sobre la racionalidad, las personas actuaron de un modo más o menos racional, aunque con algunos puntos ciegos. Con el conocimiento privado, menos del 20 por ciento de ellas intentaron coordinarse; con el conocimiento público, lo hicieron más del 80 por ciento. Y, de hecho, en estas condiciones de los extremos, los participantes ganaron en torno al 85 por ciento del máximo teórico; nada mal para unos usuarios de internet que jugaban a la fantasía por unos cuantos dólares.[36]

Pero, para nuestra sorpresa, un poco más de la mitad de los participantes en las condiciones intermedias de conocimiento también apostaron por trabajar juntos, y pagaron un precio, sin ganar nada cada vez que su contraparte jugaba a lo seguro trabajando en solitario. Algunos de ellos pudieron haber cometido una falacia de las infinitas tortugas una debajo de otra, que también podemos interpretar como una maldición del conocimiento de segundo o tercer orden: «Si yo sé que él sabe el precio, entonces él debe saber que yo sé que él lo sabe, y así sucesivamente».[37] Pero tenemos razones para creer que la mayoría no lo hicieron. Cuando los psicólogos llevan a cabo experimentos en línea, siempre pasan a los participantes un pequeño cuestionario sobre los detalles del procedimiento a fin de asegurarse de que han estado prestando atención (y para eliminar los bots). En nuestro cuestionario de quién sabe qué (por ejemplo: «¿Sabe el carnicero que tú sabes que él sabe el precio de hoy de los perritos calientes?»), pocos de los participantes estaban confusos cuando tenían información privada o pública, y casi ninguno daba el salto de tortuga del segundo o tercer orden de conocimiento al conocimiento común. Pero, como puedes apreciar por tus propios esfuerzos por seguir el rastro de las condiciones, resulta mentalmente exigente mantener en orden tres capas de conocimiento recursivo, y la comprensión de los participantes a los que se les proporcionaba conocimiento de tercer orden se desplomaba con frecuencia hacia el conocimiento de segundo orden. Llegamos a la conclusión de que el conocimiento privado y el conocimiento común son estados mentales distintivos que se encienden de manera fiable en la mente, libres de la carga cognitiva de la mentalización recursiva.[38]

Aunque los individuos parecen evitar la falacia de saltar de los niveles finitos de conocimiento recursivo al conocimiento común, ¿razonan correctamente en la otra dirección, deduciendo que si algo es conocimiento común —como se constata por su carácter público o evidente—, entonces cada uno de los conocedores sabe que el otro lo sabe, y sabe eso, y así sucesivamente?

Eso es difícil de comprobar porque las personas se sienten desbordadas por demasiadas capas de mentalización recursiva, pero De Freitas y yo hicimos un intento.[39] Presentamos a los participantes una descripción de un acontecimiento público conspicuo, como un accidente automovilístico a plena vista de dos testigos, Sally y Edward, y comparamos su respectiva comprensión de quién sabía qué con un escenario en el que los dos habían presenciado el suceso por separado y un escenario en el que uno de ellos se había enterado por una información de segunda mano. Luego les preguntamos si Edward estaba pensando cada una de las cosas siguientes:

1. Acaba de producirse un accidente de coche.
2. Sally sabe que estoy enterado del accidente de coche.
3. Sally sabe que estoy enterado del accidente de coche. Y entiende que soy consciente de que lo sabe.
4. Sally sabe que estoy enterado del accidente de coche. Y entiende que soy consciente de que lo sabe, y también de que sé que sabe esto.

Por supuesto, a medida que los estados de conocimiento se incrustan cada vez con más profundidad, resulta más difícil seguirles el rastro. No es de extrañar que, en los escenarios en los que Edward se enteraba del suceso de oídas, la confianza de los participantes en lo que sabía se desplomara conforme se profundizaban los niveles. Pero cuando el acontecimiento de la historia era público, los participantes tenían casi la misma confianza en el conocimiento de quinto orden de Edward (n.º 4) que en su conocimiento del propio suceso (n.º 1).[40]

Intentamos facilitarles el seguimiento de esas capas conduciéndoles paso a paso hasta el enunciado de quinto orden y manteniendo una sintaxis relativamente simple. Pero no les atribuimos el mérito de rastrear mentalmente la superposición de capas. Es más probable que sintieran que, si algo es público, entonces se sigue simplemente que cada perceptor sabe que el otro sabe que él sabe lo que otro sabe, y así sucesivamente. Con el fin de ver si nuestros participantes tenían en efecto la sensación de que un suceso público implica cualquier número de estados de conocimiento incrustados, les presentamos una oración absurda con dieciocho capas de pensamientos dentro de pensamientos, y les pedimos que considerasen si Edward la pensaba:

> Sally sabe que soy consciente de que ella está al tanto de que entiendo que reconoce que sé que es consciente de que me doy cuenta de que entiende que reconozco que sabe que soy consciente de que advierte que entiendo que reconoce que sé que entiende que estoy al tanto del accidente de coche.

Por supuesto, no esperábamos que siguieran esta ridícula oración; tan solo queríamos analizar su intuición respecto de si la naturaleza pública del suceso les daba una razón para creerlo. Así pues, les preguntamos si estaban de acuerdo con Art, un comentarista que infiere que esta oración ha de ser cierta incluso si le parece difícil de seguir; con Bart, que está seguro de que debe *no* ser verdadera, o con Hart, que no opina ni en un sentido ni en el otro. En el caso de los acontecimientos públicos, una mayoría de los participantes estaban de acuerdo con Art: un suceso público ofrece al observador un motivo para creer cualquier número de pensamientos incrustados.

Estos experimentos estaban diseñados para ver cómo la mentalización recursiva y los eventos públicos podían dar origen a la creencia común en un hecho objetivo. Cuando el hecho es un precio, como en los estudios del carnicero y el panadero, la pregunta posee una obvia relevancia para la economía. Pero los economistas también se sienten intrigados por los procesos mentales que intervienen en una *expectativa* común, a saber: una creencia en las creencias de otras personas sobre las creencias de otras personas, no vinculadas a ningún hecho objetivo del mundo.

El interés partió de una célebre analogía trazada por John Maynard Keynes en 1936 entre el mercado bursátil y una cierta clase de concurso de belleza que pudo haber aparecido en los periódicos británicos de la época.[41] El certamen no era nada parecido a Miss Rheingold, la campaña anual patrocinada por una empresa cervecera estadounidense desde 1941 hasta 1964 en la que la gente votaba cuál de las seis jóvenes exhibidas en sus anuncios era la más guapa. Antes bien, explicaba Keynes:

> La inversión por profesionales puede compararse a esos concursos de los periódicos en que los concursantes tienen que seleccionar las seis caras más bonitas entre un centenar de fotografías, ganando el premio aquel competidor cuya selección corresponda más aproximadamente al promedio de las preferencias de los competidores en conjunto; de tal manera que cada concursante ha de elegir no los rostros que él mismo considere más bonitos, sino los que crea que serán más del agrado de los demás concursantes, todos los cuales observan el problema desde el mismo punto de vista. No es el caso de seleccionar aquellos que, según el mejor juicio propio, son realmente los más bellos, ni siquiera los que la opinión general cree que lo son efectivamente. Hemos alcanzado el tercer grado en el que dedicamos nuestra inteligencia a anticipar lo que la opinión promedio espera que sea la opinión promedio. Y existen algunos, según creo, que practican los grados cuarto, quinto y otros superiores.

¿Se mentalizan realmente las personas hasta los grados cuarto, quinto y superiores de expectativas acerca de las expectativas? ¿Llegan siquiera al segundo o al tercero? Puedes comprobarlo por ti mismo. Primero nombra una flor. Ahora un año, cualquier año. Un día del año. Un fabricante de coches. Un número. Un color. Una ciudad. Supongamos ahora que estás emparejado con una persona más o menos como tú, y consigues una recompensa por cada respuesta *si* es la misma que las de la otra persona, que también será recompensada si su respuesta coincide con la tuya. ¿Haréis las mismas elecciones?

Los economistas Judith Mehta, Chris Starmer y Robert Sudgen realizaron este experimento con estudiantes universitarios británicos,[42] inspirados por un estudio informal que Thomas Schelling había referido en 1960. (Lo mencioné en el capítulo 3, observando que cuando los encuestados por Schelling tenían que coincidir con la elección de cara o cruz de sus parejas, la mayoría escogían cara). Se trata de una especie de juego de la cita cuya resolución requiere conocimiento común que no se halla a disposición de los encuestados. Si su única solución alternativa fuera la relevancia, sin ninguna mentalización recursiva, sus respuestas serían las mismas en las dos condiciones: lo primero que apareciera en la mente de un encuestado sería su mejor conjetura de lo que le vendría a la cabeza al otro.

Pero en estos experimentos (como en el de Schelling de décadas atrás), los individuos ajustaban sus conjeturas en previsión de que otros hicieran lo mismo, y coincidían muchas más veces que si se hubieran limitado a proponer sus suposiciones privadas y esperar lo mejor. Cuando las personas tenían que nombrar una flor, mencionaban la «rosa», la flor prototípica, en torno a un tercio de las veces; la mayoría de las elecciones se distribuían entre una gama de favoritas personales como «margarita», «tulipán» y «narciso». Pero cuando la tarea consistía en anticipar la elección del otro, acotaban sus gustos y mencionaban «rosa» en dos tercios de los casos. Al elegir un día y un año, la mayoría se decantaban por su fecha de nacimiento. Pero sabían que eso no funcionaría con otros escogedores, por lo que intentaban coordinarse eligiendo el día de Navidad y el año en curso. El color que sugerían con más frecuencia por iniciativa propia era «azul», presumiblemente porque es el color favorito más común; el que seleccionaban en anticipación a las selecciones ajenas era «rojo», supuestamente porque es la palabra para color más común en el idioma.[43] Las elecciones «Ford» para un coche, «John» como nombre de niño y «Londres» como ciudad apenas superaban a otras respuestas en las propuestas personales, pero eran una mayoría aplastante al intentar coincidir. Incluso la elección de un número reflejaba mentalización. «1» rara vez es el número favorito de alguien, como tampoco es un estereotipo de entero positivo. Pero es un número especial (el primero y el más pequeño), por lo que era el intento de coincidencia que triunfaba entre los encuestados.

Los resultados sugieren que, cuando los individuos necesitan el conocimiento común esquivo en un problema de coordinación, son más inteligentes que los corales, que se limitan a responder a una señal conspicua y son recompensados de manera fortuita cuando sus contrapartes hacen lo mismo. Y las personas no quedan paralizadas por una maldición del conocimiento, proyectando sus preferencias privadas sobre las ajenas. Antes bien, intentan meterse en la cabeza del otro con la suficiente profundidad como para descartar lo que anticipan que podrían ser elecciones idiosincrásicas y, cuando existe una opción prototípica, se decantan decididamente por ella. Cuando no la hay, como en el caso de los números, buscan una distinción que escoja un ejemplar único que podría atraer a otros. Esto muestra, por cierto, que un punto focal para la coordinación no es lo mismo que el elemento más destacado para un individuo. Los individuos diferencian la relevancia de la relevancia *común*, y eso requiere mentalización.

¿Cuánta mentalización? En estos estudios había solo una o dos capas, pero otra economista, Rosemary Nagel, intentó ver cuánto eran capaces de profundizar los individuos.[44] Probó la siguiente variación: escoge un número del 0 al 100, pero esta vez el premio es para la conjetura que más se aproxime a dos tercios del promedio de todas las conjeturas. Pruébalo tú mismo y supongamos que todos los demás predictores también lo están probando.

La respuesta a la que deberías llegar es 0. Podrías llegar ahí por dos caminos. El primero consiste en descartar sucesivamente las soluciones imposibles. ¿Cuál es el número más alto que podría ser dos tercios del promedio? Si todos los demás eligieran el número más alto posible, 100, sería 66,67, por lo que la respuesta no podría ser más alta que eso. Todos los demás también pueden calcular esto, por lo que lo más alto que cualquier predictor racional supondrá es 66,67; pero incluso si todos supusieran ese máximo, la mayor solución posible sería dos tercios de *eso*, o 44,44. Pero si *esa* es la conjetura racional más elevada, entonces la ganadora no puede ser más alta de dos tercios de eso, y así sucesivamente, acercándonos cada vez más en espiral al 0, la única solución viable.

El otro camino de mentalización para hallar una solución requiere también la epifanía de las infinitas tortugas una debajo de otra. Empecemos por suponer que todos los demás hacen su primera elección al azar. Eso haría que la media de sus elecciones fuera 50. Pero, al ser mentalizadores racionales, han resuelto esto, de modo que calculan dos tercios de eso, es decir, 33,33. Entonces se percatan de que los otros escogedores racionales habrán hecho lo mismo, por lo que calculan dos tercios de las segundas conjeturas: 22,22. Esta carrera hacia el abismo solo puede terminar en 0; no es que los predictores se desplacen despacio hacia 0 eternamente, como la paradójica flecha de Zenón, sino que deberían ver que es ahí donde ha de concluir toda la mentalización.

¿Qué hicieron en realidad los participantes cuando se enfrentaron a ese desafío? Nadie escogió el 0 y, aunque más bajo es mejor, muy pocos eligieron incluso menos de 10. La respuesta media fue 36,73, y muchas de las elecciones se acumularon entre 33 y 22. Esto sugiere que empezaban por suponer el promedio de las primeras conjeturas de todos los demás, que suponían aleatorias y con una media de 50, multiplicada luego por dos tercios. Algunos profundizaban una capa más y calculaban dos tercios de *eso*, pero su mentalización recursiva se detenía ahí, como si pensaran que necesitaban ser unos pensadores solo un poquito más profundos que todos los demás. Aun cuando se les mostraran los resultados de una ronda de conjeturas, y la mayoría pudieran ver que sus estimaciones eran demasiado altas, sus suposiciones en la ronda siguiente eran solo un poco más bajas. Lo que no hacían era multiplicar recursivamente todo el camino hacia 0.

Nagel y sus colaboradores obtuvieron unos resultados similares cuando ejecutaron el juego como un concurso real en los periódicos de Gran Bretaña, España y Alemania.[45] En esos concursos en el mundo real, en torno al 15 por ciento de los participantes eligieron 0. De forma irónica, aunque 0 es la elección racional para un mentalizador recursivo cuando todos los demás predictores son mentalizadores recursivos racionales (y su racionalidad es conocimiento común), no es necesariamente la mejor elección cuando todos los demás son humanos, con todas sus limitaciones cognitivas. Cuando todos los demás decaen en algún lugar de la espiral de anticipación, la mejor conjetura es no bajar más de dos tercios de ese suelo. Como resultado, los predictores-0 recursivamente racionales eran superados por los que se limitaban a hacer estimaciones bajas. Y dado que no hay forma de predecir desde tu sillón hasta dónde bajarán los demás, los concursantes más exitosos eran los que se encargaban de realizar pequeños experimentos entre sus amigos y apostaban por dos tercios del promedio que obtenían en sus propios datos.

No es ninguna anomalía que el primer estudioso que reflexionó sobre la psicología de la mentalización recursiva no fuera un psicólogo, sino un economista, porque un número sorprendente de fenómenos económicos están impulsados por concursos de belleza keynesianos, como hoy se conocen estos ciclos de mentalización. De hecho, existe una razón principal (quizá *la* razón principal) por la que los mercados no siempre siguen curvas predecibles gobernadas por los fundamentos de la producción, el consumo y la inversión, sino que son en cambio vulnerables a las burbujas, las crisis financieras, los pánicos bancarios, los ataques, la manías, las escaseces, los espíritus animales y la exuberancia irracional.

Estos bandazos están impulsados por la psicología autocumplida del conocimiento común: «Dedicamos nuestra inteligencia a anticipar lo que la opinión media espera que sea la opinión media». Y aunque algunos actores ejercen este poder de forma recursiva («practican los grados cuarto, quinto y otros superiores»), la mayoría de ellos se concentran en los acontecimientos públicos o los puntos focales que les permiten anticipar las elecciones ajenas sin esa gimnasia mental.

Keynes comparó la inversión con un certamen de belleza, pero no se estaba refiriendo a la decisión de comprar acciones o bonos en previsión de un rendimiento de una inversión productiva, como los beneficios futuros de una empresa que planta un bosque o construye una fábrica. Tenía en mente la inversión especulativa, en la que los inversores predicen que otros inversores querrán comprar más tarde, elevando así el precio. Como vimos con el teorema de Aumann de acordar estar en desacuerdo, esto no puede ser racional para todos, porque cuando los inversores comparten una comprensión del mundo y los precios son conocimiento común, todos deberían estar de acuerdo sobre el precio apropiado y nadie debería desear comprar o vender (salvo por tediosas razones como querer ganar intereses y dividendos o necesitar el dinero ahora). Pero, como vimos en el capítulo 1, la especulación que se desata al advertir que otros inversores están empezando a aumentar el precio de un activo, o al ser testigos de un acontecimiento que otros inversores están presenciando, lo que sugiere que otros inversores pueden aumentarlo (como un anuncio de criptomonedas durante la Super Bowl), puede ser racional durante algún tiempo. Puede inflar una burbuja hasta que el mercado se queda sin los más tontos y estalla la burbuja.

El economista conductual (y premio nobel) Richard Thaler tiene un ejemplo favorito de cómo pueden desatarse las burbujas con un evento que lleve un activo a la conciencia de suficientes inversores.[46] Ahora bien, siempre es difícil saber si un aumento de los precios es una burbuja autoinflable o una respuesta racional a un cambio real en el valor del activo. Una clase de valor que sí permite distinguir ambas cosas es el fondo de inversión cerrado, un paquete fijo de acciones que opera en el mercado, a veces por más o por menos que la suma de los precios de las propias acciones. Un ejemplo es el Fondo Herzfeld Caribbean Basin, cuyo símbolo de cotización es CUBA, que tenía participaciones en empresas de varios países del Caribe, aunque no en la propia Cuba, pues eso habría sido ilegal para las compañías estadounidenses desde 1960. (El símbolo se había escogido porque Cuba era la isla más grande del Caribe). Thaler advirtió que el fondo operaba desde hacía tiempo en torno al 10 por ciento por debajo del valor de sus participaciones, hasta el 18 de diciembre de 2014, cuando el precio se disparó hasta el 70 por ciento *por encima* de ese valor: «¡Mientras que previamente había sido posible comprar por solo 90 dólares activos caribeños por valor de 100, al día siguiente esos activos costaban 170 dólares!». ¿Qué había cambiado? El presidente Barack Obama había anunciado que pretendía relajar las relaciones diplomáticas con Cuba (el país). El salto de precios no reflejaba nada más que las expectativas de los inversores, guiados por el apodo del fondo.

El auge de las redes sociales ha generado una nueva clase de burbuja, la acción meme. Estas son participaciones de una empresa con dudosos fundamentos que se disparan cuando la acción es ensalzada por un *influencer* viral en una plataforma de redes sociales. Eso ocurrió en 2021 con GameStop, un minorista tradicional de videojuegos promocionado por el personaje de YouTube conocido como Roaring Kitty (Keith Gill en la vida real). En mayo de 2024, las participaciones habían vuelto a la tierra, pero entonces Roaring Kitty tuiteó una viñeta de un hombre que se inclinaba de repente hacia delante en su silla. Ese punto focal fue suficiente: dos días y veinticuatro millones de visualizaciones más tarde, el precio de la acción se había triplicado.[47]

La imagen especular de las burbujas son los cracs, las crisis, los pánicos y las estampidas. El ejemplo más claro es un pánico bancario.[48] Las personas depositan dinero en su cooperativa de crédito, sucursal bancaria o caja de ahorros local, en vez de guardarlo en un colchón, y esperan ser capaces de retirarlo cuando lo necesiten. Por su parte, el banco no se limita a apilar los depósitos en una montaña de efectivo como el tío Gilito; presta el dinero con intereses a compradores de viviendas o a empresas durante diversos períodos de tiempo, reteniéndolo hasta que se pagan los préstamos. Siempre que los plazos de devolución se escalonen a lo largo del tiempo y no todos los depositarios quieran recuperar su dinero a la vez, más o menos se equilibran los depósitos y los préstamos, y el banco puede seguir funcionando indefinidamente con esta rutina. Ahora bien, si todos decidieran retirar sus ahorros al mismo tiempo, el banco se quedaría sin efectivo después de pagar a los primeros, y el resto se quedaría con las manos vacías. En el instante en que esa posibilidad de pesadilla se les ocurre a los depositarios, estos se dan cuenta de que se les debe de haber ocurrido a todos los demás. No quieren ser los rezagados que carguen con el muerto, por lo que se apresuran a retirar sus ahorros mientras queden ahorros que retirar. Esto se conoce como *pánico bancario* y puede ser contagioso, pues a los depositarios de otros bancos les preocupa que pueda sucederles lo mismo, lo cual garantiza que les suceda. No tardan mucho en aparecer las colas para recibir asistencia social, los barrios de chabolas y las canciones tituladas «Brother, Can You Spare a Dime?» [«Hermano, ¿puedes darme una moneda de diez centavos?»].

Como vimos en el capítulo 3, un pánico bancario es una caza del ciervo: un juego con dos equilibrios, uno mucho mejor que el otro (dos cazadores que cooperan para cazar un ciervo juntos en lugar de traicionarse para cazar conejos en solitario), pero, en ausencia del conocimiento común como una señal de humo, a cada cazador le preocupa el peor escenario posible de ser el cazador de ciervos solitario, y es probable que ambos terminen en el equilibrio inferior de que cada uno persiga conejos por su cuenta. Los depositarios en un banco que es vulnerable a un pánico también buscan uno de los dos equilibrios.[49] Lo mejor para todos es que todos dejen sus depósitos en el banco y mantengan sus ahorros e intereses, y la segunda mejor opción es retirarse pronto en el pánico y conservar al menos sus ahorros. Su peor escenario es intentar retirarse tarde en el pánico mientras otros se han retirado temprano y, de ese modo, volver a casa con las manos vacías. Recordemos que una caza del ciervo también se califica como juego de la confianza. Los depositarios están aquí encantados de mantener su dinero en el banco si se les asegura que todos los demás lo mantienen ahí, pero pueden retirarlo por temor a que los otros lo retiren, aunque solo sea porque *estos* temen que otros lo retiren. En las palabras de Douglas Hofstadter, les corroe la duda reverberante.[50]

Para evitar los pánicos bancarios, los individuos han de tener confianza, y tener confianza en que todos los demás tengan confianza y en que el banco puede cubrir las retiradas de fondos. Una de las formas tradicionales en que los bancos intentaban cumplir esto era con una opulencia ostentosa. Incluso en las localidades pequeñas, los bancos tenían una impresionante arquitectura clásica con pilares de mármol, vestíbulos espaciosos y letreros y accesorios dorados. La canción sindical «The Banks Are Made of Marble» [Los bancos están hechos de mármol], interpretada por Pete Seeger y su grupo de música folk The Weavers, protestaba contra ese aparente insulto a los esforzados agricultores y mineros. Pero el mármol puede haber redundado en su beneficio, creando el conocimiento común de que los bancos tenían dinero de sobra y sus ahorros estaban a salvo de pánicos bancarios autocumplidos.[51]

No suficientemente a salvo, desde luego. Después de los pánicos bancarios que acentuaron la Gran Depresión, la declaración de Franklin Roosevelt «Lo único que debemos temer es el propio temor» no era un cliché para animar, sino una verdad literal: el miedo al propio miedo era la causa inmediata de los pánicos bancarios (y de la crisis bursátil que los precedió).[52] Una solución rápida fueron las «vacaciones bancarias», que evitaron que los depositarios retiraran su dinero durante un período determinado, en beneficio de todos. Una solución a más largo plazo fue el seguro federal de depósitos, que garantiza que los depositarios recuperen su dinero en caso de que quiebre el banco. En lugar de los pilares de mármol, los bancos estadounidenses generan hoy conocimiento común de la seguridad de los depósitos de los clientes con prominentes placas de bronce o vinilos de ventanas blasonados con el sello de la Corporación Federal de Seguros de Depósitos (FDIC, por sus siglas en inglés).

El seguro de la FDIC es una minucia (en la actualidad, 250.000 dólares por cuenta) y los grandes bancos y sociedades de inversión con depositarios verdaderamente ricos siguen siendo vulnerables a los pánicos incluso cuando gozan de solidez financiera. Los temores autocumplidos pueden ser desatados por cotilleos, rumores, tuits, noticias vagamente relacionadas u otros sucesos impredecibles, pero públicamente visibles, que los economistas llaman *manchas solares*. Cuando el Silicon Valley Bank, que prestaba sus servicios a muchas empresas emergentes tecnológicas y sanitarias, se hundió en 2023, algunos analistas plantearon dudas sobre las prácticas crediticias del banco. Pero el periodista financiero Matt Klein señaló que «ese era más un caso de pánico bancario de los idiotas que de un banco dirigido por idiotas»;* una bonita adición a mi colección de ambigüedades sintácticas.[53] Cuando los bancos o las sociedades de inversión son «demasiado grandes para quebrar» (porque arrastrarían consigo la economía), el equivalente más próximo al seguro de depósitos es un rescate financiero o garantía crediticia por parte del Gobierno, que actúa como un «prestamista de última instancia». (Por supuesto, esto introduce un problema nuevo, el «riesgo moral» o el perverso incentivo para correr riesgos disparatados, sabiendo que el Gobierno está ahí para rescatarte).

A veces, un país entero puede afrontar el equivalente a un pánico bancario cuando los inversores temen que no tenga las reservas sufi-

* El autor emplea un juego de palabras con *bank-run* [pánico bancario] y *bank run* en el que *run* significa «dirigir» *(N. del T).*

cientes para convertir su propia moneda en una divisa extranjera al tipo fijo actual.[54] Pueden deshacerse de sus acciones antes de que el país devalúe la moneda, o incluso acelerar la devaluación con un ataque especulativo, pidiendo préstamos enormes en la moneda y planeando devolverlos al tipo de cambio más barato. Todos los demás titulares de la moneda, temerosos de la devaluación, se apresuran a deshacerse también de la suya, al temer cada uno que los demás se le adelanten. Los países ricos o los bancos internacionales pueden tener que intervenir como el prestamista de última instancia para sofocar la deuda reverberante y evitar que se propague a otros países.

Otros varios fenómenos macroeconómicos están impulsados por expectativas comunes que surgen de un ir y venir entre la mentalización recursiva y los puntos focales conspicuos. Las espirales inflacionarias se desatan cuando los comerciantes elevan los precios de venta al público en previsión del incremento de los precios al por mayor que piensan que pueden cobrar los proveedores y el aumento de los salarios que piensan que pueden demandar los trabajadores, y viceversa. Las recesiones pueden alimentarse a sí mismas cuando los consumidores posponen las compras por miedo a perder sus empleos y los empleadores aplazan la contratación por temor a un descenso de las ventas.

Dado que los actores económicos no pueden profundizar lo suficiente en la psique de los otros para adivinar sus temores sobre sus temores sobre sus temores, pueden desarrollar antenas hipersensibles para cualquier acontecimiento público que pueda servir como un punto focal que desata o sofoca un vórtice de expectativas comunes. A su vez, esto pone a destacadas autoridades económicas en el papel de oráculos, místicos y ocasionalmente cómicos que deben dotar a sus pronunciamientos de una precisa vaguedad. Alan Greenspan, presidente de la Reserva Federal desde 1987 hasta 2006, dijo en cierta ocasión: «Desde que me he convertido en un banquero central, he aprendido a mascullar con gran incoherencia [...]. Si les parezco excesivamente claro, deben de haber malinterpretado lo que he dicho».[55] Al economista Alfred Kahn, el zar de la inflación de Jimmy Carter, su jefe le había dicho que evitara la palabra *depresión*, pues se convertiría en una profecía autocumplida, por lo que advertía: «Corremos el peligro de tener la peor banana en cuarenta y cinco años».[56] (Cuando los productores de banana protestaron, cambió a *kumquat*).

Pero el más extraño fenómeno económico autocumplido en la memoria reciente puede haber tenido lugar en 2020, cuando además de todas las restantes indignidades de la pandemia de la COVID-19, los consumidores se enfrentaron a una escasez repentina de papel higiénico.[57] La escasez no se podía explicar por razones económicas. Aunque la cadena de suministro se había interrumpido temporalmente, cuando la gente empezó a refugiarse en casa y a usar más papel higiénico para consumo doméstico en lugar de los rollos gigantes de los colegios y las oficinas, los fabricantes se apresuraron a aumentar la producción. Tampoco una respuesta al coronavirus podía explicar por sí misma la escasez, dado que este afecta a un orificio en el otro extremo del cuerpo. El economista Justin Wolfers sugirió que la razón principal eran las compras motivadas por el pánico: los consumidores acaparaban papel higiénico por temor a que otros consumidores lo estuvieran acaparando por temor a que otros lo estuvieran acaparando, lo que podría dejar vacías las estanterías de las tiendas, como pronto ocurrió.[58] De algún modo se había convertido en sabiduría convencional que el papel higiénico es un producto especialmente vulnerable a la escasez. La gente también lo acumula con frecuencia cuando se prevé un huracán o una tormenta de nieve.

Según una explicación, la creencia convencional puede remontarse a un generador de conocimiento común tan destacado en su día como la Super Bowl. De 1962 a 1992, Johnny Carson fue «el rey de la noche» como presentador de *The Tonight Show* en una época en la que los estadounidenses solo podían elegir entre tres cadenas de televisión comercial, y muchos sintonizaban la suya cada noche a las once y media para verlo. Eslóganes del programa como «Heeeere's Johnny!» [¡Aquí está Johnny!] se incorporaron al léxico nacional, y sus chistes y entrevistas eran el tema habitual de conversación al día siguiente. Una noche de diciembre de 1973, cuando la nación había sufrido escasez de gasolina, ternera, azúcar y otros productos básicos, Carson bromeó en su monólogo: «Ya saben que estos días hemos soportado toda clase de escasez. ¿Pero se han enterado de la última? Hablo en serio. Lo he visto en los periódicos. ¡Existe una grave escasez de papel higiénico!». Por entonces no era cierto, pero llegó a ser verdad cuando los espectadores, conscientes de cuántos otros estadounidenses eran espectadores, se apresuraron a acaparar las existencias. Desde entonces, el papel higiénico se ha considerado algo que es preciso acumular en una emergencia.[59] Aunque la nación no cuenta con una Reserva Estratégica de Papel Higiénico u otro proveedor de última instancia, los comerciantes acabaron con la escasez de 2020 imponiendo su propia versión de unas vacaciones bancarias. Se indicó que se limitaba la compra a tres paquetes por cliente, lo que no servía tanto para aliviar la escasez reduciendo la demanda como para indicar a los clientes que el resto de la clientela no podía dejar vacías las estanterías.

Aunque el concepto de un certamen de belleza keynesiano surgió de la economía, los concursos, con toda su extraña dinámica de autocumplimiento, se pueden encontrar en muchos otros ámbitos. En un caso se convirtió en un concurso real. Uno de los concursos de preguntas y respuestas más veteranos y populares de la historia de la televisión estadounidense es *Family Feud*. A las dos familias que compiten se les hacen preguntas y ganan puntos al adivinar las respuestas que fueron más populares en una encuesta a cien personas como ellas. Como el concurso carece de una condición de control en la que las familias ofrezcan simplemente sus mejores respuestas propias, no podemos saber si sus respuestas son fruto de la mentalización recursiva o son sencillamente lo primero que se les viene a la mente, que puede ser lo primero que se les viene a la mente a todos, especialmente porque los miembros de la familia deliberan. Pero los experimentos de Schelling y sus sucesores sugieren que las personas en esa situación sí que practican la mentalización recursiva. Eso significa que algunas de las respuestas más extrañas (como que Benjamin Franklin fue un presidente estadounidense, las arañas son una especie de insectos y los pingüinos son animales hallados en el Polo Norte) reflejan una mezcla de creencias de los estadounidenses típicos y de creencias de los estadounidenses típicos acerca de las creencias de otros estadounidenses típicos. Uno de los mayores fans del programa es el humorista Fran Lebowitz:

> Era como ir a un centro comercial sin tener que salir de casa. Una de mis preguntas favoritas fue: «Nombren a cinco intelectuales estadounidenses

famosos», ¡y la primera respuesta del equipo ganador fue «John Kennedy», un intelectual muy conocido, y estaba en el tablero! Al responder la pregunta «Nombren a un Rudolph famoso», un tipo se levantó y gritó «¡Rudolph Hitler!».[60]

Un ejemplo más significativo es el extraño procedimiento estadounidense para elegir a los candidatos presidenciales de los dos principales partidos, el sistema de primarias. Aunque los periodistas lo definen como una «carrera de caballos», en realidad es un concurso de belleza keynesiano.[61] Los votantes no se limitan a expresar su preferencia entre los candidatos, sino que también intentan anticipar cuáles de ellos son los preferidos por otros votantes —cuáles son más «elegibles»—, a fin de no «desperdiciar su voto» ayudando meramente a decidir quién termina en octava o novena posición. Los doce o más candidatos se van reduciendo en una serie de elecciones a nivel estatal con enorme despliegue publicitario. Estas comienzan en el mes de enero de un año electoral con los *caucus* en Iowa y las primarias de New Hampshire, a pesar de que esos estados blancos, rurales y escasamente poblados no son una muestra representativa de la nación. Los caprichosos resultados de estas primeras y reducidas muestras pueden conceder o negar no obstante a un candidato el precioso elixir llamado *impulso* (*momentum*) y poner fin a la campaña de un favorito y lanzar al grupo de cabeza a un candidato desconocido. Y, como sucede en todos los juegos de coordinación, un punto focal conspicuo, por intrascendente que sea, puede ser el imán que ponga a todos en la misma onda. Las pequeñas meteduras de pata, indiscreciones o deslices debidos al agotamiento (como las lágrimas de Ed Muskie en New Hampshire en 1972 o el grito de victoria de Howard Dean al obtener el tercer puesto en Iowa en 2004) pueden volverse virales y hacer que los votantes sospechen que todos los demás votantes están a punto de abandonar el barco. En la otra dirección, un golpe de suerte, como el respaldo del representante Jim Clyburn a Joe Biden justo antes de las primarias de Carolina del Sur en 2020, puede envalentonarlos para unirse a las filas aparentemente crecientes que apoyan a un nuevo favorito.

En la política electoral, el conocimiento común tanto da como quita. A principios de junio de 2024 se generalizó la sospecha de que, a sus ochenta y un años, Biden sufría deterioro cognitivo en vísperas de unas elecciones que podrían haberlo mantenido en el poder hasta que tuviera ochenta y seis. Muchos de sus asesores conocían en privado ese deterioro, y una mayoría de votantes revelaron a los encuestadores su preocupación al respecto, pero Biden, sus aliados y el Partido Demócrata respaldaron su candidatura a la reelección como si todo fuera normal. Ese mismo mes, Biden tuvo una torpe actuación en un debate con Donald Trump con una nutrida audiencia. Aunque el porcentaje que ponía en duda su competencia aumentó solo unos pocos puntos, el conocimiento privado era ahora conocimiento común y, al cabo de cuatro semanas de presión creciente, Biden se retiró de la carrera.[62]

Permítaseme terminar el capítulo con otro estudio de mentalización recursiva que llevé a cabo con Thomas, De Freitas y DeScioli, en esta ocasión inspirado por uno de los eventos icónicos de los años sesenta del pasado siglo.[63] El 27 de marzo de 1964, un titular de *The New York Times* proclamaba «37 WHO SAW MURDER DIDN'T CALL THE POLICE» [37 TESTIGOS DE UN ASESINATO NO LLAMARON A LA POLICÍA], con el subtítulo «Apathy at Stabbing of Queens Woman Shocks Inspector» [La apatía ante el apuñalamiento de la mujer de Queens conmociona al inspector].[64] «Durante más de media hora —comenzaba el artículo—, 38 ciudadanos respetables y respetuosos de la ley observaron en Queens cómo un asesino acosaba y apuñalaba a una mujer en tres ataques separados en Kew Gardens». La historia sobre los neoyorquinos que «no querían verse involucrados» cuando oyeron los gritos espeluznantes de Kitty Genovese se convirtió en una parábola de la insensibilidad y la alienación de la vida urbana moderna. Pronto fue amplificada por un artículo de la revista *Life* titulado «The Dying Girl That No One Helped» [La chica moribunda a quien nadie ayudó] y un libro del editor de *The New York Times* A. M. Rosenthal titulado *Thirty-Eight Witnesses* [Treinta y ocho testigos].

Algunos periodistas nunca permiten que los hechos se interpongan en el camino de una buena historia moral, y el trigésimo octavo testigo que se materializó entre el titular y el cuerpo de la historia original fue solo una de las muchas patrañas del artículo. Hay que decir a favor del *Times* que, en una serie de artículos posteriores, reconoció que solo seis personas, no treinta y siete o treinta y ocho, presenciaron partes del incidente, que consistió en dos ataques, no tres, y que algunos creyeron que los gritos provenían de una pelea entre amantes o borrachos. Dos personas llamaron de hecho a la policía, y una vecina salió corriendo y acunó en sus brazos a la moribunda Genovese hasta que llegó una ambulancia.[65]

No obstante, nadie puede negar que a menudo no actuamos cuando sabemos que deberíamos hacerlo. Muchos de nosotros hemos pasado junto a una persona sin techo o nos hemos despertado por un grito y nos hemos vuelto a dormir, o hemos evitado rellenar una cafetera en una cocina comunal.

El fenómeno de la apatía del espectador ha sido bien documentado en un conjunto de estudios clásicos de la edad dorada de la psicología social, cuando los experimentos eran una especie de representación artística diseñada para concienciar de los peligros de la conformidad mecánica (esto fue antes de que los comités para la protección de los sujetos de investigación pusieran fin a este género). Los psicólogos John Darley y Bibb Latané sospechaban que, en presencia de otras personas, los individuos podían dejar de responder a una necesidad evidente no por apatía, sino por una difusión de la responsabilidad.[66] Todos asumen que intervendrán otros y que, si nadie lo hace, la situación no debe de ser tan grave. En experimentos que se han convertido en un elemento esencial del currículo universitario de psicología, Darley y Latané introdujeron a los individuos en el laboratorio para que rellenaran cuestionarios y entonces escenificaron una emergencia, como un fuerte estruendo en una habitación contigua seguido por gemidos agonizantes, o humo saliendo de un ventilador. Si el participante estaba sentado con un cómplice del experimentador que continuaba cumplimentando el cuestionario como si no pasara nada, en el 80 por ciento de los casos el participante tampoco hacía nada. Cuando los participantes estaban solos, únicamente el 30 por ciento no respondía.

Pero la ponderación de los resultados en teoría de juegos afrontados por los buenos samaritanos y los que se lavan las manos brinda una explicación más profunda que la nebulosa metáfora de la difusión. El sociólogo Andreas Diekmann analizó el efecto espectador como un juego que bautizó como *el dilema del voluntario*.[67] Si alguien interviene, entonces cada espectador obtiene un beneficio, a saber: la reducción de la angustia al pensar en una persona en peligro. Pero el interviniente incurre en un coste personal en riesgo, tiempo y oportunidades perdidas de hacer otras cosas. Así pues, el mejor resultado para cada espectador es que intervenga *otro*, y el peor es que no intervenga nadie, mientras que su propia intervención ocupa una posición intermedia. Cada voluntario intervendría si estuviera seguro de que ningún otro pretendía hacerlo, por lo que intenta adivinar las intenciones de los demás al tiempo que oculta las suyas propias. El resultado es un punto muerto en la anticipación, como los jugadores de póquer que farolean e igualan, los generales que atacan y defienden, o los jugadores de *hockey* que lanzan y protegen la portería, y cada uno espera explotar un antiguo hábito o un gesto fugaz en el otro.[68]

Dado que la predictibilidad es fatal cuando tienes que adivinar las intenciones de tu adversario, la mejor estrategia es tirar los dados mentales y actuar de forma aleatoria, sea cual sea la probabilidad que vuelva indiferente a tu oponente entre *sus* dos opciones (en teoría de juegos, la elección de una de varias jugadas con ciertas probabilidades se denomina una *estrategia mixta*). El resultado es un equilibrio de Nash, un bloqueo nervioso en el que ninguna parte puede hacerlo mejor con cualquier otra estrategia. En el dilema del voluntario, la estrategia es ofrecerse voluntario con una probabilidad que depende de los costes relativos de que nadie ayude, alguien ayude y uno mismo ayude, así como del número de voluntarios potenciales. Cuantos más voluntarios, más bajas serán las probabilidades de que tengas que entrar en acción, ya que se vuelve más probable que otro se adelante. El clásico efecto espectador (un gran número de espectadores reduce la probabilidad de que cualquiera de ellos intervenga) es simplemente lo que sucede cuando los actores racionales en un dilema del voluntario emplean la estrategia más viable.

Obsérvese que el escenario entero asume el conocimiento común: todos los voluntarios saben que es necesario ayudar y saben que los demás lo saben. Cuando el conocimiento es asimétrico, todo cambia. Para ver esto, imagínate que alquilas un apartamento a un propietario ausente que necesita que uno de los inquilinos cambie el filtro del aceite de la caldera del edificio o, de lo contrario, el filtro se obstruirá y todo el edificio se quedará sin calefacción ni agua caliente. Si fueras el único inquilino del edificio, tendrías pocas opciones. Pero si hubiera otros inquilinos y estos estuvieran al tanto del encargo, podrías esperar que uno de ellos se ofreciera voluntario y, cuantos más hubiera, más probable sería que uno interviniera.

Pero no es solo la existencia de otros inquilinos lo que debería influir en tu decisión, sino también tu conocimiento sobre su conocimiento, y el suyo acerca del tuyo. Supongamos que el propietario no ha generado conocimiento común colocando un cartel sobre la necesidad del cambio de filtro o enviando un aviso a todos por correo electrónico, o anunciándolo en la reunión anual, sino que informa a los inquilinos uno a uno. Mientras caminas por el pasillo escuchas que le está hablando a otro inquilino sobre la necesidad de que alguien cambie el filtro. Si te das media vuelta con rapidez y te marchas de puntillas antes de que adviertan tu presencia, puedes dejar a tu vecino con el marrón. Tú tienes conocimiento de segundo orden (sabes que él sabe), pero él solo tiene conocimiento privado, por lo que la responsabilidad recae sobre él.

Mejor aún, tu libertad no depende de cuántos otros inquilinos estén al tanto de la necesidad, siempre y cuando ninguno de ellos piense que tú la conoces. Con el conocimiento privado, a diferencia del conocimiento común, no tiene por qué diluirse la responsabilidad conforme aumenta el número de voluntarios potenciales.

Consideremos ahora un tercer nivel. Supongamos que el propietario te informa de la tarea y te dice que está informando de la tarea a los demás inquilinos, y que les está mencionando que te ha informado a ti también. Pero no les cuenta a los otros inquilinos que a ti también te ha contado que les ha estado informando; por lo que a ellos respecta, puedes pensar que eres el único que lo sabe. Tú tienes conocimiento de tercer orden (sabes que ellos saben que tú conoces la tarea), pero ellos solo tienen conocimiento de segundo orden (saben que tú sabes, pero no saben que sabes que ellos lo saben). Por tanto, la responsabilidad recae ahora sobre ti: tienes razones para creer que ellos escurrirán el bulto, por lo que has de actuar.

¿Piensas que puedes manejar un cuarto nivel? El propietario solo os ha enviado un aviso sobre la tarea a otro inquilino y a ti, y ves al otro inquilino abriendo su buzón y sacando el mismo aviso que tú has recibido. Él ve cómo miras su sobre, pero justo antes de intentar llamar tu atención, te suena el móvil y quedas absorto en una conversación. Ahora tú tienes conocimiento de cuarto orden: sabes que él sabe que tú sabes que él conoce la tarea, pero él está estancado en tres órdenes: él no sabe que tú sabes que él sabe que tú lo sabes. Vuelves a estar salvado: por lo que a él respecta, tienes un motivo para escurrir el bulto, por lo que él debe actuar.

Nuestro equipo quería ver si las personas reales, cuando se enfrentan a un dilema del voluntario, pasan por el pensamiento recursivo sobre el pensamiento que les permitiría tomar la decisión más sagaz sobre si ofrecerse voluntarias o escurrir el bulto. Invitamos a usuarios de internet a hacerse pasar por vendedores en un mercado donde podían obtener un cierto beneficio diario. Pero el propietario del mercado algunos días podía necesitar ayuda de uno de los vendedores, que debía sacrificar la mitad de sus ganancias para llevar a cabo la tarea; si no encontrara ningún voluntario, se cobraría las ganancias de todos los vendedores. Al igual que en nuestros experimentos anteriores con el carnicero y el panadero, la información crucial (en este caso, si el dueño necesitaba ayuda ese día) podría ser conocimiento público emitido por un altavoz o conocimiento privado transmitido por un mensajero solo al vendedor, o bien varios órdenes de conocimiento incrustado sobre el conocimiento, dependiendo de lo que el mensajero les dijera que les estaba diciendo a los otros. Los participantes tenían que decidir si ofrecerse voluntarios y sacrificar la mitad de sus ganancias o escurrir el bulto y arriesgarse a no ganar nada.

Y se comportaron más o menos como deberían hacer los mentalizadores recursivos en un dilema del voluntario, zigzagueando en su voluntariado con el nivel de conocimiento incrustado. Se presentaban voluntarios cuando el mensajero les daba conocimiento privado, escurrían el bulto cuando tenían conocimiento de segundo orden sobre el conocimiento privado de los otros comerciantes, volvían a entrar en acción cuando recibían conocimiento de tercer orden y escurrían el bulto cuando adquirían conocimiento de cuarto orden. Cuando el altavoz les proporcionaba conocimiento común, su índice de voluntariado se quedaba en un término medio, como si lanzaran mentalmente los dados.

Y en un giro que nos devuelve al efecto espectador clásico, comparamos lo que ocurría cuando los participantes pensaban que eran uno de solo dos vendedores y cuando creían que eran uno de cinco. Con el conocimiento común, más comerciantes siempre llevaban a menos ayuda, al igual que en los experimentos académicos. Pero con el conocimiento privado, y con niveles intermedios de conocimiento incrustado, el tamaño del grupo de voluntarios no marcaba ninguna diferencia significativa. Todo esto es lo que se esperaría de personas que intentan leer la mente de otros lectores de mentes.

Así pues, por absurdo que pueda resultar que yo pueda saber que tú sabes que yo sé que tú sabes algo, parecemos estar equipados con procesos cognitivos que se esfuerzan por hacer justamente eso. Pensamos en pensamientos sobre pensamientos, al menos hasta algún número de tortugas. Lo más común es que reconozcamos que, si algo es evidente, o incluso relevante para nosotros, es probable que también se lo parezca a otros. Y saltamos de una clase de pensamiento a la otra, a veces cuando no deberíamos, pero a menudo cuando sí hemos de hacerlo. Los frutos de este pensamiento impulsan un amplio repertorio de asuntos humanos, desde los programas de concursos y las comedias de situación hasta la elección de presidentes, la actuación en las emergencias y el desencadenamiento y el estallido de burbujas económicas.

CAPÍTULO 5

El departamento de relaciones sociales

Las relaciones sociales como juegos de coordinación, jugados con los símbolos, la reputación y el rostro

La primera vez que pensé en los niveles de conocimiento mutuo fue en mi sexto curso de la clase de la escuela dominical, cuando nuestra profesora nos explicaba una importante idea de la filosofía moral judía, la escalera de caridad (*tzedaká*) de Maimónides.

La escalera de caridad fue una creación de uno de los mayores eruditos del judaísmo, el rabino Moshé ben Maimón («Moisés, el hijo de Maimón», acrónimo hebreo Rambam; Maimónides en griego).[1] Maimónides nació en 1135 en la Iberia dominada por los musulmanes y vivió en lo que hoy es Marruecos, Israel y Egipto, donde murió en 1204. Escribió docenas de obras de lógica, metafísica, medicina y astronomía (incluida una desacreditación de la astrología); destiló la fe judía en trece principios; sirvió como médico de la corte del sultán Saladino; escribió *Guía de perplejos*, que intentaba reconciliar las Escrituras con la razón, y la teología judía con la filosofía aristotélica, y codificó la ley oral judía en su *Mishné Torá* («segunda Torá»), la obra en la que presentó su escalera.[2]

Según Maimónides, la rectitud de una donación caritativa no se puede determinar por el tamaño de la donación, sino que depende de las circunstancias de esta, en particular del estado de conocimiento del donante y el beneficiario. He aquí la escalera,[3] en orden descendente de rectitud, con los niveles de conocimiento añadidos:

1. Una persona que fortalece a un miembro empobrecido de la comunidad concediéndole un préstamo inicial, asociándose con él o encontrándole trabajo para que no tenga que pedir limosna.
2. Alguien que da caridad a los pobres sin saber a quién se la ha dado y sin que la persona pobre sepa de quién la ha recibido. Este tipo de donación se ejemplificaba con la cámara secreta que existía en el templo. El justo haría donaciones allí en secreto y los pobres obtendrían allí su sustento en secreto. Un nivel próximo a este es donar a un fondo benéfico.
Donante privado, beneficiario privado.

3. El donante sabe a quién le está dando, pero la persona pobre no sabe de quién lo ha recibido. Un ejemplo de esto eran los grandes sabios, que acudían en secreto y arrojaban el dinero en las puertas de los pobres.
Donante privado, beneficiario conocido.

4. La persona pobre sabe de quién ha recibido, pero el donante no sabía a quién le había dado. Un ejemplo de esto eran los grandes sabios que ataban monedas en una sábana y se la colgaban sobre sus hombros, y los pobres se acercaban y las cogían para no avergonzarse.
Donante conocido, beneficiario privado.

5. Darle a la persona pobre en la mano antes de que ella pida.
Conocimiento común (iniciativa del donante).

6. Darle después de que lo pida.
Conocimiento común (iniciativa del beneficiario).

7. Darle menos de lo apropiado, pero con alegría.
Conocimiento común (voluntario).

8. Dar a regañadientes.
Conocimiento común (involuntario).

Como un utilitarista de once años, yo podía apreciar por qué el escalón 1, que aportaba un flujo continuo de beneficios, estaba en lo alto, y por qué los peldaños con donativos insignificantes (peldaños 7 y 8) estaban en la parte inferior. Pero me preguntaba por qué había de importar el conocimiento mutuo del donante y el beneficiario que establecía el orden de los peldaños 2, 3, 4 y 5-8. Si eres pobre, puedes comprar la misma cantidad de comida tanto si coges las monedas de un fondo comunitario como si las recoges de la puerta de tu casa, las sacas de la mochila de una persona rica o te las dan en mano. Y al ser un incentivo de la juventud denunciar la hipocresía de los mayores, yo exigía saber por qué, si la donación anónima era tan recta, nuestro propio templo Beth Sholom estaba adornado con placas que identificaban al donante de cada banco y accesorio.

Al ser una obligación de los mayores apuntalar las normas morales de su cultura, mi sufrida profesora concedió que los miembros del templo eran humanos y debían intentar mejorar. De haber sido una *talmid chochem* (sabia estudiosa) más erudita, podría haberme explicado que otro sabio de la España medieval, el rabino Shlomo ben Avraham («Solomón, el hijo de Abraham», acrónimo Rashba), había respaldado un *mitzvah l'farsem*, «mandamiento de divulgar», que ordena difundir la palabra sobre las buenas obras con el fin de que otros puedan sentirse inspirados para hacer lo mismo.[4] Pero eso solo habría subrayado la contradicción entre la llamada de Rashba a la recta publicidad justa y la llamada de Rambam al recto anonimato. Sin lugar a dudas, los rabinos llevan siglos debatiendo la paradoja.

Otro sabio judío, Larry David, dio vida a la paradoja en un episodio de su serie cómica *Curb Your Enthusiasm* [Contén tu entusiasmo].[5] Interpretándose a sí mismo, David dona dinero para un ala de un edificio sin fines de lucro que lleva su nombre. La otra ala exhibe tan solo la inscripción «Donación anónima». En la ceremonia de corte de cinta se entristece al escuchar cómo halagan a su rival Ted Danson, porque se ha filtrado la noticia de que Danson fue el donante anónimo, lo cual le granjeó las ventajas reputacionales tanto de la generosa donación como del discreto anonimato. («¡Nadie me dijo que podía ser anónimo y contárselo a la gente! Me habría decantado por esa opción»).

Los estados de conocimiento que rodean las donaciones no son solo una cuestión de debates talmúdicos y comedias televisivas. En la vida real se critica con frecuencia a los donantes que buscan un reconocimiento excesivo por su munificencia, como a raíz de la indignación dirigida contra dos filántropos que rescindieron una donación de tres millones de dólares a un zoo porque la placa que mostraba sus nombres era demasiado pequeña.[6] Tales juicios no son pequeñeces ahora que las instituciones benéficas se encargan cada vez más de resolver algunos de los problemas más acuciantes del mundo, incluidos el hambre, las enfermedades, los desastres naturales, el desarrollo económico y la inestabilidad política. Las actitudes relativas a los incentivos para donar pueden determinar cuánto bien puede hacer la filantropía. A título de ejemplo, el empresario Dan Pallotta organizó eventos recaudatorios como AIDSRide y el Breast Cancer 3-Day que recaudaron más de trescientos millones de dólares para obras benéficas. Pero sus organizaciones colapsaron a raíz de las quejas de que habían obtenido un beneficio. Pallotta declaró melancólicamente: «El resultado es que sigue muriendo gente [...]. Esto lo llamamos moralidad».[7]

Cuando la filantropía se eleva al potencial de los cientos de millones de dólares de los magnates de la tecnología, el escrutinio se intensifica. Bill Gates, quizá siguiendo a Rashba, no ha tenido ningún reparo en declarar los inmensos recursos que ha destinado a la Fundación Bill y Melinda Gates. Pero la fundación está especialmente centrada en los beneficios mensurables que reporta al reducir la pobreza mundial y las enfermedades, y la publicidad forma parte de ese esfuerzo: Gates la ha aprovechado para inspirar a los demás multimillonarios para que firmen la Promesa de Dar, el compromiso de legar la mayor parte de su riqueza para filantropía. En contraposición, su homólogo en la guerra entre Windows y Mac, Steve Jobs, fue fustigado por *The New York Times* porque no había firmado la Promesa de Dar, y «no existe ningún registro público de que el señor Jobs done dinero para caridad [...]. Tampoco existe ninguna ala de hospital ni edificio académico que lleve su nombre».[8] Ello llevó a sugerir que Jobs era en efecto un seguidor de Rambam, que mantenía su magnanimidad en el anonimato.[9] Y la última palabra la debe tener el rabino Larry ben David, porque, tras la invectiva del *Times*, familiares y amigos de Jobs revelaron ejemplos de su filantropía silenciosa, incluido el músico Bono, quien sugirió que su proyecto benéfico (RED) había sido un beneficiario.[10] («Estoy orgulloso de conocerlo; es un tipo poético, un artista y un hombre de negocios [...]. No hace falta ser amigo suyo para saber que es una persona reservada y que no hace las cosas a medias»). Como en el caso de Ted Danson, el anonimato revelado mejoró la reputación de Jobs como filántropo (en su caso a título póstumo), pese a que donó a lo sumo una milésima parte de lo donado por Gates.

¿Por qué le importan tanto a la gente el anonimato, el reconocimiento y los beneficios ulteriores de un donante? Todo eso no tiene nada que ver con cuánto mejora una donación las vidas de los beneficiarios. ¿Por qué no abrazar los deseos de reconocimiento de los donantes como una oportunidad de incentivar las donaciones caritativas en la que todos salen beneficiados?

Uno de los privilegios de ser profesor es lograr convertir una curiosidad intelectual permanente en una publicación. La escalera de Maimónides me había desconcertado desde que la debatí con mi maestra de la escuela dominical. Medio siglo después, su moralización del contraste entre el conocimiento privado y el común hizo que encajara a la perfección en la investigación que yo había estado llevando a cabo con De Freitas, DeScioli y Thomas. Así pues, nos esforzamos por averiguar por qué los niveles de conocimiento mutuo debían ejercer un efecto tan potente sobre las atribuciones de beneficencia.[11]

La donación caritativa es el altruismo por excelencia: un donante confiere un beneficio a otros a costa de sí mismo. Como vimos en el capítulo 1, la evolución del altruismo humano se suele explicar en términos de reciprocidad, en la que un acto generoso puede compensar a la larga si el beneficiario devuelve el favor, o si un tercero se entera de la buena obra e infiere que el donante está en situación de hacer favores. Por desgracia, para dar sentido a Maimónides, esto predice que los donantes deberían esforzarse por hacer públicas sus donaciones, y que los beneficiarios y observadores deberían apreciar la transparencia; justo lo contrario de la estima que la gente otorga a los donantes anónimos.

La pieza que falta en el puzle viene de un corolario de la teoría del altruismo recíproco llamado *elección de socio* o *pareja*.[12] Aunque en una colaboración recíproca a ambas partes les compensa intercambiar favores siempre y cuando cada una reciba más de lo que da, los individuos difieren en cuánta ventaja tratarán de sacar de un intercambio al tiempo que este sigue siendo lo suficientemente provechoso para que la pareja no se retire. Por eso no todos se convierten en voraces especuladores: los socios potenciales pueden evitarlos y preferir tratar con alguien que les ofrezca términos más generosos. Al igual que una tienda con fama de tener precios razonables y un buen servicio puede atraer a una clientela fiel y obtener a la larga mayores beneficios que un comercio que intente sacar hasta el último céntimo a sus clientes hasta acabar espantándolos, una persona que sea intrínsecamente generosa puede ser un amigo, aliado o compañero de equipo más atractivo que alguien que dispense favores con cuentagotas, solo en la medida en que espera que se los devuelvan con intereses. La ventaja de atraer a socios compensa la desventaja de renunciar al máximo beneficio en cada transacción.

Pues bien, esos socios potenciales tendrán que encontrar a las contrapartes más generosas, pese a la inevitabilidad de que tanto los socios generosos como los tacaños se anuncien como generosos. Así las cosas, los individuos afinan su radar para detectar a los auténticos altruistas. Quieren encontrar socios que, en el fondo, sean más magnánimos de lo que ellos tienen que ser. Y es ahí donde resulta útil una reputación de beneficencia. Además de tratar de ayudar a los pobres, un donante puede estar indicando que es un socio generoso, lo que por desgracia socava su pretensión de ser en efecto un socio generoso, ya que un socio verdaderamente generoso no estaría preocupado por apuntarse tantos. Nada de esto tiene por qué ser consciente; de hecho, resulta más efectivo cuando no lo es.

Por consiguiente, la escalera de Maimónides puede verse como una prueba de la generosidad disposicional de un donante. En ese sentido, su *ethos* es diferente del altruismo eficaz, el movimiento ético inspirado por el utilitarismo, que valora únicamente el beneficio para los receptores.[13] Esto queda suficientemente patente en la justificación que el propio Maimónides ofrece de su escalera: «Estamos obligados a ser más escrupulosos al cumplir el mandamiento de la caridad que al cumplir cualquier otro mandamiento positivo, porque la caridad es la señal del hombre justo». Es evidente asimismo en el nombre de la escalera en el hebreo original: *tzedaká* no significa tanto «caridad» como «justicia» o «rectitud». Vemos esto en las diferencias entre los cuatro peldaños inferiores, cada uno de ellos con conocimiento común pero con distintos indicadores directos de la bondad del donante. Y, por regresar a la tesis de este capítulo, lo observamos en la disposición de los peldaños 2 a 5, que difieren en los niveles de conocimiento que acompañan al acto de dar. Veamos cómo.

Peldaño 2: una donación con doble ciego, en la que ni el donante ni el beneficiario conocen la identidad del otro, es una señal inequívoca de una disposición generosa, porque el donante ha renunciado a toda posibilidad de recibir favores a cambio. Nada de gratificación, toma y daca ni *quid pro quo*.

Peldaño 3: cuando un donante conoce al beneficiario, pero no al revés, cuando se deja un regalo en una puerta, se evita toda posibilidad de que el beneficiario responda directamente. Además, el donante renuncia a mejorar su reputación. Pero, a diferencia del peldaño 2, el donante *podría* revelarse al beneficiario en un futuro para cobrarse el favor, por lo que podría haber algo en él para sí mismo.

Peldaño 4: un donante público a un beneficiario privado, como un sabio con una mochila abierta llena de monedas, no puede obligar al beneficiario a corresponderle directamente, pero el beneficiario podría optar por hacerlo. Asimismo, podría contar a otros la buena obra del donante y mejorar la reputación de este, otorgándole prestigio ante los demás. La posibilidad abierta de que el donante se beneficie de la devolución y la reputación hace que parezca menos caritativo que el donante de un escalón más arriba, que solo puede beneficiarse de la devolución.

Peldaños 5 a 8: cuando el donante pone dinero en la mano del beneficiario y cada uno conoce al otro, se crea un conocimiento común del acto altruista y de una implícita relación de reciprocidad, lo que obliga al beneficiario a devolver el favor si así lo desea el donante en el futuro (como en la escena inicial de *El padrino*, en la que Vito Corleone le dice a un suplicante: «Algún día, un día que tal vez nunca llegue, te llamaré para pedirte algún pequeño servicio. Hasta entonces, considera esta justicia como un regalo de mi esposa, la madrina de tu hija»). Un regalo con conocimiento común, pues, puede distar de ser desinteresado: el donante está en posición de cobrarse el favor y mejora su reputación como patrón, amante rico o padrino.

En resumidas cuentas, cuanto más se hallen los donantes en situación de ser retribuidos o admirados, menos justos o rectos parecerán, porque la donación se vuelve menos indicadora de una disposición subyacente al altruismo puro. Cuando las donaciones benéficas se juzgan como ventanas hacia el alma del donante, puede perderse de vista el bienestar del beneficiario. En un contexto moderno, esta es una importante razón por la que el movimiento del altruismo eficaz no ha acabado de despegar. Los defensores del altruismo eficaz han mostrado que las diferentes organizaciones benéficas en favor de una determinada causa (salvar vidas, educar a las niñas, proporcionar agua potable) varían ampliamente en cuanto a su eficacia, y recomiendan que los donantes actúen con la diligencia debida al seleccionar las más eficaces. Pero la investigación de la eficacia de las organizaciones benéficas es conocimiento privado, y nadie recibe elogios por seleccionar la organización benéfica que salva más vidas por dólar donado.[14] (Para ser justos con Maimónides, este dijo con respecto al peldaño 2: «Una persona no debería donar a un fondo caritativo a menos que sepa que la persona que lo gestiona es fiel, sabia y capaz de administrarlo de una manera apropiada»).

Los científicos sociales han llegado a entender que, antes de esforzarse demasiado en explicar un fenómeno, deberían asegurarse de que este sea reproducible. Por eso De Freitas, DeScioli, Thomas y yo empezamos por ver si la escalera de Maimónides capta las intuiciones de las personas hoy en día. Por supuesto, Maimónides estaba haciendo ética normativa, no ciencia social: estaba exponiendo lo que es *inherentemente* justo o recto, no investigando qué *consideran* justo o recto los individuos. Pero en ausencia de la revelación divina, puede haber estado aprovechando intuiciones en las que convergerían la mayoría de las personas al enfrentarse a esas comparaciones. Deseábamos ver si las intuiciones se sostenían ochocientos años después. Pruébalo tú mismo: vuelve a la escalera al principio del capítulo y piensa si estás de acuerdo con la clasificación.

En una encuesta en internet, pedimos a los participantes que consideraran una institución benéfica que solicitase fondos para ayudar a las familias pobres de una pequeña comunidad que habían sido víctimas de un huracán y una inundación. La institución benéfica ofrecía a los donantes la opción de donar de forma anónima (peldaño 2), recibir una foto de la familia a la que ayudaban (peldaño 3), autorizar a la asociación a enviar una foto de ellos a la familia a la que ayudaban (peldaño 4), o autorizarla a enviar al donante una foto del beneficiario, y viceversa, así como a informarles del intercambio (peldaño 5, conocimiento común). Pedimos a los encuestados que considerasen a los donantes que escogían cada una de esas opciones y evaluaran cuán genuinamente caritativo pensaban que era cada uno de ellos, junto con otras preguntas. Los resultados fueron consistentes entre varios estudios con mínimas variaciones en sus reportajes.

Primero: la ordenación de los peldaños por parte de Maimónides era básicamente correcta; los estados de conocimiento mutuo afectan a los juicios sobre la caridad. Se juzgaba más caritativo un donante con doble ciego que un donante privado que conocía a sus beneficiarios, a quien, a su vez, se consideraba más caritativo que a los donantes que se dan a conocer a sí mismos y son de conocimiento común. Pero nuestros evaluadores discrepaban de Maimónides respecto del orden de los dos peldaños inferiores. Concedían una leve ventaja a los donantes de conocimiento común sobre los que revelaban sus identidades pero sin preocuparse de saber a quién ayudaban. Volveré a referirme en breve a esta sorpresa.

Segundo: cuando los individuos evalúan la caridad de otras personas, no estan otorgando aureolas, sino haciendo predicciones sobre su probabilidad de dar en otras circunstancias. Preguntamos a los encuestados si pensaban que los donantes volverían a donar a instituciones benéficas en el futuro, y sus predicciones coincidían casi a la perfección con sus juicios respecto del carácter caritativo.

Tercero: la razón por la que los estados de conocimiento influyen en los juicios sobre la caridad es que se considera que brindan diferentes oportunidades de dar cabida a ulteriores motivos. Preguntamos a los participantes en qué medida estaban motivados los donantes por un deseo de mejorar su reputación ante la familia a la que ayudaban y también en qué medida estaban motivados por el deseo de mejorar su reputación en la comunidad. Sus juicios subían peldaño a peldaño la escalera de Maimónides: a los donantes de doble ciego se les veía menos preocupados por su reputación, seguidos por los donantes privados, los donantes conocidos y los donantes de conocimiento común.

Cuarto: era realmente el conocimiento *común* el que degradaba la percepción del carácter caritativo de los donantes, no solo el conocimiento *recíproco*. A fin de apreciar la diferencia, regresemos a los ejemplos de Maimónides de los peldaños 3 y 4. Supongamos que un metomentodo del vecindario hubiera avisado a la familia pobre de quién le había dejado el dinero en su puerta, o hubiera avisado al sabio de quién había cogido dinero de su mochila, sin informar a las personas delatadas. En esos casos, tanto el donante como el beneficiario sabrían quién era el otro, pero no sabrían que el otro lo sabía: los pares tendrían conocimiento recíproco, pero no conocimiento común. En una variante del estudio, pedimos a los participantes que considerasen un caso en el que la asociación benéfica permitía al donante solicitar con carácter confidencial una foto de la familia beneficiaria, y viceversa, y les pedimos que juzgaran a un donante que ejerciera esa opción al tiempo que el beneficiario también lo hacía (cada uno sin que el otro lo supiera). A ese donante con conocimiento recíproco se le consideraba menos caritativo que a un donante de doble ciego, pero más caritativo que a un donante con conocimiento común (donde el intercambio de fotos era conocido por ambos).

Quinto: la virtud de los donantes (determinada por los estados de conocimiento) está más presente en la mente de los jueces que los beneficios aportados por aquellos a los necesitados. (En otras palabras, nuestros encuestados no eran altruistas eficaces). En un estudio pedimos a los participantes que compararan a un donante que daba anónimamente diez mil dólares para ayudar a diez familias desconocidas con un segundo donante que daba más dinero (entre doce mil y un millón de dólares) para ayudar a más familias aún, pero o bien revelaba su identidad, o bien accedía al intercambio de fotos (conocimiento recíproco), o bien entregaba los cheques a las familias en persona (conocimiento común). Nuestros jueces consideraban la autorrevelación una mancha moral que mancillaba el bien que reportaría una donación mayor. Un donante que daba con conocimiento común tenía que dar el doble, y un donante con conocimiento recíproco, cinco veces más, para granjearse el mismo prestigio que un donante completamente privado. Asombrosamente, cuando se trataba del donante que sencillamente se daba a conocer, no había *ninguna cantidad de dinero* que pudiera dar (ni siquiera cien veces más) que lo hiciera tan caritativo a los ojos de nuestros encuestados como el donante anónimo.

Sexto: los beneficiarios de las donaciones, como era de esperar, no lo veían de ese modo. Solo querían el dinero, al infierno con la rectitud. Los encuestados se ponían en la piel de las familias víctimas de la inundación y se les pedía que eligieran si preferirían diez mil dólares de un donante anónimo o veinte mil de un donante que también enviara su foto. Se quedaban con la donación mayor y, a diferencia de los magnánimos jueces que no se jugaban nada, consideraban que el donante conocido y mayor era el más caritativo. Y cuando los participantes se ponían en la piel de los *donantes*, decían que optarían por revelar su identidad, aun cuando en el papel de observadores juzgaban poco caritativo ese señalamiento. Pero los psicólogos sociales saben desde hace tiempo que los individuos son hipócritas morales: desaprueban actos ajenos que ellos mismos cometen.[15]

¿Y qué ocurre con la inversión de los dos peldaños inferiores? ¿Por qué, en contra de Maimónides, la gente juzga que un donante conocido con un beneficiario anónimo es un poco *menos* caritativo que un donante con conocimiento común, aun cuando es este último quien está en mejor posición para cobrarse el favor? Tu propia reacción a este ejemplo puede sugerir una razón. El sabio con la mochila abierta parece un tanto, en fin, altanero y arrogante, mientras que el indigente que corre tras él para rebuscar en su mochila parece humillado, degradado, menospreciado. No es que Maimónides fuera ajeno al orgullo del beneficiario; en realidad pensaba que los recogedores de monedas ocultaban su identidad al donante «para no avergonzarse». Ahora bien, puede que le fallaran aquí sus instintos sociales al no anticipar el desafortunado simbolismo de un necesitado don nadie a la zaga de un espléndido pez gordo. Nuestros participantes, a quienes pedimos que juzgaran si los diversos donantes de la historia se sentían iguales o superiores a sus beneficiarios en estatus, consideraban que el más arrogante era aquel que revelaba su identidad en un solo sentido. Así pues, los juicios de rectitud parecen incorporar si un donante parece preocuparse por su estatus, no solo por la reciprocidad.

Pasando ahora al escalón inferior, puede haber incluso una cualidad redentora en un donante que intercambia simétricamente su identidad con un beneficiario. Transmite la sensación de que la relación es entre iguales, uno de los cuales quizá esté atravesando una mala racha y necesite ayuda, en vez de una relación entre un rico patrón y un pobre suplicante. Esta concesión a los sentimientos del beneficiario podría haber elevado el carácter caritativo del donante con conocimiento común, al tiempo que la prepotencia del donante conocido lo empujaba hacia abajo, lo cual explicaría la inversión de los peldaños 4 y 5. Confirmamos esta explicación pidiendo a nuestros encuestados que evaluaran en qué medida los donantes parecían interesados en llegar a conocer a la familia a la que ayudaban. Por supuesto, estimaban que el más interesado era quien intercambiaba la foto con conocimiento común, lo que presumiblemente se extendía a las valoraciones de su carácter caritativo. Esto puede explicar por qué incluso una institución benéfica célebre por estar impulsada por evaluaciones realistas de su eficacia, la Fundación Bill y Melinda Gates, publica informes anuales con fotografías de los donantes epónimos mezclándose con los beneficiarios en los países pobres a los que ayudan.

Lo que tenemos aquí es una tercera clase de relación (junto con la reciprocidad y el estatus) que puede tirar hacia arriba o hacia abajo de los juicios del carácter caritativo: el cálido aliento de la amistad. Al igual que la reciprocidad, prepara el escenario para los favores concedidos y recibidos. Pero los aspectos económicos son diferentes: los favores se otorgan libremente y nadie lleva la cuenta. Y las señales de conocimiento común que cimentan una relación semejante son distintas e incluyen comidas de convivencia y parentesco ficticio, más que actos registrados en un balance general mental. Vito Corleone, atormentando a su suplicante antes de acceder al favor, explica:

> Nos conocemos desde hace muchos años, pero esta es la primera vez que vienes a pedirme consejo y ayuda. No recuerdo la última vez que me invitaste a tu casa a tomar café, a pesar de que mi esposa es la madrina de tu única hija. Pero seamos francos: nunca has querido mi amistad. Y tienes miedo de estar en deuda conmigo [...]. Pero ahora acudes a mí y me dices: «Don Corleone, hazme justicia». Pero no lo pides con respeto. No ofreces tu amistad. Ni siquiera me has llamado Padrino.[16]

En resumidas cuentas, la escalera de la caridad, o al menos los peldaños separados por niveles de conocimiento mutuo, plasma muchas de las intuiciones actuales de la gente acerca de la rectitud o la justicia. Distingue las donaciones en función de las oportunidades de devolución y, de ese modo, identifica a cualquiera que renuncie voluntariamente a tales oportunidades como constitutivamente generoso y como un socio deseable. Donde yerra el tiro es al pasar por alto los siglos de relaciones distintas del intercambio, a saber: el estatus y el calor comunitario. Y esa triple distinción nos lleva al resto de este capítulo, donde veremos cómo los niveles de conocimiento mutuo gobiernan los juegos de coordinación que apuntalan nuestras relaciones sociales.[17]

La incongruencia de que los donantes anónimos ganen estima por su anonimato es solo un ejemplo de una paradoja social, un término sugerido por el psicólogo David Pinsof para fenómenos como estos:[18]

1. Intentamos ganar estatus no preocupándonos por el estatus.[19]
2. Nos rebelamos contra la conformidad de la misma forma que todos los demás.[20]
3. Mostramos humildad para demostrar que somos mejores que otros.[21]
4. No nos importa lo que piensen los demás, y queremos que piensen eso.[22]
5. Hacemos donaciones anónimas para que nos atribuyan el mérito de no preocuparnos por que nos atribuyan mérito.[23]
6. Desafiamos con valentía las normas sociales para que nos elogien.[24]
7. Evitamos ser manipuladores para conseguir que los demás hagan lo que queremos que hagan.[25]
8. Competimos para ser menos competitivos que nuestros rivales.[26]
9. Ayudamos a los necesitados, con independencia de nuestro interés propio, porque ser vistos como el tipo de personas que ayudan a los necesitados, con independencia del interés propio, redunda en nuestro propio interés.[27]

10. Hacemos arte subversivo que solo aprecian las personas de alto estatus.[28]
11. Nos burlamos de nosotros mismos de manera irónica por no seguir las modas.[29]
12. Defendemos falsas creencias con superioridad moral para demostrar que nos preocupa más la verdad que la ostentación de la virtud.[30]
13. Ayudamos a nuestros amigos sin esperar nada a cambio, porque sabemos que ellos harían lo mismo por nosotros.[31]
14. Mostramos a todos nuestro yo auténtico y genuino —no quien la sociedad quiere que seamos— porque así es como la sociedad quiere que seamos.[32]

¿Cómo podemos interpretar estos oxímoron cotidianos? Pinsof sugiere que surgen de un tira y afloja entre nuestro juicio social y nuestra mentalización recursiva. Todos somos receptivos a las señales conductuales que revelan rasgos valorados, como la honestidad, la generosidad, la competencia, la equidad y la fiabilidad. Sabiendo esto, intentamos granjearnos la admiración de nuestros semejantes exhibiendo esos signos y señales. Pero sabiendo que las personas a las que juzgamos también saben esto, subestimamos cualesquiera intentos de ostentación de virtud, ya que tan solo indican astucia social, no las virtudes mismas. Y sabiendo que aquellos que nos juzgan a nosotros saben que sabemos que subestimarán nuestros alardes de virtud, intentamos que nuestros alardes sean lo suficientemente sutiles como para que no piensen que estamos intentando alardear en absoluto; o al menos lo bastante sutiles para que no sean conocimiento común, de modo que todos podamos seguir fingiendo que el comportamiento es auténtico. (En el episodio de *Curb Your Enthusiasm*, la admiración por Danson dependía de que su identidad fuera ampliamente conocida, incluso universalmente conocida, pero no *comúnmente* conocida). Como veremos, puede interesar a los observadores, no solo a los actores, mantener la ostentación de virtud al margen del conocimiento común, con el fin de evitar un desafío incómodo a la asunción de mutua confianza que hace posible la interacción social.

¿Qué estamos todos intentando señalar? De eso trata el resto de este capítulo. En pocas palabras: las relaciones sociales son juegos de coordinación que resolvemos con la relevancia común y el conocimiento común. Pero, a diferencia de los encuentros únicos del capítulo 3, una relación social es un juego largo: define los jugadores, los resultados y las estrategias para un número indefinido de juegos diarios que podríamos jugar en el futuro (ópera o *hockey*, virar o seguir recto, ciervo o liebre). Las relaciones sociales se consolidan por símbolos y rituales que indican los equilibrios de coordinación mutuamente beneficiosos. Los individuos compiten para ser seleccionados para esas relaciones cultivando una reputación y guardando las apariencias, ambas cosas ratificadas por el conocimiento común. Con la elección de socios y los términos de la relación en juego, las personas se convierten en intérpretes, llamando la atención sobre acontecimientos que desean que se conviertan en conocimiento común, y se vuelven hipócritas, desviando la atención de los sucesos que quieren mantener al margen.

Comencemos con el juego de coordinación más simple, la cita, donde James y Charlotte están intentando encontrar su camino hasta una de las celdas mutuamente agradables de una cita para tomar café. En un juego de la cita, las recompensas son más altas cuando los dos jugadores se encuentran, pero ¿de dónde vienen las recompensas de disfrutar de su mutua compañía? No es divertido comer pegado a un extraño seleccionado al azar, como puede atestiguar cualquier pasajero de un vuelo en clase turista. Y James y Charlotte no se habían conocido por casualidad en una ronda de citas rápidas: querían coincidir porque tenían una relación de amistad. A ello se deben las cifras altas de las recompensas en las dos celdas en las que se encuentran.

Ahora bien, ¿qué *es* una amistad o cualquier otra relación? No es como si los amigos firmaran un contrato. Una relación es una cuestión de conocimiento común. Si dos personas son amigas, significa que cada una sabe que la otra sabe que la primera sabe que la segunda sabe... que son amigas. A estas alturas ya nos hemos acostumbrado a la idea de que el conocimiento común es necesario para resolver los dilemas de coordinación, y que suele ser generado por acontecimientos públicos o relevantes. Veamos cómo se aplica esto a las relaciones.

La matriz de la izquierda es una concepción estilizada del largo juego de una relación, que abarca numerosas interacciones. Una amistad comienza cuando una parte tiende la mano y la otra le corresponde (o no). Y dado que una amistad implica que cada uno de vosotros está ahí para el otro cuando hace falta apoyo, ha de reafirmarse de manera periódica.[33] Califiquemos de «cálida» la estrategia global de mantenimiento de una amistad (llamadas, intercambios de tarjetas, envíos de felicitaciones de cumpleaños) y de «fría» la estrategia de ignorar, rechazar o distanciarse. La celda superior izquierda de la matriz muestra la perspectiva de satisfacción mutua para una amistad correspondida (500), y la celda inferior derecha muestra que no se gana ni se pierde nada con las parejas que mantienen una distancia cordial (0). Los desajustes tienen sus costes, cuando uno hace una insinuación no deseada que el otro debe rechazar con incomodidad, o cuando uno es un falso amigo o un amigo de conveniencia que explota la amistad. Por tanto, la matriz tiene dos equilibrios de Nash, lo cual la convierte en un juego de coordinación, porque tanto James como Charlotte salen mejor parados como buenos amigos o como barcos que se cruzan en la noche que como conocidos resentidos (calculemos que el promedio de esos costes es –50). La gran recompensa en la celda de la amistad consumada viene no solo del cálido resplandor de convertirse en amigos y seguir siéndolo, sino también del flujo ilimitado de juegos de coordinación de suma positiva que posibilita en el futuro. Cada uno de estos se puede mostrar como una de las matrices familiares del capítulo 3, como una cita para tomar café (la matriz de la derecha) o una oportunidad de disfrutar de un partido de *hockey* o de una noche en la ópera.

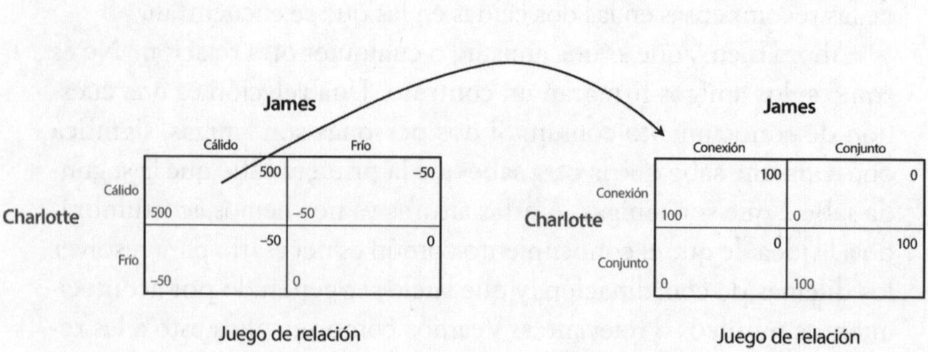

Otras clases de relación permanente también establecen los términos para los juegos de coordinación diarios. El jugador que se mantiene firme en una primera ronda de un juego de halcones y palomas o de uno del gallina puede forjarse una reputación de dominio que lo envalentone para hacer de halcón en todas las rondas subsiguientes, incentivando a partir de ahí a su homólogo a desempeñar el rol de paloma para evitar el coste del conflicto. Alguien que se muestre altruista en las primeras rondas de un juego de reciprocidad, cooperador en un dilema de los prisioneros reiterado o cazador de ciervos en una caza del ciervo podría comprometerse y comprometer a su pareja en una feliz cooperación mutua cada vez que se reencuentren en una revancha.

Los juegos de relación son frágiles, con constantes oportunidades de descoordinarse y desertar, y solo son sostenibles cuando tienen puntos focales o generadores de conocimiento común para atraer y mantener a las partes en los equilibrios fructíferos. Así es como yo interpreto una teoría general de las relaciones sociales propuesta por el antropólogo Alan Fiske, basándose en sus observaciones de la universalidad y la diversidad en las culturas humanas.[34]

Fiske proponía que todas las relaciones sociales humanas son de cuatro clases (en las culturas tradicionales, solo tres), que él denomina *modelos relacionales*. Cada una de ellas se originó como una adaptación evolutiva y es aplicable por defecto a ciertas clases de socios. Cada una encarna un juego de coordinación que prescribe una distribución de recompensas. Cada una está marcada por convenciones y puntos focales distintivos. Y dado que el cerebro humano es experto en convertir las constantes en variables, cada uno de estos modelos primigenios se puede readaptar para aplicarlo a nuevas combinaciones de jugadores, recursos y situaciones.

El modelo relacional más básico es la compartición comunitaria, comunalidad para abreviar. Esta es la forma natural de relación en las asociaciones íntimas, como las familias, las parejas y los amigos, aunque puede injertarse en grupos más provisionales que intentan replicar su solidaridad, como los gremios, los equipos, las camarillas, las bandas, los sindicatos, las brigadas, las comunas o los kibutz. Los ejemplos primigenios de comunalidad evolucionaron a partir del mutualismo proporcionado por los genes compartidos (en los familiares), los hijos (en las parejas), los intereses (en los amigos) y los enemigos (en las tribus). Estos intereses coincidentes unen sus destinos y los colocan naturalmente en juegos en los que los resultados del equilibrio para ambos son positivos (como la cita y la batalla de los sexos). Comparten recursos libremente bajo principios como «lo mío es tuyo» y «de cada cual según sus capacidades, a cada cual según sus necesidades», sin que nadie lleve un registro de quién da y quién recibe. (Esa es la base del chiste sobre el invitado a cenar que dice a la anfitriona: «Las galletas estaban deliciosas; me he comido cuatro», a lo que ella responde: «Te has comido cinco, pero ¿quién lleva la cuenta?»).

La sangre tira, por lo que la compartición comunal es algo natural en las familias, pero más endeble en otros grupos. Incluso dentro de las familias, los intereses genéticos de los parientes se hallan solo parcialmente alineados. Estas discrepancias pueden tentar a los individuos a renunciar a los equilibrios mutuamente beneficiosos para entrar en las celdas en las que pueden prosperar a expensas de los otros. Aunque en una relación comunal nadie lleva un libro de contabilidad, si se extrema el desequilibrio entre lo que se da y lo que se recibe, la persona que sale perdiendo lo va a notar. («Cuando ella se vino abajo, allí estaba yo, pero en mi momento de necesidad, ¿dónde estaba ella?»). Otra vulnerabilidad de una relación comunitaria es que una o ambas partes pueden sencillamente perder de vista las oportunidades de beneficio mutuo («No recuerdo la última vez que me invitaste a tu casa a tomar café»).

La fragilidad de las relaciones comunitarias lleva a los individuos a tener cuidado al escoger socios comunales y buscar a aquellos que sean constitutivamente cálidos, generosos, no competitivos y no manipuladores. Si estas cualidades parecen solaparse con las que elogian a alguien como un mejor socio para la reciprocidad en la escalera de la caridad, no es una coincidencia. Quienes son generosos en sus ofrecimientos y en los términos de la devolución pueden convertirse en amigos que no explotan la amistad recibiendo más de lo que dan.

Además de elegir a miembros afables, los grupos comunales necesitan atraerlos y conservarlos con puntos focales que los conduzcan hacia el feliz equilibrio del beneficio mutuo. Fiske observa que las personas de todo el mundo coordinan sus relaciones comunitarias con rituales basados en unas cuantas metáforas conceptuales. La mente humana piensa por naturaleza que LA SOLIDARIDAD ES CERCANÍA FÍSICA, por lo que establecemos vínculos con reuniones, abrazos, besos, apretones de manos y, en las relaciones íntimas, arrumacos, caricias y sexo. Percibe que LA SOLIDARIDAD ES PARENTESCO, por lo que etiqueta sus coaliciones como *hermanos, hermandades, grupos de hermanos, fraternidades, sororidades, hermanas del alma, la madre patria* y *la familia humana*.

De forma más creativa, nuestra especie encuentra puntos focales en la metáfora LA SOLIDARIDAD ES ESTAR HECHOS DE LA MISMA CARNE. Establecemos vínculos compartiendo comidas familiares, citas para cenar, almuerzos, festines y banquetes ceremoniales. Es como si fueras lo que comes, de suerte que si comes lo mismo, eres lo mismo. A la inversa, imponemos tabúes alimentarios para diferenciar nuestro grupo étnico (con todos sus equilibrios de coordinación propios) de los vecinos. Remodelamos nuestros cuerpos con peinados, perforaciones, cicatrices, tatuajes, circuncisiones y otras mutilaciones genitales más horripilantes. Sincronizamos nuestros movimientos al bailar, hacer reverencias, saludar con la mano, levantar el puño, cantar, marchar y levantarnos y sentarnos juntos, creando la ilusión de que somos parte de un gran superorganismo.

Y nos coordinamos con la metáfora LA SOLIDARIDAD CONSISTE EN TENER LA MISMA MENTE. Esto puede adoptar la forma de la experiencia emocional compartida, como en *raves* extáticas y conciertos, victorias emocionantes y derrotas agonizantes en los deportes o arduas experiencias rituales de terror, hambre o dolor. También puede adoptar la forma de creencias compartidas. El contenido de la creencia puede reforzar la metáfora de la misma familia o la misma carne aseverando que todos los miembros del grupo descienden de un patriarca o una pareja primigenia, nacieron en el mismo acto de creación, o se hallan conectados a una tierra natal. Las creencias pueden glorificar la virtud, la pureza y la valentía del propio grupo o de los nobles héroes y mártires que lo fundaron.[35] O pueden ser una señal costosa, una creencia descabellada en milagros, dogmas, contradicciones u otras ofensas al sentido común que solo profesarían los verdaderamente comprometidos.[36]

El lenguaje brilla por su ausencia. Los niños pueden decir abiertamente: «¿Quieres que seamos amigos?» o «Ya no quiero que seamos amigos», pero los adultos rara vez hablan de sus vínculos comunitarios con tantas palabras. Esto obedece a que el propio acto de negociar los incentivos y las obligaciones de una relación comunal socavaría la fusión emocional y física que los anima a compartir de manera instintiva. La excepción que confirma la regla es el lenguaje ritualizado: secuencias de palabras estandarizadas que se recitan al unísono o en forma de llamada y respuesta, como *Juro lealtad*, *Padre nuestro que estás en los cielos*, *¡Vamos, Medias Rojas!* o la gran bola de matzá *Te quiero*.

Un modelo relacional muy diferente es el que Fiske denomina *grado de autoridad*: jerarquías de poder, estatus, prestigio, deferencia, dominio, preeminencia o autonomía. En las mentes de las personas que respetan un grado de autoridad, la jerarquía es legítima y natural, y conlleva obligaciones recíprocas que los de abajo deben acatar y los de arriba proteger. Pero su origen evolutivo se halla en la lucha por el dominio, un claro ejemplo de un juego de coordinación resuelto por los puntos focales del conocimiento común. Ni más ni menos que los halcones y las palomas. Cuando los dos contendientes quieren un recurso que no se puede dividir y por el que no merece la pena luchar, pueden acordar tácitamente que debería ser cedido a uno de ellos. El ganador se decide mediante alguna convención que podría ser arbitraria, pero suele correlacionarse con la capacidad para imponerse si llegan a las manos, o la evoca. Entre otras especies, puede ser el primero en llegar, el que sobrevive al otro o el que es más grande, más brillante o más ruidoso.

El siempre ingenioso *Homo sapiens* ha ideado innumerables símbolos para recordar a la gente quién es superior a quién, generalmente aprovechando la relevancia común del tamaño, la elevación o la precedencia. Los individuos dominantes, como los jefes, presidentes y generales, parecen más grandes (con la ayuda de sombreros, cascos y tocados), son más grandes (por término medio), se representan como más grandes (en imágenes y estatuas enormes), ocupan una posición más elevada (en tribunas y balcones) y tienen oficinas, palacios y monumentos más grandes y más altos. Se pavonean delante de sus subordinados y son los primeros en entrar y en salir. (Recordemos la imagen inadvertidamente degradante de Maimónides del mendigo a la zaga del sabio). Según una expresión común, hasta orinan más lejos. La lógica de los marcadores de autoridad comúnmente cognoscibles fue reconocida en 1670 por Blaise Pascal: «¡Qué bien se hace en distinguir a los hombres por el exterior más que por las cualidades interiores! ¿Quién de nosotros dos pasará primero? ¿Quién cederá el puesto al otro? Pero yo soy tan hábil como él; tendremos que combatir por esto. Hay cuatro lacayos y yo no tengo más que uno: esto es visible; no hay más que contar, soy yo quien tengo que ceder y soy un estúpido si lo discuto».[37]

Los peces gordos y los caudillos con autoridad formal pueden preservar su posición con símbolos convencionales de dominación. Pero en las luchas informales de la vida cotidiana, las personas tienen que establecer sus propios puntos focales inductores de deferencia. Pueden hacer ostentación consciente de toda la parafernalia de la dominación, como motos ruidosas, coches de mucha potencia o una actitud prepotente, pero eso puede convertirse en una paradoja social. Una demostración consciente de dominio se verá como su opuesto, un signo de debilidad: bravata, bravuconería, grandilocuencia, fanfarronería, fantasmada o, como se suele decir, mucho ruido y pocas nueces.

Dentro de las redes sociales, el conocimiento común que coordina el juego de halcones y palomas no suele provenir de puntos focales perceptibles, sino de un entendimiento compartido de quién se mantendrá firme (porque espera que otros cedan, porque esperan que él se mantenga firme, porque espera que ellos cedan, y así sucesivamente) y quién cederá (porque espera que los otros se mantengan firmes, porque esperan que él ceda, y así sucesivamente). A la larga, esto entra en la reputación o el «honor» de una persona. A corto plazo, se calibra mediante los incidentes en los que una persona «salva o pierde la cara», que construye una metáfora evidente del conocimiento común: es la parte de ti que ve al tiempo que es vista (profundizaremos en ello en el próximo capítulo). La metáfora se refiere al conocimiento común de la deferencia y la simpatía que una persona espera que se le conceda.

Trabajo facial o *trabajo de la cara* es el término con el que el sociólogo Erving Goffman designa nuestros esfuerzos cotidianos por preservar nuestra posición, pero también la posición de nuestros amigos y conocidos, dado que el cuestionamiento de una comprensión asentada de la simpatía y la deferencia tiene costes para todos.[38] El trabajo facial incluye los innumerables movimientos y respuestas lo suficientemente reconocibles como para haber merecido expresiones en el léxico inglés:*

> *affronts, apologies, bitchiness, cool, dignity, digs, diplomacy, false pride, faux pas, fig leaves, flimsy excuses, gaffes, grumblings, huffs, kid gloves, knowing where you really are, letting it pass, lip service, open secrets, poise, pretexts, remorse, righteous indignation, savoir faire, self-respect, shamelessness, slaps in the face, snubs, standing on ceremony, sugarcoating, tact, thin skin, walking on eggshells.*

Estas pequeñas actuaciones son con frecuencia esfuerzos para impedir que algún hecho que cuestionaría el dominio o el estatus de una persona se convierta en conocimiento común cuando todos se juegan poco. Cuando un político asediado renuncia para «pasar más tiempo con su familia», el pretexto no necesita engañar a nadie. Basta con que sea lo suficientemente plausible para que los oyentes estén abiertos a la posibilidad de que *otros* lo crean.[39] En su emblemático libro *Politeness*, los antropólogos Penelope Brown y Stephen Levinson sostienen que el trabajo facial es el motivo que subyace a las fórmulas de la cortesía verbal halladas en las culturas de todo el mundo, una teoría sobre la que volveremos en el capítulo 7.[40]

No siempre es poco lo que está en juego. Dado que el conocimiento común de la dominación puede determinar el resultado de las competiciones sociales por tiempo indefinido, a veces merece realmente la pena luchar por la etérea nada del rostro, el honor y la reputación. Eso

* En español: afrentas, disculpas, irascibilidad, frío, dignidad, pullas, diplomacia, falso orgullo, paso en falso, tapar las vergüenzas, excusas fáciles, meteduras de pata, gruñidos, resoplidos, guantes de seda, saber lo que piensas en realidad, dejarlo pasar, palabrería, secretos a voces, aplomo, pretextos, arrepentimiento, indignación justificada, saber hacer, autoestima, desvergüenza, bofetadas en la cara, desaires, andarse con ceremonias, edulcorar, tacto, piel fina, andar con pies de plomo *(N. del T.)*.

explica un antiguo rompecabezas en criminología: por qué el motivo principal del homicidio son «altercados de origen relativamente trivial: insultos, maldiciones, empujones, etc.».[41] Unos conocidos, normalmente jóvenes varones, llegan a las manos por una pequeña deuda de juego, por una mesa de billar o por una plaza de aparcamiento, o vengan una humillación regresando al bar con una pistola o tendiendo una emboscada al provocador con una navaja. Las represalias violentas por los insultos y las ofensas son un valor sagrado en las culturas tradicionales del honor, y fueron elevadas a un arte escénico en aquellas en las que existe el duelo formal.[42]

Como señalan los psicólogos evolutivos Martin Daly y Margo Wilson en su libro *Homicidio*: «Los participantes en estos "triviales altercados" se comportan como si hubiera en juego mucho más que calderilla o el acceso a una mesa de billar, y sus evaluaciones respectivas de lo que está en juego merecen nuestra consideración respetuosa».[43] Lo que está en juego es el conocimiento común de que se mantendrán firmes en una confrontación. Daly y Wilson explican: «Los hombres son conocidos por sus semejantes como "esos a los que puedes mangonear" y "los que no aguantarán ninguna mierda", como tipos que pasan de las palabras a los hechos o que se quedan en la palabrería, como individuos con cuyas novias puedes intentar ligar con impunidad o tipos con los que más te vale no meterte». En los estudios de laboratorio en los que se ofrece a los participantes la oportunidad de castigar a alguien que los ha insultado o engañado (asustándole, dándole un bocinazo o echando salsa picante a su tentempié), sus represalias son más duras cuando creen que otros están mirando.[44] Los estudios de la vida real han revelado que la presencia de público duplica la probabilidad de que dos hombres puedan volverse violentos.[45]

En contextos más civilizados, las jerarquías sociales no se ordenan en función de la dominación, sino del estatus: activos públicamente reconocidos como el aspecto, la inteligencia, las habilidades, la riqueza y la influencia.[46] Si la dominación es respaldada por la amenaza implícita «podría hacer daño», el estatus es respaldado por la promesa implícita «podría ayudarte». Las características admiradas pueden transformarse en poder blando porque los rasgos que confieren estatus son también, según las investigaciones, los rasgos que conforman el liderazgo, especialmente la iniciativa, la inteligencia, la competencia y la generosidad.[47] Los líderes de empresas colectivas son recompensados con la deferencia voluntaria, lo que hace que merezca la pena competir por el liderazgo y el estatus que lo alimenta, aun cuando este difiera de la fuerza bruta que subyace a la dominación.

Las lógicas superpuestas pero distintas del liderazgo y la dominación pueden quedar al descubierto en un juego diseñado por el psicólogo matemático Anatol Rapoport llamado *líderes y seguidores*.[48] Consideremos un dilema de coordinación en el que un grupo de personas pueden realizar cualquiera de dos tareas si sus actividades son coordinadas por un líder, pero no completan ninguna si cada uno actúa por su cuenta, o si múltiples líderes intentan conducir al grupo en diferentes direcciones, abocando a la confusión ineficiente y a las peleas. Si surge algún líder que consiga que todos cooperen, será recompensado con influencia o beneficios adicionales. Consideremos, por ejemplo, una banda de cazadores que pueden partir hacia el este para cazar kudús, convenientemente cerca de la casa de un líder potencial, o hacia el oeste para cazar antílopes jeroglíficos cerca de la casa de otro. O supongamos que Alphonse y Gaston pueden pasar por una puerta estrecha, que cada uno prefiere ser el primero (a diferencia de la vieja tira cómica), que chocarían si intentaran colarse al mismo tiempo, y que malgastarían tiempo si cada uno se empeñara en ceder el paso al otro (como efectivamente sucede en el cómic).

		Gaston	
		Seguir	Guiar
Alphonse	Seguir	0 0	200 100
	Guiar	100 200	–100 –100

Existen dos equilibrios de Nash, las celdas diagonales en las que uno guía y el otro sigue.[49] Pero a los jugadores no les resulta fácil entrar en ellas, porque ambos prefieren guiar, pero si los dos intentan hacerlo, saldrán peor parados. Como en halcones y palomas, ambos saldrían ganando (aunque de manera desigual) si existiera un punto focal que les permitiera convenir quién cede el paso a quién. Sería un punto focal arbitrario, como quién fue el primero en llegar o en hablar, o una convención que escoja siempre al mismo. Pero es más probable que sea quien tenga la mejor reputación en cuanto a iniciativa, destreza y generosidad; en el caso de la partida de caza, el mejor rastreador y el más generoso en el reparto de la presa. Eso se debe a que las cualidades de liderazgo inclinan los resultados, tornando una celda de coordinación más atractiva que la otra. A su vez, los incentivos del liderazgo ponen en marcha una competición previa para granjearse una mejor reputación por cualidades tales como la iniciativa, la destreza y la generosidad. Y los beneficios de la coordinación sobre el caos pueden hacer que merezca la pena acceder a las jerarquías de estatus aun cuando uno no esté en la cima.

El lado oscuro de una jerarquía es la desigualdad estructural. Richard McAdams, citando la obra del economista Gillian Hadfield, señala que en los juegos como la batalla de los sexos, halcones y palomas, y líderes y seguidores, resulta fácil que todos fijen un punto focal que otorgue ventaja a un sexo, una raza o un grupo étnico, confinando al otro indefinidamente en un estatus de segunda clase.[50] Lo explica así:

> Si todos esperan que las mujeres o una minoría racial «se conformen con menos» en una situación de negociación, entonces las mujeres o los miembros de la minoría en cuestión se encontrarán con que, si se niegan a conformarse con menos e impiden el acuerdo, saldrán peor parados. En las situaciones [de la batalla de los sexos] entre un hombre y una mujer, si el hombre espera que la mujer se conforme con su resultado menos deseado, entonces el hombre seguirá la estrategia asociada con su resultado preferido. Si la mujer, contra todo pronóstico, también intenta reclamar la mejor parte, no lograrán coordinarse y ella saldrá peor parada que si hiciera lo esperado.[51]

La «batalla de los sexos», originalmente un mero recurso mnemotécnico convencional, puede convertirse en una auténtica batalla de los sexos en la que siempre prevalece un sexo (o una raza, religión o etnia). No tienen por qué ser los hombres (la convención «las damas primero» resuelve el juego de la puerta), pero en la mayoría de los contextos lo son, y la mujer que los desafía sale perjudicada. Lo mismo sucedería con un afroamericano en la era de Jim Crow.* Esta es la base en la teoría de juegos del lugar común de que muchas formas de desigualdad arraigada son arbitrarias, y de que no pueden ser socavadas por individuos que renegocien sus relaciones, sino tan solo mediante un esfuerzo colectivo por anular la norma.

McAdams señala que esto coloca al grupo subordinado en un segundo juego, un juego de la confianza (o una caza del ciervo). Si se coordinan entre ellos mismos para desafiar la norma (cazar ciervos), pueden prevalecer, pero, hasta que lo hagan, puede que cada uno esté nervioso por sufrir las consecuencias diarias de la descoordinación con el grupo dominante y se aferre al *statu quo* (cazar conejos).[52] En el capítulo 1 vimos la importancia del conocimiento común en la coordinación de los movimientos de protesta, y regresaré a ellos al final de este. Y por enlazar con el inicio del capítulo, también merece la pena observar que cuando los individuos pueden elegir socios, pueden escapar de un juego que los coloca de forma sistemática en el lado perdedor buscando otros nuevos.

Si bien un punto focal que resuelva un juego de coordinación no tiene por qué ser justo, obviamente resulta preferible a la larga que lo sea. Esto prepara el escenario para el tercer modelo relacional, que Fiske denomina *comparación igualitaria*, aunque también podría designarse como *equidad* o *justicia*. Las personas conciertan acuerdos en los que reparten los recursos de forma equitativa, se turnan, intercambian bienes y servicios por otros equivalentes, o intercambian favores en un toma y daca. Lanzan una moneda, sacan una pajita, dividen las cosas en filas, las pesan en una balanza, juegan a piedra, papel o tijera, o cantan el «pito, pito, gorgorito». El simbolismo de equidad y honestidad que entrañan estas operaciones sirve como un punto focal en el juego de la larga relación, y la propia operación distribuye los recursos

* Esto es, los tiempos de la segregación racial *(N. del T.)*.

en cada juego diario. Las emociones que acompañan estas relaciones transaccionales son buenas y cordiales, y la reputación que cultivan los individuos para ser escogidos para ellas es la confiabilidad: ser una persona franca, un tipo honesto e íntegro, la sal de la tierra.

Si puedes soportar un juego más, he aquí uno que capta la esencia de la comparación igualitaria, llamado *dividir el dólar*.[53] Supongamos que a dos personas se les ofrece un dólar para que se lo repartan, y tienen que presentar ofertas selladas de su parte del reparto, con el inconveniente de que si sus ofertas combinadas exceden de un dólar, ninguno recibe nada. El juego tiene noventa y nueve equilibrios de Nash mutuamente ventajosos: 1 centavo para mí, 99 centavos para ti; 2 centavos para mí, 98 centavos para ti; así hasta 99 centavos para mí, 1 centavo para ti. Cualquiera que sea la oferta del otro jugador, yo no haría mejor ofreciendo menos que la diferencia entre esa oferta y un dólar (porque estaría dejando dinero en la mesa), ni ofreciendo más que esa diferencia (porque eso arruinaría el acuerdo). En la siguiente matriz se muestran tres de las jugadas posibles:

	25¢	50¢	75¢
25¢	25¢ 25¢	50¢ 25¢	75¢ 25¢
50¢	25¢ 50¢	50¢ 50¢	0 0
75¢	25¢ 75¢	0 0	0 0

Aunque todos los repartos de la diagonal desde la celda inferior izquierda hasta la superior derecha son equilibrios de Nash, uno de ellos aparece como un punto focal: 50:50. De hecho, se acerca a la solución a la que llegan las personas reales cuando juegan al juego (incluida una versión secuencial llamada *el juego del ultimátum*, a la que regresaré en el próximo capítulo).[54] Y es la estrategia evolutivamente estable que adoptan los jugadores cuando el juego se juega a lo largo de múltiples generaciones y el resultado se calcula en descendientes, lo cual nos brinda una explicación de la evolución de la equidad.[55]

Jugamos a una versión de dividir el dólar cada vez que regateamos un precio; el equivalente del dólar es la diferencia entre lo que el artículo vale para uno y lo que vale para el otro. También jugamos otra versión cuando jugamos repetidas rondas de la batalla de los sexos, donde la pareja puede acordar turnarse en sus actividades. El juego se juega asimismo en la continuación de una confrontación de halcones y palomas en la que ambos antagonistas adoptan el rol de paloma y tienen que dividir el territorio, o una caza del ciervo en la que los dos cazadores cazan un ciervo y tienen que dividir la presa. Soluciones de compromiso similares surgen en las relaciones recíprocas, que pueden verse como un dilema de los prisioneros repetido (equivalente a una caza del ciervo), donde la estrategia estable es intercambiar favores en un toma y daca.

En todos estos casos, una división equitativa puede ser una condición para permanecer en la asociación. Y las negociaciones incluyen un aspecto que nos devuelve a la escalera de Maimónides y a la paradoja social del anonimato revelado. Cuando las personas que juegan a cualquiera de estos juegos se encuentran en un mercado competitivo de búsqueda de socios, pueden tratar de conseguir una ventaja siendo conocidos como la clase de individuos que dividen el dólar con más generosidad de la necesaria.

Los modelos relacionales, por defecto, proporcionan ciertas clases de puntos focales para ciertos conjuntos de personas. Es natural que las familias compartan alimentos de forma comunitaria, que los jefes ejerzan los atributos de la autoridad y que los vecinos se intercambien favores. Pero las asignaciones no son rígidas, y las diferentes culturas pueden mezclar y combinar los componentes de distintas formas. Una cultura está compuesta de muchas normas sociales que vinculan un modelo relacional, un rol (padre, hija, profesora, estudiante, esposo, esposa, supervisora, empleado, cliente, vecina, forastero), un contexto (casa, escuela, trabajo, tienda) y un recurso (comida, dinero, tierra, alojamiento, tiempo, consejos, sexo, mano de obra).

Los buenos amigos, como hemos visto, operan principalmente con el modelo de compartición comunitaria. Comparten alimentos en comidas comunitarias y se hacen favores los unos a los otros sin llevar la cuenta. Pero también pueden trabajar juntos en una tarea en la que uno es un experto y da órdenes al otro (grado de autoridad) o dividir el coste de la gasolina en un viaje (comparación igualitaria). Pero las excepciones tienen límites: un invitado a una cena no puede sacar su cartera al final de la velada para pagar la comida a los anfitriones, ni debería corresponder con una ostentosa invitación a cenar la noche siguiente. Pero en muchas culturas esa reciprocidad se calcula abiertamente, a la manera en que en nuestra cultura se lleva un registro en privado del intercambio anual de felicitaciones navideñas. Un jefe de una corporación puede controlar el salario y el espacio de trabajo de un empleado, pero no servirse de las posesiones de este. En las culturas occidentales compramos, vendemos e intercambiamos nuestra tierra, pero no hacemos lo mismo con las novias; en algunas culturas es al revés.

Ser un miembro competente de una cultura significa interiorizar docenas de estos paquetes. Aquellos que violan los términos de un modelo relacional (por ejemplo, no compartiendo con sus parientes o no devolviendo un favor) pueden verse como parásitos o tramposos y convertirse en blanco de la ira. Pero cuando una persona aplica un modelo relacional en circunstancias ordinariamente gobernadas por otro, la reacción no es tanto que ha violado la norma como que «no se entera». La reacción puede abarcar desde la confusión y la incomodidad, si la violación es accidental o puntual, hasta la conmoción y la indignación, si es deliberada y sostenida.[56]

Por ejemplo, puede haber momentos incómodos en el trabajo o en la universidad cuando un empleado o un estudiante pasa de ser un subordinado (dominación) a un amigo (comunalidad) y no está seguro de si puede llamar a su jefa por su nombre de pila o invitarla a tomar una copa después del trabajo. A los buenos amigos (comunalidad) se les aconseja no participar en una transacción comercial (equidad), como la venta de un coche o una casa, que todo el mundo sabe que «puede crear tensiones en la amistad». La ambigüedad entre la dominación y el sexo (una clase de relación comunitaria) es el campo de batalla del acoso sexual. Y la ambigüedad entre la amistad y el sexo da origen a la emoción de las citas.

El bochorno de incumplir una normal social no es asunto menor. Inspirados por Goffman, el sociólogo Harold Garfinkel y el psicólogo Stanley Milgram llevaron a cabo «experimentos de ruptura» en la década de 1970 en los que hacían que sus colaboradores, estudiantes de posgrado, salieran al mundo y violaran de forma deliberada el modelo relacional acostumbrado y observaran las reacciones de la gente. Podía encomendárseles que fueran a casa con sus familias y se comportaran como si fueran huéspedes, regatearan el precio de un artículo en unos grandes almacenes, se colaran en la fila para comprar entradas de teatro o pidieran a un pasajero del metro que renunciara a su asiento. Un importante descubrimiento de estos estudios, antes de que se registrara el primer punto de datos, fue la reacción de los propios experimentadores: temían sus misiones y, cuando las llevaban a cabo, los invadían la aprensión, la vergüenza y las náuseas. En los dos capítulos siguientes volveremos a estas emociones autoconscientes.

Junto con todas estas relaciones informales, la gente en las sociedades modernas coordina muchos de sus asuntos con instituciones gobernadas por reglas. En particular, someten el intercambio de bienes y servicios a un cuarto modelo relacional, que Fiske denomina *fijación de precios de mercado*. Esto abarca el aparato de las economías modernas, incluidos la moneda, los precios, los salarios, los beneficios, las rentas, el interés, el crédito, los bonos y las acciones. Los intercambios se cuentan en cifras concretas y se regulan mediante contratos legales. Al igual que sucede con los otros modelos relacionales, los individuos de una cultura son quisquillosos con los recursos que pueden caer dentro de su ámbito. La mayor parte de las cosas están abiertamente a la venta en las sociedades occidentales modernas, aunque no los órganos, los votos, los bebés ni el sexo. La aplicación de una mentalidad de fijación de precios de mercado a bienes que caen convencionalmente bajo la compartición comunitaria es un tabú, y cualquiera que lo viole podrá ser blanco de indignación.[57]

La fijación de precios de mercado es la implementación en la esfera económica de un modo más general de organización social que el sociólogo Max Weber llamaba *racional-legal*. En un modelo racional-legal, un sistema de transacciones se rige por la razón y se implementa mediante reglas formales.[58] Otros ejemplos son las corporaciones, las universidades, las organizaciones no lucrativas, las instituciones científicas y académicas, los gobiernos constitucionales y las organizaciones internacionales.

Estas instituciones son diseñadas de forma consciente para optimizar metas como la paz, la seguridad, la prosperidad, la verdad o la justicia. Y lejos de alentar a sus miembros a interactuar de maneras naturales, regulan las relaciones mediante reglas explícitamente estipuladas. El poder gubernamental en una democracia no es reclamado por un hombre fuerte dominante, como en el rango de autoridad, sino otorgado a los representantes escogidos mediante elecciones y cuyas prerrogativas están delimitadas por controles y contrapesos reflejados en una constitución. Los supervisores no pueden repartir puestos de trabajo entre sus amigos y parientes, como en la compartición comunitaria, ni ofrecerlos como favores para cobrárselos más tarde, como en la comparación igualitaria, sino que se hallan constreñidos por las regulaciones y los deberes fiduciarios. Y en las instituciones que buscan el conocimiento, como las universidades y la prensa, las creencias no se profesan como edificantes credos comunitarios, sino que se evalúan en función de su verdad mediante pruebas empíricas y verificación de los hechos. En el capítulo 8 sugeriré que la fricción entre los dos motivos para creer, conveniencia frente a verdad, ha desencadenado las guerras actuales de la cultura de la cancelación y la libertad de expresión. En términos generales, la tensión entre las relaciones humanas intuitivamente naturales y las demandas impersonales de nuestras instituciones formales puede subyacer a buena parte del malestar de la modernidad.

Los individuos no son los únicos que entablan relaciones estables. Los colectivos, como clases, razas, religiones, grupos étnicos y naciones, pueden tener intereses comunes que los hagan comportarse como agentes coherentes. Y cada colectivo puede coordinar sus interacciones con otros colectivos empleando demostraciones ostensibles de comunalidad, dominación, estatus o reciprocidad.[59]

Un análogo grupal del insulto público que desencadena una pelea mortal es la indignación comunitaria. Esta es una trama recurrente en la historia humana, identificada por primera vez por Schelling y analizada más tarde por el psicólogo evolutivo John Tooby.[60] Una o más personas sufren un ataque en un lugar público, aparentemente por su pertenencia a un grupo determinado. La víctima se convierte en un símbolo del grupo, y el incidente se percibe como una ofensa intolerable que no se puede permitir que quede impune. Los rumores sobre la atrocidad se hacen virales y puede que se adornen, cuando no se inventan directamente, para que parezca más intencionada y horrorosa. La afrenta se aprecia como un macabro mito sagrado, y los escépticos son excluidos o silenciados. El grupo de la víctima arremete feroz e indiscriminadamente contra los miembros del grupo agresor, de forma muy desproporcionada respecto del daño original. El resultado puede ser un disturbio, un pogromo, una revolución, una guerra o un movimiento social.[61]

Los anales de la historia están repletos de ejemplos. En 1739, un capitán de barco británico sufrió heridas malintencionadas por parte de los guardacostas españoles en busca de contrabando, lo que desencadenó la guerra del Asiento, que duró nueve años. El USS Maine explotó en el puerto de La Habana en 1898 y el grito de guerra «¡Recordad el Maine!» incitó al gobierno de Estados Unidos a la guerra hispano-estadounidense. Los rumores de que los judíos habían asesinado a un muchacho cristiano para hacer matzá con su sangre desencadenaron los pogromos de Chisináu de 1903-1905 (el recuerdo más temprano de mi abuela). El hundimiento del RMS Lusitania en 1915 inclinó a Estados Unidos a entrar en la Primera Guerra Mundial. El incendio del Reichstag de 1933 posibilitó la consolidación del régimen nazi. Pearl Harbor en 1941 envió a Estados Unidos a la Segunda Guerra Mundial.

La dinámica ha continuado configurando la historia de este siglo. En 2000, un paseo del político israelí Ariel Sharon por el lugar sagrado que los judíos llaman el Monte del Templo y los musulmanes denominan Al-Haram al-Sharif desató la Segunda Intifada, una campaña de terrorismo que se prolongó cinco años. Los atentados del 11 de septiembre de 2001 dieron pie a las invasiones de Afganistán e Irak. La autoinmolación de un vendedor ambulante que había sido hostigado por las autoridades tunecinas en 2010 desencadenó la Revolución tunecina y la Primavera Árabe. La muerte por asfixia de George Floyd en 2020 a manos de un agente de policía blanco desató protestas por toda la nación, muchas de ellas violentas. Y el asesinato de mil doscientos israelíes por los terroristas de Hamás en 2023 desencadenó una invasión masivamente destructiva de Gaza.

Las respuestas a las indignaciones comunitarias no son actos de venganza que, para resultar efectivos, han de ir dirigidos contra los perpetradores y ser proporcionales al daño. Se entienden mejor como soluciones a dos juegos de coordinación. Uno es halcones y palomas entre los grupos. Un grupo que consienta un ataque conspicuo habrá concedido que en el futuro se echará atrás en una serie ilimitada de confrontaciones. Devolver el golpe mientras el mundo entero está pendiente es una forma de que el grupo recalibre las expectativas autocumplidas de cómo ha de ser tratado.

El otro es una caza del ciervo dentro del grupo. Un grupo puede impugnar su subordinación colectiva solo cuando sus miembros están unidos en la lucha. Pero cada uno de sus miembros, incluso si todos están hirviendo de resentimiento contra el grupo dominante, puede mostrarse reticente a alzarse y exponerse a represalias, aunque solo sea por temor a que otros se muestren reacios a exponerse, y así sucesivamente. El punto focal de una indignación comunitaria puede indicarles a todos ellos que ha llegado la hora de emprender la lucha. Como vimos en el capítulo 1, una manifestación pública puede crear el conocimiento común de que los manifestantes son numerosos y están unidos. Una indignación comunitaria puede ser necesaria para crear el conocimiento común que los aliente a acudir a la manifestación.

Es probable que los países, con sus gobiernos organizados y sus dirigentes humanos, evoquen las metáforas conceptuales como UN PAÍS ES UNA PERSONA y LAS RELACIONES INTERNACIONALES SON RELACIONES SOCIALES. Como resultado, los países no siempre son actores racionales que maximizan sus intereses materiales. En vez de ello son criaturas sociales que se preocupan de salvar y perder la cara cuando entablan amistades, compiten por el estatus y la dominación, y exigen un trato justo. En su libro premiado de 1999 *Honor, Symbols, and War*, el politólogo Barry O'Neill invoca la teoría de juegos y la mentalización recursiva para explicar el escenario social de los Estados nación.[62]

En un análisis, O'Neill descubrió que las principales exportaciones de los países no son productos básicos o materias primas como el maíz o la bauxita, sino puntos focales. Cada año se producen en torno a cuarenta y cinco incidentes en los que un gobierno participa en algún acto puramente simbólico del tipo que los individuos realizan para ratificar sus relaciones. Los líderes se abrazan, se alojan los unos en las mansiones de los otros, se dan la mano, se hacen regalos, comparten mesa, cruzan o contemplan las fronteras, depositan coronas de flores, envían a los vicepresidentes a funerales e intercambian atletas, estudiantes o animales del zoo. Declaran el alto el fuego una vez concluido el conflicto armado, renuncian a las armas nucleares que no tienen ninguna intención de construir y piden perdón por los crímenes de sus ancestros muertos hace mucho tiempo.

O'Neill confirmaba asimismo una conclusión que es un lugar común entre los historiadores de la guerra, pero una sorpresa para muchas personas que piensan que los países luchan por los recursos. La secuencia de la película *Sopa de ganso* de los hermanos Marx en la que Rufus T. Firefly, líder de Freedonia, provoca una guerra con Sylvania porque se imagina que su embajador rehúsa estrechar su mano se acerca mucho a los registros históricos. En *Sobre las causas de la guerra y la preservación de la paz*, Donald Kagan escribió: «El lector posiblemente se sorprenderá al constatar [...] el papel insignificante que juegan las consideraciones de utilidad práctica y de beneficios materiales, e incluso las propias ambiciones de poder, como detonadores de las guerras, y el papel decisivo que a menudo juegan las consideraciones sobre el honor».[63] En *Why Nations Fight*, Richard Ned Lebow llegó a la misma conclusión. En un análisis de todas las principales guerras interestatales entre 1648 y 2008, descubrió que, «al contrario de la creencia habitual, solo una minoría de estas fueron motivadas por intereses materiales o de seguridad. La mayoría [fueron], en cambio, el resultado de una búsqueda de prestigio y por venganza».[64] La absurda invasión de Ucrania por Vladimir Putin en 2022 para restaurar la grandeza de la civilización rusa y reprender su humillación ante Occidente es solo el ejemplo más reciente. La característica más peligrosa del mundo actual, su arsenal de armas nucleares, es también, según O'Neill y otros, el legado de contiendas por el estatus, la dominación y la comparación igualitaria.[65] La única justificación razonable para poseer armas nucleares es la disuasión contra un ataque total, y muchos analistas estratégicos han concluido que un país podría conseguir eso con unas cuantas docenas de misiles en submarinos ocultos. Nadie puede explicar por qué el mundo necesita más de doce mil cabezas nucleares. En palabras de un almirante estadounidense: «Rara vez vemos que un vaquero, ni siquiera en las películas, lleve tres pistolas. Dos son suficientes».[66] Pero durante los ochenta años de vida de las armas nucleares, nueve países han acumulado estas amenazas para la existencia de la humanidad porque servían como símbolos de estatus, demostraciones de resolución, gestos de tranquilidad para los aliados, jugadas de toma y daca, cierre de brechas, superación o no ser menos que el vecino.

¿Por qué no estamos todos muertos entonces? En el capítulo 3 vimos que, desde 1945, se ha reducido la incidencia de las guerras entre Estados mediante la adhesión a una norma: el respeto de las fronteras existentes. La evitación del Armagedón durante esta época puede ser el dividendo de otro punto focal: el tabú nuclear. Los dirigentes responsables desarrollaron un entendimiento compartido de que la detonación de cualquier arma nuclear en la guerra (incluso un arma de campo de batalla de bajo rendimiento) cruzaría una línea espantosa y traería un eterno oprobio al país que lanzara al mundo a una nueva era inimaginable.[67] Como todos los tabúes, este está rodeado de hipocresía, pero hasta ahora la comprensión común de que el uso de armas nucleares es impensable porque todos saben que es impensable puede haber salvado literalmente al mundo.

La vida social humana puede antojarse desconcertante. Funciona con rituales, símbolos y ceremonias, y está plagada de paradojas sociales y absurdos estratégicos. Esto nos brinda la metáfora conceptual de LA VIDA SOCIAL ES UN TEATRO. Todo el mundo es un escenario, y los hombres y las mujeres, meros actores que interpretan papeles arbitrariamente asignados.

Pero la lógica de la coordinación y el conocimiento común revela motivos inteligibles tras el pavoneo y la agitación. La vida brinda a los individuos oportunidades para prosperar si coordinan sus acciones con otros. Pueden compartir sus cuidados, recursos y riesgos; pueden evitar costosas disputas; pueden intercambiar beneficios y dividir los frutos de su cooperación. Pero solo pueden percatarse de estas oportunidades si saben cuál están persiguiendo, si escogen y son escogidos como socios, y si armonizan sus acciones mientras las persiguen. La lógica de estos enredos desafía a menudo nuestras expectativas, atribuyendo un papel significativo a los símbolos sin sentido. Muchos de los espectáculos más extraños de la vida social (los rituales, las hipocresías, las afrentas y las vergüenzas) se pueden explicar como esfuerzos por generar o evitar el conocimiento común que permite a los individuos coordinar sus acciones en estos juegos.

CAPÍTULO 6

Reír, llorar, sonrojarse, mirar fijamente, fulminar con la mirada

Las expresiones emocionales conspicuas como generadoras de conocimiento común

El rostro humano es un órgano fabulosamente expresivo. Sus cuarenta y tantos músculos son controlados por la parte voluntaria del sistema nervioso motor y son coreografiados sin ningún esfuerzo en configuraciones que indican alegría, tristeza, miedo, ira, sorpresa, asco, interés, satisfacción y dolor.[1] Estas expresiones se muestran desde la infancia y son reconocibles en todo el mundo. Se pueden aumentar o disminuir para transmitir la intensidad de la emoción (preocupación → ansiedad → miedo → terror; severidad → indignación → ira → rabia), y se pueden mezclar para mostrar otros sentimientos distintivos (ira + alegría = crueldad; miedo + tristeza = desolación; asco + alegría = «¡Puaj!»).[2] La mayoría de ellas tienen homólogas en nuestros primos primates.[3] En su «obra maestra olvidada» de 1872 *La expresión de las emociones en los animales y en el hombre*, Charles Darwin presentaba estos hechos como prueba de que la mente humana, no solo el cuerpo, era un producto de la evolución.[4]

Estas manifestaciones emocionales, con todas sus fortalezas y mezclas, no agotan el potencial combinatorio de la musculatura facial humana. Otras expresiones, como un ceño fruncido de preocupación o alzado de perplejidad, enriquecen las lenguas habladas y son esenciales en las de signos. Guiñamos, miramos maliciosamente y hacemos muecas, nos mordemos los labios, inflamos las mejillas. E inventamos nuevas configuraciones cuando hacemos muecas para divertir a los bebés.

Pero, además de dotarnos de este amplio repertorio de señales voluntarias y silenciosas, el proceso de la evolución consideró oportuno equipar a nuestra especie con otros canales con un carácter muy diferente. En un tratado de 1579, el médico francés Laurent Joubert describía uno de ellos:

> Todo el mundo puede ver que debido a la risa, de repente, el rostro se altera, la boca se ensancha, los ojos destellan y lloran, las mejillas enrojecen, el pecho se sacude, la voz se entrecorta, y cuando se desborda y dura mucho tiempo, las venas del cuello se hinchan, los brazos tiemblan, las piernas se agitan, el vientre se contrae y siente mucho dolor, se tose, se suda, se mea, se caga a fuerza de risa y, algunas veces, se llega incluso hasta el desvanecimiento. Esto no requiere comprobación. [...]
>
> De algunos, se diría que cuando se ríen parecen gansos silbando, y de otros que son polluelos quejándose. Los hay que cuando ríen recuerdan el gemido de las palomas torcaces o tórtolas viudas; otros a la lechuza, otros a una pava o un pavo real; otros hacen pío, pío, como los pollos; de otros, se diría que se trata de un caballo relinchando, o un burro rebuznando, o un cerdo que gruñe, o un perro que ladra o se ahoga. Los hay que recuerdan el sonido de los carros mal engrasados, otros a las piedras agitadas en un caldero, otros a un puchero de berza hirviendo; otros hacen un ruido distinto, además de los gestos y muecas de la cara, que en personas diversas es más variado que cualquier otra cosa. [...]
>
> Una de las grandes maravillas de la risa es cómo se escapa tan repentinamente que parece llegar sin que lo sepamos y a escondidas, y cómo algunas veces la risa nos vence y no podemos detenerla o evitarla. Pues, cuando reventamos de risa, llevados por el *caquino*, no conseguimos cerrar la boca ni mantener la respiración a nuestras órdenes, de modo que, al faltar el aire, algunas veces estamos a punto de ahogarnos.[5]

La descripción de Joubert suena cierta casi medio milenio después. La risa, mucho más que cualquier expresión facial, es involuntaria, imposible de ignorar para el perceptor, y se apodera por completo de quien la expresa. Se adueña del rostro, la voz, el diafragma y, en el júbilo extremo, del resto del cuerpo de la persona que ríe.

Existen otros vehículos de expresión que eluden la musculatura facial. Nuestras glándulas lagrimales pueden secretar más fluido del que pueden contener nuestras cuencas oculares y derramar lágrimas. Los vasos sanguíneos de nuestra cara pueden dilatarse, enrojeciendo y calentando nuestras mejillas en un sonrojo. El blanco de nuestros ojos almendrados hace evidente la dirección de nuestra mirada, especialmente cuando se fijan en sus contrapartes en el rostro de otra persona.

Risa, llanto, sonrojo, contacto visual. Cada uno de ellos es conspicuo tanto para quien lo percibe como para quien lo expresa, emocionalmente evocador, exclusivo de los humanos y, en el caso de los tres primeros, involuntario. La tesis de este capítulo es que estas expresiones distintivas se pueden explicar mediante una idea clave: generan conocimiento común. En este sentido, difieren de las expresiones faciales, de las que a menudo no somos conscientes, como cuando decimos: «Deberías haber visto la expresión de tu cara» o «Borra esa sonrisita de tu cara».[6] Nadie puede ignorar que está riendo, llorando, sonrojándose o estableciendo contacto visual, ni tampoco que quienes lo rodean son conscientes, y conscientes de la conciencia de quien exterioriza la emoción. Sugeriré que este conocimiento común es muy adecuado para ajustar y adaptar los equilibrios de coordinación que subyacen a nuestras relaciones sociales. Concluiré recurriendo a una expresión que *es* mostrada por los músculos de la cara, pero que también se puede explicar como una señal de coordinación: la mirada fulminante.

El estudio académico del humor tiene una reputación bien merecida de obtusidad, como en esta tira cómica sobre «El Instituto Cognitivo para la Investigación Avanzada sobre el Humor»:

ROBOTMAN by Jim Meddick

ROBOTMAN de Jim Meddick

—Al revisar su solicitud, Dr. Montahue, he encontrado un aspecto que puede requerir alguna clarificación...

<<El instituto cognitivo para la investigación avanzada sobre el humor>>

—Aquí, en el espacio reservado para el «sexo», usted escribe «con muy poca frecuencia».

—Sí. Bueno. Eso..., era una broma.

—Verá..., ja, ja..., pensé que, como este es un centro de investigación sobre el humor..., ja, ja, podría ser divertido..., ja, ja..., escribir un pequeño chiste y..., ja, ja...

—«Hombre». Borre eso y escriba «hombre».

No es solo la falta de sentido del humor de las investigaciones sobre el humor lo que las vuelve tan lúgubres. Sucede también que las teorías parecen olvidar lo fundamental. Destacan como la esencia del humor cosas que en realidad no son divertidas: los juegos, la seguridad de la señalización, la violación de las expectativas, el incumplimiento de las normas, la mezcla de conceptos, los alardes de inteligencia, la afirmación de superioridad, el fomento de la afiliación, los mensajes cifrados, la resolución de inconsistencias, la liberación de la tensión. Desde luego, todas estas experiencias se asocian a veces con el humor, pero en la mayoría de los casos suceden sin ningún rastro de júbilo.[7] Debe de existir alguna combinación distintiva de sucesos mentales que provoque el jadeo del pecho y la interrupción de la voz en vez de modelar nuestro rostro con una expresión de sorpresa, desconcierto o alivio.

A riesgo de ofrecer al mundo otra interpretación del humor sin sentido del humor, yo intenté identificar esa combinación en *Cómo funciona la mente.* Aunque no empleaba el término, el conocimiento común era el componente esencial. La risa genera conocimiento común que desafía una convención de dominio, estatus o prestigio. La autoridad puede ser cuestionada de manera agresiva, con el objetivo de nivelar o reforzar una jerarquía de dominación, o puede ser cuestionada de forma amigable, para convertir en conocimiento común el hecho de que la base de una relación no es en absoluto la dominación, sino más bien la comunalidad. Permítaseme recorrer los hechos que condujeron a estas conclusiones.

Joubert identificó los dos primeros. La risa trastoca el comportamiento de quien ríe, perturbando su respiración, vocalización y compostura facial. Y se entromete en la conciencia de los perceptores, obligándolos a registrar los silbidos, relinchos y rebuznos. (Como decía Joubert, esto no requiere comprobación). Y dado que, como vimos en el capítulo 4, la visibilidad mutua crea conocimiento común, todo esto implica que la risa pública es conocimiento común: cuando ríes, sabes que estás riendo, y quienes están contigo lo saben, y tú sabes que ellos lo saben, y ellos saben que tú sabes que ellos lo saben.

Pero muchas otras cosas relativas a la risa sí precisan demostración, y quien más lo ha demostrado es el neurocientífico Robert Provine, autor de *Laughter: A Scientific Investigation.*[8] Para ser más exactos, ha realizado más *descubrimientos* al respecto, porque, en la tradición del advenedizo medieval que interrumpió un debate escolástico sobre el número de dientes que había en la boca de un caballo encontrando un caballo, abriéndole la boca y contándolos, Provine ha registrado y analizado más de mil casos de risa en contextos naturales.[9]

Un descubrimiento es que la risa *suele ser* pública, el distintivo del conocimiento común. Los individuos rara vez se ríen cuando están solos. (La abreviatura de correo electrónico *LOL, laughing out loud* [riendo a carcajadas] es casi siempre falsa). Incluso cuando un individuo se ríe en solitario, suele estar en presencia de personas virtuales en la televisión, en la radio o en sus lecturas. Otro descubrimiento es que la risa es contagiosa. Por eso las comedias de situación solían tener risas enlatadas y los chistes de los comediantes de vodevil venían marcados por una especie de redoble de risas (*¡bada bing!*).[10]

El carácter contagioso de la risa revela otra característica prominente: es involuntaria. No decidimos reírnos, y a veces tenemos que reprimir el impulso. De hecho, la risa es difícil de producir a voluntad. Provine comenta: «Si pedimos a las personas que se rían, alrededor de la mitad de ellas alegarán que no pueden reírse cuando se lo mandan. La otra mitad emitirá un "ja, ja" obviamente falso, que demostrará esa imposibilidad».[11]

¿Cómo consiguió entonces Provine una muestra de risas auténticas para analizar? Visitaba a colegas o abordaba a los transeúntes, micrófono en mano, y les anunciaba: «Estoy estudiando la risa. ¿Podría reírse para mí?». La propia solicitud provocaba un genuino estallido de risa, aun cuando el *cumplimiento* de la solicitud produjera un falso e inútil «ja, ja». Y esto encaja con el descubrimiento más sorprendente de Provine: la mayoría de las frases que provocan la risa no son especialmente graciosas, sino más bien comentarios sobre pequeñas indignidades, incongruencias o interrupciones del decoro cotidiano. Las más típicas en la vida real son «¿Estás seguro?», «¿Qué se supone que significa eso?» y «¡El gusto es mío!». Menos de una quinta parte de los comentarios que provocaban una risa en la muestra de Provine eran remotamente humorísticos. En sus palabras:

> Incluso nuestros «grandes éxitos», los más graciosos de los mil doscientos comentarios anteriores a la risa, no eran necesariamente desternillantes: «Tú no tienes que beber, basta con que nos invites a unas copas», «Tiene un trastorno sexual: no le gusta el sexo» y «¿Sales con los de tu especie?». Nuestra vida está llena de risas enlatadas para lo que debe ser la peor comedia de situación del mundo.[12]

Compruébalo tú mismo: la próxima vez que estés en una reunión social, presta atención a los detonantes de la risa. Te sorprenderá su falta de agudeza. Sospecho que esto es universal. Una búsqueda de «risa» en el libro del científico ciudadano Louis Liebenberg sobre los bosquimanos cazadores-recolectores del Kalahari reveló ocasiones en las que uno había identificado erróneamente a un animal al que estaban rastreando, o cuando estaban intentando ahuyentar a un león gritándole insultos (como «¡Pene gigante!»).[13] El antropólogo Napoleon Chagnon contaba que los yanomami de la selva amazónica se rieron a carcajadas a sus expensas cuando cruzaron con agilidad un arroyo por un tronco resbaladizo y él avanzaba centímetro a centímetro, aferrándose precariamente.[14]

Provine comparaba asimismo la risa humana con su homóloga más próxima en los primates. Esta es una forma de jadeo acompañado por una cara de juego (boca abierta, dientes superiores cubiertos, dientes inferiores expuestos) que emiten cuando les hacen cosquillas o participan en juegos bruscos. En términos fisiológicos y acústicos difiere de las sílabas rítmicas «ja, ja» de la risa humana. Los chimpancés juguetones vocalizan tanto al inhalar como al exhalar, y emiten un sonido ruidoso más que armónico. (Quienes lo escuchan lo describen como «jadeo», «ataque de asma», «hiperventilación», «aserrado», «lijado» y «relaciones sexuales»). La risa tal como la conocemos es exclusivamente humana, aunque pudo haber evolucionado a partir de esas vocalizaciones lúdicas en paralelo con la exhalación controlada y las sílabas con núcleo vocálico del lenguaje.

Las cosquillas, los juegos de peleas y el juego brusco son prácticas para el combate real, y los sonidos de risa señalan que todo el alboroto es en broma, con lo que se garantiza que no desemboque en una agresión real. La agresión simulada, y a veces velada, subyace asimismo a muchas de las risas humanas. Casi siempre hay un blanco de una broma, un objetivo de las burlas o el escarnio. Con frecuencia es alguien que ha reclamado prestigio o dominación, y la mofa pincha el aura de dignidad que lo señala. La gente disfruta tumbando a la realeza, el clero, los jefes y profesores, junto con el fanfarrón del barrio, el matón, el charlatán, el mojigato o el sabelotodo. George Santayana observaba que «derribar algo, especialmente si se inclina en un ángulo arrogante, es un profundo deleite de la sangre». Y dado que hasta el más alto y poderoso de nosotros es de carne y hueso, con un cuerpo que obedece ignominiosamente las leyes de la física, excreta residuos y accede a los imperativos biológicos, abundan las oportunidades de humillarnos, y somos áreas ricas en blancos para el humor bufonesco, escatológico y sexual. Como observara G. K. Chesterton: «Todo hombre es importante si pierde su vida; y todo hombre es gracioso si pierde su sombrero y tiene que correr tras él».

Como al jugar a las peleas, a veces la risa indica que cualquier daño es involuntario. Esta es la base de la risa nerviosa, como en los célebres experimentos de Stanley Milgram en los que los participantes habían sido presionados para aplicar descargas a un actor que se hacía pasar por otro participante, y muchos reaccionaban a sus gritos con una risa amarga.[15]

Pero con frecuencia el ataque contra la dignidad que impulsa la risa no es ni en broma ni involuntario, sino deliberadamente dañino. Los niños se sienten desgraciados cuando se ríen de ellos, y todo profesor o jefe al mando de una sala sabe que debe intentar no convertirse en blanco de la risa. A partir de 2011, Barack Obama tomaría el pelo a Donald Trump en la cena anual de la Asociación de Corresponsales de la Casa Blanca, donde se espera que los blancos de las bromas las encajen con deportividad. Aquel año, tras publicar su certificado de nacimiento para refutar la acusación de Trump de que había nacido en África, Obama anunció que ahora mostraría el vídeo oficial de su nacimiento. Procedió a proyectar la escena inicial de *El rey león* con la presentación del cachorro recién nacido Simba (añadiendo «quiero aclararle a la mesa de Fox News que se trata de una broma»).[16] En otra ocasión bromeó sobre las aspiraciones presidenciales de Trump: «Hay un terreno en el que la experiencia de Donald Trump podría ser inestimable; me refiero al cierre de Guantánamo [el campo de prisioneros estadounidense en Cuba]. Porque Trump sabe un par de cosas sobre cómo llevar a la ruina las propiedades costeras». Entre la algarabía, Trump hervía visiblemente de rabia, y algunos analistas especulan que la humillación le decidió a presentar su candidatura presidencial a modo de venganza y redención.

Corrió la sangre debido a una característica del humor señalada por James Joyce: «*In risu veritas*. En la risa está la verdad». Para ser más exactos, en la risa está el conocimiento común. La reproducción de la secuencia de Disney por parte de Obama fue divertida porque todos sabían que la teoría conspirativa de Trump era tan solo un estereotipo caricaturesco. Su pulla adicional presuponía una comprensión común de que Fox News era crédula respecto de cualquier cosa que denigrara a los liberales. El golpe más cruel de todos fue la broma que evocaba las bancarrotas de Trump, ya que socavaba el mayor orgullo de este: que era un exitoso hombre de negocios.

Con cada remate de chiste, todos los miembros del público que «entendían la broma» debían de haber conocido tácitamente la premisa comprometedora, que era suministrada de forma automática por la capacidad del cerebro para conectar los puntos de la conversación.[17] Si los asistentes se reían, ello mostraba que conocían la premisa oculta sin que nadie tuviera que pronunciarla en voz alta. Y su risa conspicua, involuntaria y contagiosa evidenciaba que todos los demás conocían la premisa, y sabían que todos los demás la conocían, y así sucesivamente; que el hecho dañino, que podía haber sido conocimiento privado ampliamente distribuido, era ahora conocimiento común. Y este nuevo conocimiento común hacía explotar el equilibrio de la aceptación mutua de la dominación que había prevalecido hasta aquel momento. Esta es la base de aforismos como el de Mark Twain «Nada puede resistir un ataque de risa» y la regla número 5 del activista Saul Alinsky: «El ridículo es el arma más poderosa del hombre».

Y esto nos conduce a una explicación de la función de la risa. Como muchas especies sociales, los humanos tenemos jerarquías de dominación, que son equilibrios cimentados por el conocimiento común o la relevancia común de los resultados probables de los concursos de halcones y palomas. Los humanos formamos asimismo jerarquías de prestigio y estatus, gobernadas por juegos de líderes y seguidores y otros similares, que se establecen mediante un reconocimiento común de la competencia, la confianza y la beneficencia. Ahora bien, muchas especies que reconocen el dominio también poseen instintos de *contradominio*, que permiten a los subordinados coordinar sus esfuerzos y destronar a un alfa.[18] La risa puede considerarse nuestro órgano de contradominio; más en general, de contraautoridad, incluidos el contraestatus y el contraprestigio. Al convertir en una debilidad un conocimiento común superior, algo que la risa está bien diseñada para hacer, los subordinados pueden socavar la jerarquía imperante en su beneficio. El carácter tácito de la premisa despectiva proporciona una cobertura, la involuntariedad de la risa indica que la premisa ya se conocía en privado (más que adoptarse de manera oportunista para la ocasión con el fin de unirse a una coalición) y el contagio ofrece seguridad numérica.

La lógica de los modelos relacionales del capítulo anterior también explica el lado benigno de la risa: la agradable chanza entre amigos y familiares que constituye uno de los mayores placeres de la vida. No se trata de ascender en una jerarquía, sino de bajarse de la jerarquía. Se trata de optar por un modelo relacional de compartición comunitaria en lugar de un grado de autoridad. La mayoría de los individuos no desean subir los peldaños de cada medio social en el que habitan. Es agradable estar en la cima, pero no es divertido estar constantemente cubriéndote las espaldas o temer que tus aliados te abandonen en el momento en que otra estrella brille más que la tuya. La amistad no funciona de esa manera. Los amigos te aceptan por ser cómo eres y están ahí en las buenas y en las malas.[19]

Pero esto plantea un problema de señalización: ¿a qué juegos estás jugando? Como observara Samuel Johnson: «No hay dos hombres que puedan pasar media hora juntos sin que uno de ellos adquiera una evidente superioridad sobre el otro». ¿Cómo indicar que, pese a tu superioridad en cuanto a aspecto, destreza, inteligencia, riqueza o encanto, o la de tu contraparte, ninguno de los dos desea imponerse al otro? Una respuesta es la burla cordial y el autodesprecio. Cuando alguien crea el conocimiento común de una indignidad acontecida a uno de vosotros, seguido por el conocimiento común de que ninguno de ambos lo considera una amenaza directa, ello denota una comprensión común de que la base de la relación es la amistad igualitaria más que el grado jerárquico. Tanto mejor si los dos «entendéis las bromas del otro», es decir, sois capaces de completar las premisas tácitas que hacen gracioso un chiste. Compartir sentido del humor es una prueba sensible de un entendimiento compartido del mundo, y no es de extrañar que sea una de las claves de la atracción romántica.[20]

En resumidas cuentas, la risa genera conocimiento común de una indignidad que mina una pretensión de dominio o de estatus, y puede utilizarse o bien de forma agresiva, para desafiar a una figura dominante, o bien de manera cordial, para señalar que no resulta aplicable la competición dominante-subordinado. (Por supuesto, también se puede emplear agresivamente para mantener a un subordinado en su lugar). Pero he de añadir una enmienda con el fin de abordar un desafío a la teoría de un hombre que sabe un par de cosas sobre el humor, Robert Mankoff, el antiguo editor de viñetas del *New Yorker* y él mismo un ingenioso humorista gráfico. Cuando le expliqué mi teoría y le señalé que el humor siempre tiene un objetivo cuya dignidad ha quedado menguada, regresó con lo que consideraba un típico contraejemplo de su mundo: una viñeta de un sonriente patinador artístico que acababa de trazar «VIII» sobre el hielo. (Aclaremos, por si acaso, que VIII es 8 en números romanos, y los patinadores realizan con frecuencia una maniobra de doble bucle llamada *ocho*).

En lugar de proponer una interpretación forzada en la que el patinador o el lector habían sido humillados, sugerí ampliar la teoría aventurando que el humor se podía usar para desafiar una convención arbitraria, no solo una convención que subyace a la dominación. Una convención puede fijar una característica del diseño que no sea especialmente adaptativa, como el teclado QWERTY, pero persiste porque todo el mundo se aferra a ella como la solución a un problema de coordinación. Quizá empleemos el humor para llamar la atención sobre las características arbitrarias de una convención social que, de lo contrario, quedarían oscurecidas por la familiaridad. En el caso de la viñeta, se trataría de la convención de que el número «8» es el que utilizamos para simbolizar el ocho, al tiempo que es también una forma geométrica. La extensión afronta también otro desafío a la teoría de la reducción de la dignidad, el juego de palabras, como en el título original inglés de la obra de Oscar Wilde *La importancia de llamarse Ernesto* (*The Importance of Being Earnest*, es decir, la importancia de ser serio o formal),* o el comentario del músico Paul Desmond sobre las mujeres que se casan por dinero más que por amor: «Así acaba el mundo, no con un capricho, sino con un banquero».** Las palabras son convenciones que emparejan un sonido con un significado, habitualmente por debajo de nuestra conciencia, y los juegos de palabras llaman la atención sobre el sonido en cuanto tal.

Existen dos maneras de interpretar esta extensión de la teoría. En una, el humor es una adaptación para socavar las convenciones, y una clase de convención es el aura de dignidad que apuntala la dominación o el estatus. En la otra, el humor es una herramienta para minar el aura de dignidad que apuntala la dominación o el estatus, y a veces la gente se apropia de él para socavar convenciones más abstractas, como las palabras y los símbolos. Dado que la gracia principal de las

* El título original, *The Importance of Being Earnest*, es un juego de palabras entre el nombre propio *Earnest* y *earnest*, que significa «serio o formal» *(N. del T.)*.

** «Not with a whim but a banker» es un juego de palabras con unos versos de T. S. Eliot: «This is the way the world ends / Not with a bang but a whimper» [Así acaba el mundo, no con una explosión, sino con un gemido] *(N. del T.)*.

viñetas y los chistes metaliterarios del *New Yorker* tiende a provocar una sonrisa irónica (o, en el caso de los juegos de palabras, un gemido) más que una carcajada, me inclino a no diluir la teoría para darles cabida, y favorecer así la segunda interpretación. Pero, en cualquier caso, la risa se puede entender como un desafío de conocimiento común a una convención social comúnmente sostenida.

La banalidad de las frases que nos hacen gracia en las conversaciones cotidianas nos recuerda que ninguna teoría de la risa debería centrarse demasiado en los chistes. Recordemos que los chistes no son los detonantes naturales de la risa. Se parecen más a la tarta de queso: una tecnología placentera creada por el ingenio humano cuando se plantea el desafío de purificar y concentrar estímulos que, en dosis naturales, nos proporcionan pequeñas dosis de gozo. En este caso, los chistes se diseñan para brindar el placer del humor diario de forma concentrada. No obstante, del mismo modo que la tarta de queso pone de relieve nuestro deseo de azúcar y grasas, los chistes pueden destacar nuestro deleite en la creación de conocimiento común de una indignidad. No me resistiré a la tentación de cerrar esta sección con un análisis de unos cuantos, a pesar de la advertencia de E. B. y Katharine White de que «el humor se puede diseccionar como una rana, pero la criatura muere en el proceso y las entrañas son desalentadoras para cualquiera, salvo para la mente puramente científica».[21]

La mejor teoría sobre los chistes procede del escritor Arthur Koestler en su obra maestra *The Act of Creation* y establece tres pasos.[22] El remate de un chiste presenta al oyente una incongruencia; el oyente la resuelve saltando mentalmente a un marco de referencia distinto en el que el remate cobra sentido; en el nuevo marco de referencia, alguien sufre una merma en su dignidad. «A mi mujer le gusta hablar durante el sexo. Me llama por teléfono y me dice: "Nathan, estoy teniendo sexo"». (*¡Bada bing!*). La explicación de Nathan es incongruente porque esperamos que «hablar durante el sexo» se refiera a exclamaciones íntimas y mutuamente excitantes. Se resuelve cambiando a una comprensión de una burla maliciosa en un mal matrimonio. Y que te pongan los cuernos es la indignidad suprema (y un blanco común de los chistes; Freud dedicó mucho tiempo a diseccionar uno bastante poco gracioso en *El chiste y su relación con lo incons-*

ciente).[23] No sacrificaré más ranas y dejaré que ponderes tú mismo la teoría que cabría aplicar a estos.

DON: Oh, Bill, debe de ser difícil perder a un familiar.
W. C. FIELDS: Es casi imposible.

Un camarero anota el pedido de dos hombres en un restaurante del Lower East Side. «Yo tomaré una taza de té», dice uno. El otro dice: «Yo también tomaré un té. Y asegúrese de que la taza esté limpia». El camarero regresa con una bandeja. «Dos tés. ¿Y quién de ustedes pidió la taza limpia?».

MÉDICO: ¿Qué le ocurre, señora Shapiro?
PACIENTE: No puedo orinar.
MÉDICO: ¿Qué edad tiene, señora Shapiro?
PACIENTE: Ochenta y siete años.
MÉDICO: Ya ha orinado lo suficiente.

La primera palabra que asociamos con *risa* es *llanto*, y eso nos dice algo.[24] En las asociaciones de palabras, los dos términos empleados pertenecen a la misma categoría semántica, pero se activan por un contraste destacado (*noche día, niña-niño, perro-gato*).[25] Al igual que la risa, las lágrimas expresan un estado emocional por medios distintos de los músculos de la cara. Son involuntarias, visibles para un perceptor y exclusivas del *Homo sapiens* (una conclusión de la que se hace alarde en el título del libro más completo sobre el tema, *Why Only Humans Weep* [Por qué solo lloran los humanos], del psicólogo Ad Vingerhoets). Y parecen diseñadas para generar conocimiento común. Una persona que llora siente el brotar en sus cuencas y el goteo por sus mejillas, y ve un mundo borroso a través de sus propias lágrimas, un mundo que contiene a otras personas que ven las mismas lágrimas desde el exterior.

El contraste entre reír y llorar es evidente: las lágrimas expresan tristeza, no disfrute. La tristeza dimana de una pérdida, una derrota o una humillación, y va acompañada por un sentimiento de indefensión y autocompasión.[26] El obvio juego de coordinación resuelto por el conocimiento común de una pérdida es halcones y palomas. Como la bandera blanca de la rendición o tirar la toalla en un cuadrilátero, el llanto señala que una persona reconoce su derrota y ya no puede luchar, lo cual evita a las dos partes de un conflicto los costes de seguir peleando cuando el resultado es una conclusión ineludible. Koestler, cuyo análisis del llanto es tan perspicaz como el de la risa, describe un caso prototípico en una contienda entre muchachos:

> Un chico es golpeado por una pandilla de matones. Durante algún tiempo intenta defenderse con golpes, arañazos y patadas, pero sus agresores lo inmovilizan y, al final, empieza a llorar de «rabia e impotencia».
>
> Pero la expresión es engañosa. Cualquiera que haya visto pelear a los niños sabe que el llanto solo empezará después de que la víctima haya dejado de luchar y de retorcerse, y haya aceptado la derrota. Al cabo de un rato, nuevos arrebatos de rabia pueden reanudar la lucha, pero, cada vez que sucede esto, se interrumpe el llanto. Este no es una expresión de rabia (aunque ambos puedan solaparse), sino de indefensión una vez que la rabia se ha agotado y se ha instalado un sentimiento de abandono: un anhelo de amor, compasión y consuelo.[27]

De una manera similar, una pareja conflictiva puede sentir que uno de ellos ha «llegado demasiado lejos» en una discusión cuando el otro empieza a llorar.

Como observa Koestler, el llanto es una señal no solo de rendición, sino también de dependencia, destinada a obtener auxilio y consuelo de los simpatizantes. Esta función es coherente con el desarrollo del llanto por la necesidad de cuidados de los infantes, y con su origen evolutivo en la llamada a la separación de los mamíferos juveniles. Un cambio crítico en ambas secuencias es del llanto ruidoso y exigente al gemido patético y lacrimógeno. Nadie sabe por qué los procesos de la evolución reclutaron las glándulas lagrimales para transmitir esa indefensión. Quizá el lagrimeo surgiera originalmente de un reflejo fisiológico que restauraba la humedad en los ojos y los conductos nasales tras haberse secado por la presión de las muecas de dolor o la hiperventilación de la excitación.[28] Es más probable que los humanos vean el mundo a través de sus ojos y fijen la vista en los ojos de los otros (pronto ahondaremos en esto), y que un velo de lágrimas fuera la mejor forma de captar simultáneamente la atención de quien se expresa y quien observa.

La idea de que el llanto es un signo evidente de rendición en un conflicto es una teoría satisfactoria del escenario prototípico. Pero estoy seguro de que, conforme leías la explicación, se te ocurrían contraejemplos. Lejos de indicar sufrimiento, el llanto puede ser una fuente de placer, como cuando pagamos un buen dinero para leer un dramón o ver una película lacrimógena. La gente llora de alegría en las bodas. Hay quien llora cuando la coronan Miss America o gana el campeonato de la NBA. Se puede llorar en presencia de lo sublime, como al ver de cerca una ballena, o, en el caso de uno de mis colegas, al leer una brillante tesis doctoral de neurociencia cognitiva.

Y se puede llorar cuando se captan el amor y la compasión en los otros. Las palabras más próximas a esta emoción son *conmovido* y *emocionado*.[29] Este es el desencadenante más común para mí, y muchos recuerdos pueden hacer brotar las lágrimas. La escena de un soldado en un aeropuerto al regresar de Irak, fundido en un abrazo con su mujer, ambos incapaces de soltarse. Los brindis de mis padres en su sexagésimo aniversario de boda. Ray Charles interpretando «Georgia on My Mind» en una sesión conjunta de la legislatura de Georgia en 1979, cuando adoptaron su versión como la canción oficial del estado, que durante su vida había sido un bastión de la segregación y la opresión.[30] Mi tía abuela Sabena, que perdió a su marido y a sus hijos en el Holocausto, poniéndose en pie al final de cada Seder pascual y pronunciando un breve discurso en yidis para dar las gracias a su familia por ofrecerle una nueva vida en Canadá. Una joven científica que discutía conmigo su investigación durante el café en un congreso y, en una pausa en la conversación, murmuró con una mirada lejana «echo de menos a mi hijo». Una tira cómica de *Peanuts* en la que Linus describe una victoria inesperada del equipo local en el último segundo de un partido de fútbol («¡Miles de personas se lanzaron al campo riendo y gritando! ¡Los hinchas y los jugadores estaban tan felices que rodaban por el suelo, se abrazaban y bailaban!») y Charlie Brown responde: «¿Cómo se sentía el otro equipo?».

¿Cómo interpretamos las lágrimas de alegría, las lágrimas de sublimidad, las lágrimas de compasión? Uno de los aparentes contraejemplos resulta fácil de explicar: el dramón. La gente halla placer autoadministrándose dosis controladas y seguras de estímulos dañinos, presumiblemente un motivo para calibrar y controlar sus reacciones emocionales. Y así también disfrutan con los pimientos picantes, las montañas rusas, las películas de suspense, las saunas, el queso fuerte, el esquí acuático, el *puenting* y otros peligros ilusorios. Una tragedia simulada en el confort de un asiento del cine puede ser otro ejemplo de este masoquismo benigno.[31]

Los otros son más desconcertantes. En las bodas y las victorias, la alegría puede estar mezclada con una cucharada de conmovedora tristeza. Quizá una novia camino del altar traiga a la mente a una hija perdida para siempre para sus padres, o una historia de soledad y congoja que ahora deja atrás. Los vencedores sollozantes evocan a veces los obstáculos que tuvieron que superar para llegar a su momento de triunfo, o a un padre fallecido que estaría orgulloso. Koestler sugiere que un golpe de fortuna o una visión de lo sublime pueden evocar un sentimiento de impotencia (de estar embelesado, abrumado, extasiado, cautivado) que se solapa con la indefensión de la pérdida y la derrota, y que evoca una rendición similar. Todos estos son plausibles hasta donde llegan, pero no llevan a una explicación satisfactoria. Permítaseme sugerir una dirección diferente.

En su obra maestra olvidada, Darwin explicaba la evolución de las expresiones emocionales con tres principios.[32] El primero es «hábitos útiles asociados». Los animales configuran su cara y su cuerpo en determinadas posturas por razones prácticas; por ejemplo, mostrar los dientes antes de morder, abrir bien los ojos para lograr una visión panorámica del peligro o aplanar las orejas para protegerlas en un combate. Esos movimientos preparatorios se convierten luego en hábitos que se ejercitan de una forma más débil, incluso una vez suprimida la acción. Así, enseñamos los dientes con ira y quedamos como deslumbrados por los faros por el miedo.

Es el segundo principio de Darwin el que resulta relevante en este contexto: la «antítesis». Cuando un animal se halla en un estado opuesto a aquel que desencadena una postura determinada, produce la postura físicamente opuesta. Cuando un perro es hostil, tensa el cuerpo, retrae los labios, levanta la cabeza y los hombros, y mantiene la cola erguida y rígida, todo ello en preparación para el ataque. Cuando un perro siente afecto, no tiene que prepararse para la acción, pero adopta una postura que es parte por parte la antítesis de la posición de ataque: se agacha, se retuerce, relaja las orejas y los labios, y mece de un lado a otro una flácida cola; resuelto el misterio del meneo de la cola. De manera similar, el hombre desafiante tensa el cuello, cuadra los hombros, baja las cejas y aprieta los puños con los nudillos hacia delante. ¿Qué hace un hombre cuando siente resignación o impotencia? Relaja el cuello, eleva los hombros y las cejas, y abre las manos con las palmas hacia fuera. Tenemos aquí la evolución del encogimiento de hombros.

Aunque Koestler no parecía conocer la obra de Darwin sobre la expresión emocional (uno de los signos de que el libro había caído en el olvido), defendió enérgicamente que el llanto es la antítesis de la risa. Ambas expresiones faciales son literalmente inversiones la una de la otra; como dice la canción, una sonrisa es solo un ceño fruncido al revés. Cuando lloramos, inhalamos en las bocanadas profundas y breves de un sollozo, y luego exhalamos en un largo suspiro. Cuando reímos, exhalamos en las breves ráfagas de un ja-ja-ja, un sollozo al revés, seguido por una larga y profunda inhalación, un suspiro al revés. Cuando reímos, echamos la cabeza hacia atrás. Cuando lloramos, escondemos la cabeza entre las manos, sobre la mesa o sobre el hombro de alguien. Cuando reímos, nuestros músculos se contraen y nuestro cuerpo se agita, dando golpes en la mesa o palmadas en las rodillas. Cuando lloramos, nuestros músculos se vuelven flácidos, encorvamos los hombros y nos desplomamos en la silla. Hasta los recordatorios musicales son opuestos. El cómico usa el redoble en *staccato* de un tambor; las películas lacrimógenas utilizan las notas ligadas de los violines.

Procedamos ahora hacia atrás, desde las muestras externas diametralmente opuestas hasta los estados internos diametralmente opuestos. Supongamos que los detonantes mentales del llanto son la antítesis de los desencadenantes de la risa. Esto resulta bastante evidente en el contraste entre la agresiva humillación en el humor y la desamparada rendición en las lágrimas. Pero los estímulos menos obvios para el llanto también se pueden considerar diametralmente opuestos a las cosas que dan gracia a un chiste.

El humor saborea las debilidades: una manía, un fallo, una venalidad, un defecto. El llanto saborea una virtud: compasión, ternura, piedad, amor. El humor responde a un infortunio con sadismo y alegría por la desgracia ajena. El llanto responde a la buena suerte con empatía y gozo compartido. El humor se deleita en lo degradado, lo envilecido, lo sórdido: vómitos y flatulencias, caca y pis, fornicación y cuernos, culadas y tartas en la cara. El llanto se deleita en lo excelso, lo sublime y lo magnífico: una sinfonía, una vista, un gran animal, incluso una brillante tesis doctoral.

Por tanto, después de todo, existe un denominador común bajo las diversas cosas que nos hacen llorar: su oposición diametral a las que nos hacen reír. Surge entonces la pregunta de por qué disponemos de una conspicua exhibición corporal para lo no irrisible (más allá del núcleo de la rendición y la indefensión). Darwin pensaba que no existía ningún buen motivo para que las exhibiciones funcionen en opuestos: una vez que un organismo ha desarrollado una expresión emocional, su antítesis simplemente cae fuera de los tira y afloja mecánicos del sistema nervioso. Y quizá no exista razón alguna para que lloremos en respuesta a la alegría, la compasión o la sublimidad, aparte de que nos reímos de lo ridículo y las respuestas emocionales humanas vienen en parejas de contrarios.[33]

Por otro lado, quizá tengamos razones para indicar que somos sensibles a la ternura, la magnificencia y la alegría, y para que otros sepan que sabemos que saben que somos sensibles. Tal vez eso nos recomiende en el mercado de los buenos socios comunitarios, o coordine a las personas con sentimientos similares en algún juego no analizado hasta la fecha. No estoy preparado por el momento para defender este argumento, pero confío en que sea cierto, porque resulta reconfortante pensar que estamos físicamente diseñados para compartir nuestra apreciación de lo mejor que la vida pueda ofrecernos.

El rubor, escribió Darwin, es «la más peculiar y la más humana de todas las expresiones». Su contemporáneo Mark Twain coincidía con él: «El hombre es el único animal que se sonroja o necesita hacerlo».[34] Al igual que la risa y el llanto, el rubor es una respuesta física visible e involuntaria a un desencadenante cognitivo, social y moral. Y, como esas expresiones, es un generador de conocimiento común. Cuando te sonrojas, sientes el calor en tus mejillas, que te recuerda quc los otros pueden verte enrojecer, lo que hace que te ruborices todavía más, y así sucesivamente, con mayor intensidad aún cuando alguien señala de manera gratuita: «¡Te estás sonrojando!». De hecho, decirle a alguien que se está ruborizando, aunque no sea cierto, puede hacer que se sonroje.[35]

Se nos sonrojan las mejillas, las orejas y el cuello, las partes más expuestas del cuerpo (aunque no las manos, observaba Darwin, que no atraen la mirada de los otros). Un rubor es una forma internamente innegable de mostrar bochorno y vergüenza, y viene acompañado por otras posturas. Darwin las describe:

> Bajo un agudo sentido de vergüenza existe un fuerte deseo de ocultación. Apartamos el cuerpo entero y en especial la cara, que nos esforzamos por esconder de alguna manera. La persona avergonzada apenas puede soportar cruzar la mirada con los presentes, por lo que casi invariablemente baja los ojos o mira de reojo. Dado que suele existir al mismo tiempo un fuerte deseo de evitar la apariencia de vergüenza, se intenta en vano mirar directamente a la persona que causa este sentimiento; y el antagonismo entre estas tendencias opuestas conduce a varios movimientos inquietos en los ojos.

Darwin captó la experiencia, hasta la mirada furtiva. Bajar la mirada, empequeñecerse y tocarse son posturas de sumisión de los chimpancés, a veces enseñando los dientes en silencio al mismo tiempo, el precursor evolutivo de nuestra sonrisa «avergonzada», «tonta» o «forzada».[36]

Darwin abordó asimismo preguntas que todavía se plantean con frecuencia: ¿se ruborizan las personas de piel oscura? y ¿alguien puede darse cuenta? Sus respuestas en 1872 siguen siendo correctas hoy en día: sí y sí.[37] Darwin había proporcionado cuestionarios a misioneros, exploradores y oficiales coloniales en los que preguntaba acerca de las expresiones emocionales de los diversos pueblos con los que tenían contacto de primera mano. La universalidad de las expresiones y sus desencadenantes le llevó a concluir que «las diversas razas descienden de un único tronco principal, que debe de haber sido casi completamente humano en su estructura, y en gran medida en su mente, antes del período en el que las razas divergieron entre sí».[38] Ello suponía un vapuleo a la teoría, acorde con el racismo de su tiempo, de que los pueblos con diferente ascendencia continental habían evolucionado cada uno por separado de los monos, y que los de piel oscura tenían poco desarrollados los sentimientos morales; eran literalmente unos desvergonzados. En realidad, las personas de piel oscura sienten el calor de un rubor, que su público observa en un oscurecimiento o cambio de color. Para que no nos sorprenda que esto pueda ser tan sobresaliente como el enrojecimiento de la piel pálida, recordemos que las personas observan con muchísima atención los rostros ajenos, y los años de escrutinio pueden amplificar las pequeñas diferencias. Por eso los miembros de todas las razas sienten que los de otras «parecen todos iguales», y por eso las madres de gemelos idénticos piensan a menudo que son mellizos, pues los encuentran muy diferentes. El médico y genetista ghanés Felix Konotey-Ahulu señala que incluso en las personas con piel de color ébano el rubor es discernible «por los parientes muy cercanos (como en mi caso por mi madre)».[39]

Los detonantes evidentes del rubor son el bochorno y la vergüenza, que son dos de las tres emociones autoconscientes negativas. La tercera, la culpa, no lo causa. El rubor no es un detector de mentiras ni un corazón delator, y se basa en el principio opuesto a «inocente hasta que se demuestre la culpabilidad». Darwin volvió a dar en el clavo, citando a Thomas Henry Burgess, el autor del tratado de 1865 *The Physiology or Mechanism of Blushing*:

> «Me ruborizo —dice el doctor Burgess— en presencia de mis acusadores». No es el sentimiento de culpa, sino la idea de que otros piensen o sepan que somos culpables la que enrojece el rostro [...]. Muchas personas se han sonrojado intensamente al ser acusadas de algún delito, aunque fueran completamente inocentes. Hasta el pensamiento [...] de que otros piensen que hemos hecho un comentario desagradable o estúpido es más que suficiente para causar rubor, aunque sepamos todo el tiempo que hemos sido totalmente malinterpretados.

Esto nos quedó claro a Kyle Thomas y a mí cuando llevamos a cabo un estudio con nuestra colega psicofisióloga Wendy Berry Mendes con el fin de ver si una proposición delicada expresada en una insinuación resultaría menos estresante en términos fisiológicos que la misma proposición formulada en lenguaje claro y sencillo (el tema del próximo capítulo). Los participantes simulaban ser actores que leían líneas de guiones que expresaban sobornos, amenazas y proposiciones sexuales, declaradas abiertamente o veladas como una insinuación, mientras nosotros medíamos los cambios sutiles en su frecuencia cardiaca, su respiración y la conductancia de su piel. El primer pasaje recitado por la primera participante resultó ser una invitación sexual abierta, y su reacción fisiológica no fue nada sutil: aunque presumiblemente inocente de cualquier deseo lascivo, se puso roja como el rubí.

Así pues, la culpa no es el detonante del rubor. ¿Cuál es la diferencia entre las dos emociones autoconscientes, la vergüenza y el bochorno, que sí desencadenan el rubor? El bochorno es la respuesta a la transgresión pública de una norma social (una metedura de pata), como una culada, un error garrafal o una pérdida momentánea del control corporal. La vergüenza es la respuesta a la transgresión pública de una norma moral, como mentir, ser infiel, incumplir los deberes o hacer daño o descuidar a un ser querido.[40] Algunos científicos afectivos sostienen que la vergüenza ha de estar desencadenada por un defecto percibido en nuestro yo perdurable, frente a un lapsus momentáneo en el comportamiento del tipo que provoca el bochorno. Pero otros han mostrado que las personas pueden sentirse avergonzadas, al igual que pueden ruborizarse, por la mera conciencia de haber sido desacreditadas públicamente, con independencia de que les parezca o no merecido.[41]

¿Para qué sirve el enrojecimiento? El desliz es obvio; ¿por qué indicar que sabes que es evidente? Darwin pensaba que no servía para nada. Pero él no admitía que *toda* expresión emocional tuviera una finalidad. Le irritaban las afirmaciones de Burgess y otros de que las expresiones faciales fueran prueba de la creación divina: Dios había dotado a los seres humanos de un medio de expresión de los sentimientos morales. Darwin se resistía a la idea de que ese argumento campara a sus anchas sin oposición, así que insistía en que las expresiones eran o bien vestigios, o bien antítesis de vestigios, o bien desbordes de energía nerviosa.[42] El rubor era el resultado de que la sangre fluyera hasta cualquier parte del cuerpo en la que la persona estuviera pensando detenidamente.

Hoy en día casi nadie acepta esta parte del análisis de Darwin.[43] El enrojecimiento tiene una función evidente: es una disculpa no verbal, más creíble que la palabrería barata porque emana del sistema nervioso autónomo involuntario, la parte que controla el flujo sanguíneo y otras necesidades fisiológicas. El enrojecimiento reconoce que te das cuenta de que has errado a los ojos de otros, de que si eres culpable aceptas de buen grado un castigo (como mínimo, la agonía del propio rubor), y de que planeas hacerlo mejor en el futuro. Incluso manteniendo constante el delito, el remordimiento creíble posee su importancia en la vida, al igual que en los juzgados. El enrojecimiento indica: «Sí, he metido la pata, pero *sé* que he metido la pata, según los estándares que entiendo y comparto». Nadie es perfecto, y una persona que la pifia pero lo reconoce puede seguir siendo un interlocutor social viable en lugar de un bicho raro, un psicópata, un lobo solitario o un elemento peligroso.

Aunque el rubor es angustioso para quien se ruboriza (hay quien busca tratamiento quirúrgico para acabar con él), puede granjearle la simpatía del observador. El enrojecimiento funciona. Los estudios han demostrado que puede obviar una disculpa, hacer que una disculpa real parezca más sincera y granjear el perdón y la confianza a quien se ruboriza.[44]

Ahora bien, si has estado recordando episodios dignos de sonrojo en tu propia vida, puedes objetar que muchos de ellos no son ni remotamente violaciones de la moral, ni siquiera de la etiqueta. Basta con estar en el punto de mira. Las personas se sonrojan cuando son elogiadas o felicitadas en un grupo, o incluso cuando las miran fijamente. (Darwin cita a Samuel Taylor Coleridge: «A ver quién es capaz de explicarlo»). ¡En las encuestas, uno de los incidentes más comunes en los que los individuos recuerdan haberse ruborizado era cuando un grupo les cantaba el *Cumpleaños feliz*![45]

Déjenme intentar explicarlo. Las personas que se sonrojan cuando todos los ojos están puestos en ellas dicen que les preocupa poder parecer petulantes o inmodestas, o no poder responder con gentileza, o que el escrutinio revele que en realidad no se merecen esa lluvia de elogios.[46] Esto parece otra versión de la necesidad de autodesprecio que impulsa el humor cordial. Es el deseo de ser un buen amigo en una relación de compartición comunitaria, más que un contendiente en una relación de autoridad. Sin comerlo ni beberlo, uno ha sido puesto en el punto de mira, *como si* fuera un engreído arribista, buscador de estatus y oportunista. El rubor reniega de cualquier ambición semejante.

Aunque hemos visto por qué el enrojecimiento genera conocimiento común, hasta el momento no he explicado por qué habría de ser *desencadenado* por el conocimiento común más que por el mero conocimiento recíproco. En el conocimiento recíproco, el transgresor sabe que ha metido la pata y que los espectadores lo saben, y los espectadores saben que él ha metido la pata y que lo sabe. Ahora bien, para estar abochornado o avergonzado, ¿es necesario además que el transgresor sepa que los espectadores *saben* que lo sabe?

El asunto no es tan enrevesado como pudiera parecer a primera vista. Imaginemos que te acabas de derramar salsa encima, has expelido gases o te han pillado con las manos en el tarro de las galletas. Como señalaba Darwin, probablemente harías un esfuerzo considerable por evitar cruzar la mirada con un testigo, aun cuando ambos sepáis que el otro conoce el desliz. (Como veremos, el contacto visual es un potente generador de conocimiento común). Otro victoriano, el poeta Coventry Patmore (1823-1896), observa en su poema «El beso» que incluso cuatro niveles incrustados de mentalización recursiva pueden evitarle a una persona el bochorno cuando la infracción no llega a ser conocimiento común:

> «¡Te vi recibir su beso!». «Cierto es».
> «¡Oh, modestia!». «En estricto secreto se mantuvo:
> él pensaba que yo dormía; al menos, yo sabía
> que él pensaba que yo pensaba que él pensaba que dormía».

> *«I saw you take his Kiss!». «'Tis true».*
> *«O, modesty!». «'Twas strictly kept:*
> *He thought me asleep; at least, I knew*
> *He thought I thought he thought I slept».*

(Para entender el poema en su contexto histórico, hemos de incorporar otras dos capas de mentalización recursiva y considerar que los lectores victorianos habrían estado pensando en la decencia de la mujer y el bochorno mutuo si esta hubiera sido transgredida, más que en su consentimiento).[47]

En el siglo siguiente, Thomas Schelling contó otra anécdota en la que el bochorno sería desencadenado nada menos que por el conocimiento común. Un amigo y él estaban dedicados a uno de los pasatiempos favoritos de los académicos, quejarse de la injusticia de la revisión por pares, en este caso, una crítica mordaz de un trabajo presentado a una revista que el amigo acababa de recibir. Schelling se percató enseguida de que él era el revisor anónimo y ciego.

> Tenía que elegir. Podía confesar de inmediato, garantizando el bochorno mutuo, o podía fingir simpatía y arriesgarme a un bochorno aún peor si él descubría que yo no solo era el evaluador, sino que además le había engañado durante su diatriba. Me arriesgué; él jamás lo supo; no sufrimos ningún bochorno.
>
> Supongamos que se hubiera dado cuenta. Por ejemplo, podría haber estado citando algo del informe del revisor que no se le hubiera ocurrido asociar conmigo, pero cuya atribución a mí, conmigo a su lado, le hubiera resultado ineludible. Podría haberse vuelto hacia mí conmocionado al descubrir mi sucio secreto [...]. Al mirarnos a la cara, y al saber él que yo sabía que él sabía que yo sabía que él sabía que yo era el evaluador, nuestro «conocimiento común» de mi papel no me habría permitido ninguna escapatoria de un bochorno que podría habernos afectado para siempre.
>
> Supongamos en cambio —y posiblemente fuera eso lo que ocurrió— que él se hubiera dado cuenta, justamente mientras se quejaba conmigo, de quién era el evaluador, y considerase el mutuo bochorno que se seguiría si lo revelara; podría haber guardado el secreto de que conocía mi secreto y podría habérnoslo evitado. Si se me hubiera hecho evidente que se había enterado y no me estaba revelando que se había dado cuenta, yo debería haber cooperado ocultando mi conciencia de su conciencia. Lo importante era evitar la «ratificación», el reconocimiento mutuo del hecho mortificante de que yo era el evaluador.[48]

Thomas, DeScioli y yo decidimos confirmar que el conocimiento común era en efecto el detonante más seguro del bochorno, la culpa y la vergüenza.[49] Teorizamos que un transgresor impenitente con mero conocimiento recíproco revela que es consciente de la norma, pero no siente ninguna obligación de pagar por ello en ese momento porque, por lo que a él respecta, ningún observador puede saber que él es consciente de su conocimiento. Todavía está comprometido por cualquier incompetencia o lapsus causante de su desliz, y él lo sabe. Pero su despreocupada actuación evita señalar además su desprecio por la norma imperante, y puede ahorrarles tanto a él como a sus compañeros la necesidad de cuestionar la relación, lo que podría perjudicarles a todos ellos si abocara a la ruptura de la relación. En cambio, si procediera como si no hubiera ocurrido nada inapropiado aun cuando otros supieran que él sabía que ellos sabían que había metido la pata, le estaría haciendo en efecto una peineta a las normas que les habían estado permitiendo coordinarse. En el ámbito del conocimiento común, una transgresión pública ha de ser reparada mediante un reconocimiento público.

En un estudio pedimos a los participantes que leyeran historias embarazosas y se imaginaran que eran los traviesos protagonistas. Debían imaginar que habían expulsado gases en un auditorio o que se habían burlado de un amigo imitando su defecto del habla ante un amigo común, o que habían inflado un costoso informe de reembolso para compensar un recibo faltante de un informe previo. Otras dos historias eran rellenos, destinados a suscitar otras emociones.

El contraste clave en el que nos centramos era su nivel de conocimiento mutuo con un observador que los había sorprendido en el acto. He aquí las variantes en el escenario de la flatulencia, ordenadas en función del estado de conocimiento del testigo auditivo:

Ningún conocimiento: la sala es ruidosa, por lo que la persona sentada a tu lado no lo ha oído.

Conocimiento privado: la persona sentada a tu lado lo oye. Pero como la sala es ruidosa, no te percatas de que lo ha oído.

Conocimiento detectado: la persona sentada a tu lado está visiblemente sorprendida por el ruido y te lanza una mirada. Tú lo adviertes en secreto, pero no reaccionas y sigues tomando notas. La persona no sabe que tú lo has advertido, y regresa a su toma de apuntes.

Conocimiento recíproco: la persona sentada a tu lado está visiblemente sorprendida por el ruido y te lanza una mirada. Tú lo adviertes y te estremeces instintivamente en respuesta. Ella advierte tu estremecimiento. Pero tú no la miras, por lo que no sabe que has advertido que estaba sorprendida. Ella regresa a su toma de apuntes.

Conocimiento común: la persona sentada a tu lado está visiblemente sorprendida por el ruido y te lanza una mirada. No puedes evitar advertirlo ni tampoco cruzar la mirada con ella, dejando patente que ella sabe que has sido tú.

Los participantes calificaron entonces la intensidad con la que experimentarían cada una de las seis emociones negativas si estuvieran en la piel del protagonista: ira, miedo, tristeza y las tres emociones autoconscientes, bochorno, culpa y vergüenza. Sabemos que los individuos confunden con frecuencia las emociones negativas tanto al etiquetarlas como al experimentarlas. (Un objetivo fundamental de la terapia cognitivo-conductual es lograr que los pacientes aprendan a identificar lo que les ocurre). Por lo tanto, no nos sorprendió que todas las calificaciones estuvieran correlacionadas. Así las cosas, con el fin de captar un índice más puro de la emoción autoconsciente *per se*, promediamos las calificaciones del bochorno, la vergüenza y la culpa, y restamos la media de las otras tres emociones.

En términos ideales, habríamos medido su enrojecimiento y otras respuestas físicas, pero llevamos a cabo ese estudio en internet en vez de en persona. Así pues, nos conformamos con preguntar a los participantes cuán intensamente pensaban que exhibirían cada una de las dieciséis reacciones físicas. Las asociadas con las emociones autoconscientes (sonrojarse, cubrirse o tocarse la cara, agachar la cabeza, risa nerviosa, sonrisa tímida, hombros caídos y tartamudeo) estaban correlacionadas entre sí y calculamos su promedio.

Ahora bien, todo el mundo sabe que sentimos emociones autoconscientes en presencia de nuestros acusadores, por lo que no era de extrañar que nuestros participantes imaginaran que experimentarían esas emociones con más intensidad cuando supieran que su infracción había sido presenciada (conocimiento detectado o recíproco) que cuando había sido privada. De manera menos evidente, y consistente con nuestra predicción, descubrimos que la circunstancia más mortificante de todas era cuando su conciencia del descubrimiento del testigo era ratificada por el contacto visual, es decir, cuando era conocimiento común. Su anticipación del enrojecimiento y el estremecimiento mostraba el mismo patrón: era mayor cuando se detectaba el desliz, pero alcanzaba su cota máxima cuando era conocimiento común.

A los psicólogos experimentales les entusiasma la revolución metodológica que les permite poner a prueba a centenares de sujetos al día en plataformas de colaboración abierta distribuida en internet, como Amazon Mechanical Turk. Pero las ensoñaciones sobre situaciones hipotéticas de trabajadores temporales que se sientan en pijama ante un teclado solo pueden proporcionar una información limitada acerca del comportamiento real, por lo que intentamos corroborar los hallazgos abochornando realmente a las personas en el laboratorio. Una técnica de humillación estándar, bendecida por los comités para la protección de los sujetos humanos en la investigación, consiste en hacer que los participantes canten en voz alta una canción como «En la vieja factoría», incluidos los sonidos de animales («con el cuac aquí y el cuac allá»).[50] Nosotros optamos en cambio por una actuación de karaoke con la canción de Adele «Rolling in the Deep», incluidos los coros a pleno pulmón.

Les decíamos que los estilos vocales de los estudiantes eran evaluados en tiempo real por un jurado integrado por sus compañeros en otra habitación, cuyos rostros impasibles podían ver en una transmisión de vídeo bidireccional (que en realidad era una grabación). A los participantes se les decía o bien que los jueces no sabían que se trataba de una transmisión bidireccional y pensaban que estaban juzgando a los participantes de forma anónima (conocimiento recíproco), o bien que los jueces, al igual que los participantes, eran plenamente conscientes de que cada uno era visible para el otro (conocimiento común). Según lo previsto, los participantes referían más bochorno cuando su mala interpretación era conocimiento común que cuando era conocimiento recíproco. Esta es otra prueba de que el bochorno, como el enrojecimiento que provoca, se desencadena en el ámbito del conocimiento común.

En las dos últimas secciones he ofrecido un atisbo de lo que me hace reír y llorar, por lo que concluiré esta con una historia real. Hace unos años, la invitación al banquete anual de la Academia Estadounidense de las Artes y las Ciencias indicaba en letra pequeña «Etiqueta opcional». Yo asumí por error que era la opción por defecto y, la noche señalada, me encontré con que era el único hombre de entre los centenares de luminarias vestido de esmoquin. Sabía que no había hecho nada incorrecto. No tenía nada de lo que avergonzarme. Pero hasta que apareció otro pingüino para sacarme de mi miseria, me escabullí por aquellos pasillos sagrados con el color de un tomate maduro.

Sean o no ventanas del alma, los ojos son desde luego ventanas de la mente. Nuestros globos oculares están en constante movimiento para extraer los detalles del lugar del mundo visual más relevante para nuestros intereses actuales, de suerte que, cuando alguien sigue nuestra mirada, está leyendo nuestra mente. Y cuando le devolvemos la mirada que sigue la nuestra, está leyendo la mente de un lector de mentes. El contacto visual es el generador supremo de conocimiento común: vemos la parte de la persona que nos ve viéndola vernos.[51]

El contacto visual no es exclusivamente humano, pero debe de haber tenido una importancia excepcional en la evolución de nuestra especie, porque estamos diseñados para lucir la dirección de nuestra mirada. Nuestra pupila negra y nuestro iris colorido son compensados por el contraste de una esclerótica blanca, única entre los primates, y se enmarcan en una ventana oblonga, también distintivamente humana.[52] Todo encaja: el contacto visual genera conocimiento común; el conocimiento común es necesario para la coordinación; los humanos somos coordinadores consumados. No es de extrañar que el contacto visual sea un coreógrafo esencial de la vida social humana.

El antropólogo Irv DeVore solía decir en sus clases de biología del comportamiento de Harvard: «Si dos personas en cualquier lugar del planeta se miran a los ojos durante más de cinco segundos, o bien van a tener relaciones sexuales o bien una de ellas va a matar a la otra». Es un tanto exagerado, pero la potencia del contacto visual en el sexo y la violencia es innegable.

En muchas especies, una mirada fija es un signo de intención maligna.[53] (Ciertas especies de mariposas han aprovechado estas semióticas desarrollando manchas ocelares en sus alas para la autodefensa). Las razones son evidentes: el cazador apunta a su presa; el francotirador sitúa el blanco en el punto de mira. Los objetivos, por su parte, echan un vistazo a la amenaza el tiempo suficiente para saber que están en peligro, y luego dirigen su atención adonde pueden huir o esconderse. Fijar la mirada en un rival es hacer de halcón en un juego de halcones y palomas; desviar la mirada es hacer de paloma; mirar fijamente a quien nos clava la mirada es unirse a la batalla. De ahí la beligerante provocación de taberna: «¿Me estás mirando?». (Antes del evento principal de la Ultimate Fighting Championship, los luchadores participan en una ceremonia de miradas fijas. Y una forma de quitarle el hipo a alguien consiste en lanzarle una mirada gélida e intimidatoria). En los contextos profesionales, las personas de mayor rango miran a los ojos de las de rango inferior con más frecuencia que a la inversa, y cuando los subordinados son observados, apartan la mirada.[54] Tras la resolución de la crisis de los misiles en Cuba, en la que una confrontación entre Estados Unidos y la Unión Soviética podía haber abocado a una guerra nuclear, el secretario de Estado estadounidense Dean Rusk declaró a una nación aliviada: «Nos miramos fijamente a los ojos y el otro tipo parpadeó».

Los amantes se miran a los ojos, pero antes de alcanzar ese punto, uno puede sondear el interés del otro intentando llamar su atención para ver si le devuelve la mirada. La gente olvida esto por su cuenta y riesgo. La cadena de supermercados Safeway de California instruyó en cierta ocasión a sus cajeros para que saludaran a los clientes mirándolos a los ojos y dedicándoles una sonrisa amigable. Tuvieron que retirar la medida cuando las cajeras objetaron que los clientes varones lo interpretaban como una insinuación. Más recientemente, Netflix prohibió a sus empleados mirarse unos a otros durante más de cinco segundos, alegando que se trataba de una forma de acoso sexual.[55]

Puede que todo este discurso sobre el sexo y la violencia se te antoje abrumador. ¿Acaso no puede ser más inocuo el contacto visual? ¿No es de hecho la esencia de la habilidad social? Se dice que los políticos hábiles establecen una buena relación con sus electores mirándolos a los ojos. Y en el otro extremo del espectro, los torpes *nerds* son notoriamente incapaces de establecer contacto visual. Si los conversadores afables no cesan de establecer contacto visual, ¿por qué no acaba la conversación en un asesinato o en un coito?

Resulta que, en las interacciones sociales cotidianas, *contacto visual* es una expresión poco apropiada. No es solo la regla de los cinco segundos. Lo que la gente llama *contacto visual* en la conversación no es una línea recta de pupila a pupila. Nuestros ojos recorren los rostros de nuestros interlocutores, pasando la mayor parte del tiempo en el puente de la nariz, y descienden con frecuencia para leer sus labios.[56] Pensándolo bien, *no podemos* mirarnos a los ojos porque cada uno de nosotros tenemos dos. Los rayos paralelos de globo ocular a globo ocular significarían que nos atravesaríamos unos a otros con la mirada hasta el infinito, sin asomarnos al alma del otro. El contacto visual significativo y sostenido significa elegir un ojo al que mirar fijamente y luego saltar al otro, en un cambio que ni siquiera advertimos. Intenta mirar a un ojo y luego al otro en tu reflejo en un espejo. Es como si no pasara nada. Estás ciego durante el movimiento del ojo, y al mirar a cada ojo es como si mirases a ambos. Los directores de Hollywood lo saben, e indican a los actores en una escena amorosa que cambien de ojo cada pocos segundos.[57]

En la vida diaria, el contacto visual significativo cae entre estos extremos: dura lo suficiente para pausar la danza por todo el rostro, pero no lo bastante para montar una escena. Esta es la clase de contacto visual que aparecía una y otra vez en la sección sobre el rubor y las emociones autoconscientes; la clase que intentamos evitar mirando de reojo cuando nos sorprenden en un acto comprometedor. En estos casos, el equilibrio de coordinación del que tratamos de mantenernos al margen es uno nuevo en el que quedaríamos mal, al haber renunciado a una presunción de competencia y probidad.

El contacto visual en las interacciones humanas cotidianas no se limita a un juego de coordinación específico, como la dominación, el estatus o la comunión sexual. Puede significar: «Algo que ha sido plausiblemente conocimiento privado o recíproco hasta este punto es mediante este acto conocimiento común». De ahí el desafío estándar a un pretexto endeble: «¿Puedes decírmelo mirándome a los ojos?».

Según un chiste que me contaron mis afables anfitriones teóricamente abstemios en un evento en Utah: «Los judíos no reconocen a Jesús. Los protestantes no reconocen al papa. Los mormones no se reconocen unos a otros en la licorería». ¿Qué es lo que permite a los individuos salir impunes de los comportamientos comprometedores simplemente evitando cruzarse la mirada? No es como si no se vieran mutuamente, ni como si pudieran negarse de forma plausible que se habían visto, aunque quizá pudieran negar plausiblemente que sabían que el otro los había visto o que el otro sabía que ellos lo sabían. Este «pretexto», «simulación mutua», «secreto a voces» o «elefante en la habitación» depende en realidad del conocimiento común, pero no del hecho comprometedor. El sociólogo Morris Friedell, uno de los primeros teóricos del conocimiento común en la vida social, sugería que, en un secreto a voces, lo que es conocimiento común es que todos están confabulados para actuar como si lo contrario de su conocimiento privado fuera cierto. Ponía el ejemplo de las personas que actuaban con delicadeza como si el paciente terminal que tenían en medio no se estuviera muriendo.[58]

La necesidad de los secretos a voces puede ser un indicador del prejuicio sistémico. Una extraña costumbre estadounidense en el siglo posterior a la guerra civil era «pasar por blanco», en virtud de la cual un afroamericano de piel clara podía ser clasificado legal y socialmente como blanco y disfrutar de la libertad sin discriminación ni prejuicios, aunque viviendo con el temor de que los rumores malintencionados pudieran hacer explotar el entendimiento común. El concepto desapareció con el movimiento por los derechos civiles de los años sesenta del pasado siglo. En una extraña modalidad de progreso, algunas personas blancas intentan pasar hoy en día por negras, como Rachel Dolezal, presidenta de la sección de Spokane de la Asociación Nacional para el Progreso de las Personas de Color, antes de ser desenmascarada en 2015.

Tras la desaparición del «pasar por blanco», no tardó en llegar la costumbre paralela de vivir «en el armario». Hasta que «salió» en 1989 a sus sesenta y seis años de edad (repárese en la metáfora para crear conocimiento común), mi asesor de posgrado, el psicólogo social Roger Brown, jamás reconoció su homosexualidad, como tampoco lo hicieron ninguno de sus colegas ni estudiantes, aunque era evidente para cada uno de nosotros en privado.[59] El eufemismo que todos empleábamos era «soltero».

Otro prejuicio puede ser el siguiente en desaparecer. En 2023, la escritora Lindy West fue entrevistada en la National Public Radio a propósito de un artículo en el que había anunciado una reciente decisión:

IRA GLASS: Salir del armario como gorda es una idea extraña, porque, por supuesto, la gente puede ver si estás gorda. No es ningún secreto. No es como cuando sales del armario como gay o transgénero. Nadie te dice, tía, no puedo creer que estés gorda. Lindy dice que era obvio lo enorme que era.

LINDY WEST: Pero siempre pensé que, si no lo mencionaba, tal vez no se notaría. O podía tratarse simplemente de esa especie de secreto cortés, como un secreto a voces que no abordábamos porque nos daba mucha vergüenza. Me parecía descortés hablar de ello, como si no quisiera agobiar a los demás con mi fracaso.[60]

El «agobio» de reconocer una condición evidente, inobjetable y mayoritariamente involuntaria es irracional, pero emocionalmente real a pesar de todo. Recuerdo una cena en la que un execrable patán comentó a propósito del anfitrión: «Siempre supimos que a Ed le gustan las mujeres gordas». Aunque era innegable que la anfitriona tenía un índice de masa corporal por encima de la media, la conversación se congeló, y el deseo de evitar el contacto visual era tan abrumador que todos enterramos nuestra mirada en nuestro regazo. Comprendí una expresión que habla de hacer imposible el contacto visual: quería que me tragase la tierra.

El papel del contacto visual en la vida social humana tiene implicaciones para la tecnología. Desafiando el relato habitual en el que Silicon Valley anuncia un dispositivo alucinante y el mundo se lo quita de las manos, todas las grandes compañías tecnológicas nos han contado que pronto viviremos en un metaverso de realidad virtual, para luego poner un solo huevo cada vez. Meta vendió su Quest Pro, Microsoft su HoloLens, Google su Glass, Apple su Vision Pro, y la gente se mantuvo masivamente al margen. Una autopsia en la revista tecnológica *Wired* explicaba por qué:

> Un casco de Apple, por muy geniales que sean sus especificaciones, no deja de ser un gran aparato que emite bocinazos, plantado entre su portador y el resto del mundo, intrínsecamente una barrera más que un conducto [...]. La gente no quiere pasarse un montón de tiempo llevando ese tipo de dispositivo por razones estéticas (máscara de buceo para tarados), razones prácticas (engorroso, limitador de la actividad) y razo-

nes sociales (es una cámara de aislamiento que deslizas sobre tus ojos para experimentar un simulacro individualizado del mundo en lugar de nuestra realidad compartida).[61]

La otra revolución tecnológica que no podrá producirse jamás debido al generador natural de conocimiento común humano es el reemplazo de las reuniones presenciales por las videoconferencias. Todos vivimos con Zoom y plataformas similares durante la pandemia de la COVID-19, y las plataformas han hecho incursiones en las reuniones desde entonces porque ahorran tiempo, molestias y combustibles fósiles. No obstante, la experiencia se antoja agotadora y un tanto incómoda para todo el mundo (todos llegan a estar *oysgezoomt*, «hartos del Zoom», un neologismo en *yinglish* [mezcla de yidis e inglés] que se popularizó tras el segundo año de Séders pascuales en línea). Una razón esencial es que las efigies en sus rectángulos, todas ellas mirando a sus propias pantallas en lugar de a la cámara, no pueden establecer contacto visual.[62] Una solución alternativa nunca cuajó: un módulo de IA que generaba un simulacro de los ojos de cada persona que parecían salir directamente de la pantalla. Aquello era demasiado: los espectadores acababan viéndose los unos a los otros más que en la conversación natural, y sufrían la carga cognitiva de tener que interpretar constantemente lo que quería decir el par de ojos que les devolvía la mirada.[63] El establecimiento, la ruptura y la interpretación del contacto visual es un ágil desempeno humano, y explota un rasgo anatómico del rostro que no se puede duplicar con una cámara y una pantalla: el dispositivo de captura de imágenes y la imagen de interés son la misma.

Aunque las expresiones transmitidas con los músculos faciales no poseen la relevancia mutua de las transmitidas con ruido, fluidos, calor o cruces de miradas, una de ellas es conspicua tanto para el emisor como para el receptor: la mirada fulminante. Numerosos modismos para «fulminar con la mirada» captan su visibilidad: «mirar mal», «mirada asesina», «atravesar con la mirada», «si las miradas matasen».

El psicólogo Lawrence Ian Reed, DeScioli y yo razonamos que una expresión enojada no era solo un exceso de bilis, sino que podía desempeñar una función comunicativa: hacer creíbles nuestras amenazas. Las amenazas tienen una limitación intrínseca: solo son racionales cuando no tienen que llevarse a cabo, cuando han intimidado al objetivo para que capitule. Si el amenazador tiene que cumplir la amenaza, puede lastimarse a sí mismo, porque infligir el daño requiere energía y conlleva un riesgo. El objetivo puede anticipar esto y aceptar el órdago desafiándole. Aunque resulte exasperante, la determinación de ser irracional (de cumplir una amenaza independientemente del coste) es la única forma de ser racional; esta es la idea que subyace a las tácticas paradójicas de Schelling, como el bloqueo del volante en un juego del gallina. Tal vez, razonábamos los tres, una mirada fulminante resuelta sea un signo creíble de que el amenazador habla en serio, registrado tanto por el amenazador como por el amenazado. Pero ¿cómo podíamos demostrar esto?

Utilizamos una de las demos más sugerentes en la teoría de juegos experimental, el juego del ultimátum. Se trata de una versión secuencial de dividir el dólar. A un proponente se le entrega un dólar para que lo reparta, y un respondedor puede coger su parte o dejarla, en cuyo caso ninguno de ambos recibe un solo centavo. El proponente racional parecería tener al respondedor racional contra las cuerdas: puede ofrecer tan poco como un céntimo, y el respondedor racional debe aceptarlo, porque una centésima parte de un pan es mejor que nada. Una división mínima parecería ser una oferta que no cabe rechazar.

Pero cuando se trata de jugadores reales, de hecho la rechazan. Los respondedores arruinan maliciosamente el trato rechazando las ofertas muy por debajo de los cincuenta centavos. Los proponentes, posiblemente anticipando esto, ofrecen preventivamente un reparto equitativo. La explicación intuitiva es que los respondedores no quieren hacer el primo aceptando las sobras, por lo que están dispuestos a tirar piedras contra su propio tejado y rechazar pequeñas ofertas por respeto a sí mismos y preocupación por su reputación. Esto tiene poco sentido en un estudio de laboratorio con desconocidos a los que no volverán a ver, y menos aún cuando el estudio se lleva a cabo en el anonimato de internet. Los jubilosos críticos de la economía clásica dicen que esto refuta su adorado modelo de los humanos como actores racionales. Pero sí tiene sentido si recordamos que, en los juegos experimentales, los individuos actúan con frecuencia como si no existiera tal cosa como un desconocido anónimo (lo cual era cierto en las sociedades de pequeña escala en las que los humanos pasaron la mayor parte de su historia).[64] Actúan como si estuvieran jugando en el mundo real, donde las personas quieren que se sepa que exigen ser tratadas de manera justa.

Y esto nos conduce a las expresiones emocionales como generadoras de conocimiento común. El teórico de juegos Ken Binmore señala que si los individuos tratan el juego del ultimátum como si pudieran volver a jugarlo con los mismos individuos, es un tipo de dilema de coordinación.[65] Un proponente avaricioso que quiere quedarse con el 99 por ciento y un respondedor pragmático que crea que eso es mejor que nada estarán en un equilibrio de Nash, pues ninguno de ambos saldría ganando al cambiar sus decisiones. También lo estarán un proponente equitativo y un respondedor que se respete a sí mismo y dispuesto a ser malévolo en caso de necesidad. Los múltiples equilibrios lo convierten en un juego de coordinación. Obviamente, el segundo equilibrio es preferible para el respondedor y quizá para todos a la larga, ya que se pueden invertir los roles, pero ¿cómo llegan ahí?[66] El equilibrio consistente en proponentes equitativos y respondedores indignados al no recibir un trato justo puede considerarse una convención. Las convenciones son ratificadas por el conocimiento común, y una forma de generar ese conocimiento común, razonábamos nosotros, es mediante un semblante decidido que anuncie: «No te metas conmigo». Y así predecíamos que una mirada enojada serviría a los intereses de un respondedor al dirigir a la pareja hacia un equilibrio ventajoso en un juego del ultimátum.

El experimento era sencillo.[67] Inscribimos a voluntarios de internet en un juego del ultimátum estándar, con la particularidad de que, antes de que los proponentes plantearan su propuesta, veían un videoclip de la respondedora con un texto que amenazaba con rechazar una oferta poco generosa. Huelga decir que esto es palabrería barata: una vez que el proponente hiciera una oferta, por mezquina que fuera, la respondedora no podría hacer nada al respecto y ambos lo sabían. Pero la mitad de las veces acentuábamos la amenaza haciendo que la respondedora (en realidad una estudiante que se había entrenado en las expresiones faciales) la acompañara con un ceño fruncido, una mirada de acero y una boca ceñuda. Como era de esperar, el aspecto de chica dura amedrentaba a los proponentes, quienes endulzaban su propuesta más allá de lo que exigía la estricta racionalidad.

Cierto es que un juego del ultimátum, como todos los juguetes de los laboratorios del comportamiento, es artificioso. Con todo, destila una característica crucial de la vida real. Los individuos son vulnerables a que otros les impongan su voluntad. El obstinado respeto por sí mismos puede conferirles una mínima capacidad de negociación que anime a los otros a dispensarles un trato justo. La mirada fulminante contribuye a ratificar este equilibrio de autoestima y equidad, del mismo modo que nuestras otras manifestaciones visibles ratifican nuestras amistades, jerarquías y normas.

CAPÍTULO 7

Palabras ambiguas

Por qué no decimos sin más lo que pensamos

En la película *La lista de Schindler*, después de que algunos de los trabajadores judíos de Schindler hayan sido deportados a Auschwitz, él negocia su liberación con un comandante de las SS. El comandante dice: «No es mi tarea interferir en los procesos que tienen lugar aquí. ¿Qué le hace pensar que puedo ayudarle?». Schindler responde: «Permítame que le exprese la razón», y vacía una bolsa de diamantes sobre la mesa. El comandante dice: «Podría hacer que lo arrestaran». La respuesta de Schindler: «Me protegen amigos poderosos. Usted debería saberlo». El comandante queda desconcertado. Finalmente dice: «No estoy diciendo que los acepte. Lo único que digo es que no me siento cómodo teniéndolos sobre la mesa». El comandante recoge los diamantes y se los guarda en el bolsillo.[1]

A nadie que observe esta conversación le pasarán desapercibidos los sobornos, las amenazas, los acuerdos y las negaciones que circulan entre estos personajes. No obstante, nunca se especifican los términos de esas transacciones. Schindler no dice «Si usted deja en libertad a mis trabajadores, yo le daré estos diamantes» ni «Si hace que me detengan, me encargaré de que reciba su castigo». Tampoco dice el comandante «Si usted deja que me quede con los diamantes, liberaré a los trabajadores» ni «Acepto este intercambio, pero lo negaré ante los demás».

Cuando las personas negocian en ámbitos peligrosos de la vida humana, rara vez declaran sus intenciones de forma explícita. Insinúan, hacen guiños, esquivan, titubean y se van por las ramas. Emplean la insinuación, el eufemismo y el subtexto, contando con que sus oyentes captarán el sentido, conectarán los puntos y leerán entre líneas. El discurso indirecto encubierto, como los lingüistas designan el fenómeno, es común en los diálogos de ficción, que desafían las facultades de mentalización recursiva de los lectores y espectadores para discernir cómo un personaje intenta influir en las creencias de otro.[2]

Muchas proposiciones indirectas son tan reconocibles que se han convertido en temas recurrentes de la cultura popular. El prototipo del soborno velado es el conductor que es detenido por un agente de policía y le pregunta si existe alguna manera de pagar la multa *in situ*. Esta viñeta combina el escenario con otro estereotipo acerca de la policía:

«¿Qué chocolatina? Yo no veo ninguna chocolatina».

Una variante se representó en la comedia televisiva *Silicon Valley*:

JARED [en el asiento del acompañante, mientras se acerca el agente]: He escuchado en un pódcast que, en realidad, a los policías les tientan mucho más los sobornos de lo que podrías pensar.

DINESH [el conductor]: ¡Hola, agente! ¿Puedo hacer algo para que todo esto [sonríe, menea la cabeza]... «desaparezca»?

AGENTE: Señor, yo me pensaría mucho las próximas palabras que salgan de su boca.[3]

Pero Jared estaba en lo cierto: sobornaron al agente con un ofrecimiento para que se pusiera al volante del Tesla y probara el «ridículo» modo de aceleración del coche.

Un típico ejemplo de amenaza velada es la reflexión de un mafioso al dueño de una tienda acerca de las cualidades positivas del negocio y lo lamentable que sería que le ocurriera algún contratiempo. Estas palabras también se han vuelto lo bastante reconocibles como para inspirar una tira cómica:

—Bonita chaqueta.
—Gracias.
—Sería una lástima que le ocurriera algo.
—Deja las patatas.

También aquí los guionistas han actualizado el cliché. En un episodio de *Los Soprano*, un miembro de la familia aborda a un viejo conocido en una tienda, paga su chocolatina y le dice: «Escucha, Danny, solo queremos que sepas lo contentos que estamos de tener a un tipo como tú en el jurado [del] juicio de Junior Soprano.... [Eres un] tipo muy trabajador. Con mujer y dos hijos. Cumpliendo con un deber cívico en el que todos deberíamos participar. Sabemos que harás lo correcto».[4]

Nadie sabe dónde se originó la clásica insinuación sexual en inglés «Would you like to come up and see my etchings?» [¿Te gustaría subir y ver mis grabados?],[5] pero, según una fuente, es muy vieja:

«¿Te gustaría entrar y ver mis grabados?»

Allá por los años treinta del siglo pasado, había llegado a ser lo bastante familiar como para figurar en una viñeta de James Thurber en el *New Yorker*:

«Espere aquí y le bajaré los grabados».

El equivalente en el siglo XXI es la invitación a «Netflix and chill» [ver Netflix y relajarse], suficientemente conocida en nuestros días para haber inspirado el título de un álbum de Ariana Grande, un sabor de helado Ben & Jerry's, una marca de condones y su propia entrada de Wikipedia.[6]

Y luego están las peticiones educadas cotidianas: las incongruencias, las irrelevancias, las disculpas, las cavilaciones sobre cuestiones hipotéticas y los agradecimientos hiperbólicos que expresamos para evitar andar mangoneándonos los unos a los otros: *¿Puedes pasarme la sal? ¿Crees que podrías pasarme la sal? Me preguntaba si podrías pasarme la sal. Si pudieras pasarme la sal, sería fantástico.* El parloteo y el servilismo llegan a su cénit cuando el destinatario es más poderoso que el suplicante, como vemos en la tira cómica de *Piled Higher and Deeper* de la ilustración siguiente. (El nombre del webcómic viene de un viejo chiste académico con las abreviaturas en inglés BS [*Bachelor of Science*, licenciatura o grado en ciencias], MS [*Master of Science*, máster en ciencias] y PhD [*Philosophiae doctor*, doctorado]: BS significa *bullshit* [chorradas], MS significa *more of the same* [más de lo mismo] y PhD significa *Piled Higher and Deeper* [apilados más alto y más profundo]).

Tiempo medio dedicado a redactar un correo electrónico

Profesores: 1,3 segundos
Sí. (enviar)
Adelante. (enviar).
Ver adjunto. (enviar)
No. (enviar)

Estudiantes de posgrado: 1,3 días
Querido (¿?) Profesor Smith:
Me preguntaba si quizá podría haber tenido usted la oportunidad de encontrar potencialmente el tiempo para echar tal vez un vistazo al borrador de mi trabajo, que vuelvo a enviarle adjunto por si acaso. Sé que está muy ocupado. Si tiene cualquier pregunta no dude en...

WWW.PHDCOMICS.COM

Pese a todas las tiras cómicas y alusiones irónicas, el discurso indirecto no es para tomárselo a broma. Hay casos sometidos a una exégesis minuciosa en procesos judiciales sobre soborno, extorsión y acoso sexual (incluido uno en el que un profesor fue investigado por mostrar a una colega un artículo sobre la felación en los murciélagos de la fruta).[7]

Un reciente ejemplo vinculaba a tres de las personas más famosas del mundo: Donald Trump, Volodímir Zelenski y Joe Biden. El trío protagonizaría unos dramas tan trascendentales en la década actual que resulta fácil olvidar el caso histórico en el que se vieron enredados en 2019.[8] Más de dos años antes de la invasión por parte de Rusia,

Trump telefoneó a Zelenski y, durante la charla, recordó al presidente ucraniano lo buen amigo de su país que había sido Estados Unidos y se quejó de que la relación no hubiera sido recíproca. Zelenski aventuró que la voluntad de Ucrania de comprar armas antitanque Javelin a Estados Unidos, aprobada por el Congreso pero a la espera del visto bueno de Trump, podría equilibrar las cosas. Trump replicó: «Sin embargo, me gustaría que nos hiciera un favor», favor consistente en investigar los (falsos) rumores de corrupción que implicaban a Joe Biden y a su hijo Hunter. Cuando se filtró una transcripción de la conversación, la mayoría de los lectores no interpretaron el comentario como una petición de un favor, sino como un soborno encubierto: si Zelenski sacaba trapos sucios de los Biden, Trump aceleraría la venta de los misiles (o incluso una amenaza velada: si no investigaba a fondo, Trump retrasaría la venta). La Cámara de Representantes de Estados Unidos acusó a Trump de abuso de poder e inició el proceso de su destitución, el tercero a un presidente en la historia estadounidense (Trump se convertiría más tarde en el acusado en el cuarto). Trump negó que sus palabras implicaran un *quid pro quo*. El Senado, de mayoría republicana, se mostró de acuerdo y lo absolvió.

¿Por qué las personas no dicen sin más lo que piensan? Sería mucho más rápido para el hablante, supondría menos trabajo para el oyente y la posibilidad de malentendidos sería menor. El sentido común dice que las insinuaciones ofrecen *negación plausible*: si se cuestionan, el hablante podría insistir en que solo estaba cavilando sobre situaciones hipotéticas, o en que tenía en efecto una colección de grabados que se moría por enseñar. La absolución de Trump corroboraría este extremo. Pero el voto del Senado siguió prácticamente las directrices del partido, y fue con mayor probabilidad un producto de lealtad partidista que de análisis semántico. Y los chistes, los memes y las tiras cómicas no habrían funcionado a menos que la negación del significado pretendido fuera de hecho poco plausible, si no irrisoria.

En este capítulo ofreceré un refinamiento. La insinuación permite en efecto la negación plausible, pero lo que se niega plausiblemente no es el significado pretendido, sino el *conocimiento común* del significado pretendido. Como hemos visto, el conocimiento común ratifica o invalida las relaciones sociales, y a veces las personas necesitan plantear una posibilidad sin amenazar una relación. Propuse esta idea en 2007 en *El mundo de las palabras*, y desde entonces he sido capaz de precisarla y recabar pruebas de que es cierta.

La primera parte de la teoría determina la lógica de la negación plausible. A fin de comprender por qué los individuos sienten la tentación de emplear el discurso indirecto encubierto, comencemos por imaginar la vida sin él. Consideremos a un hablante hipotético que sigue las máximas de la comunicación eficiente y es sucinto, veraz, directo y relevante.[9] Es detenido por exceso de velocidad y está ponderando si sobornar o no al agente. Su disyuntiva es si guardar silencio o decir: «Si deja que me marche sin una multa, le pagaré cincuenta dólares». Por desgracia, no sabe si el agente es corrupto y aceptará el soborno o es honesto y lo arrestará por intentar sobornar a un agente de policía.

Este dilema cae fuera de las clases de juegos que hemos explorado hasta el momento en el libro. En los casos más simples de la teoría de juegos, la racionalidad y los resultados de los jugadores son conocimiento común: cada uno sabe cuáles de los resultados posibles valen la pena para el otro (y sabe que el otro lo sabe, y así sucesivamente). Pero nuestro conductor está en un aprieto: sabe que el agente es racional, pero no conoce sus valores (si es corrupto u honesto) y, por consiguiente, no conoce los resultados. Schelling designó esto como *el problema de la identificación*; también se conoce como un juego de información incompleta.[10] Los resultados se pueden ilustrar mediante una pequeña matriz, pero en este caso las columnas no representan decisiones diferentes del segundo jugador, sino diferentes tipos de jugadores. (Supondremos por ahora que los valores del jugador determinan sus elecciones). He aquí el dilema del conductor, mostrando solo sus resultados:

Conductor	Agente corrupto	Agente honesto
No sobornar	Multa	Multa
Sobornar	Quedar libre	Arresto

Si el conductor no intenta sobornar al agente (primera fila), recibe una multa en cualquier caso. Si ofrece el soborno (segunda fila), es mucho más lo que se juega en ambos casos: quedar libre con solo el coste del soborno si se enfrenta a un poli corrupto, o un arresto por soborno si se enfrenta a uno honesto.

Pero supongamos ahora que el conductor tiene la suficiente facilidad de palabra como para plantear un soborno ambiguo, del estilo de «¿Puedo hacer algo para que todo esto… "desaparezca"?». Supongamos que sabe que el agente puede detectar el soborno, pero no podría hacer que prosperase ante un tribunal una acusación de soborno, porque la ambigua formulación impediría que un fiscal demostrara su culpabilidad más allá de toda duda razonable. El conductor tiene ahora una tercera opción:

Conductor	Agente corrupto	Agente honesto
No sobornar	Multa	Multa
Sobornar	Quedar libre	Arresto
Soborno velado	Quedar libre	Multa

Los resultados de esta tercera fila combinan la gran ventaja de sobornar a un policía corrupto con la sanción relativamente pequeña de no sobornar a uno honesto. El discurso indirecto es la decisión racional.

Suena plausible, pero ¿cuadran las cuentas? El biólogo matemático Martin Nowak, en colaboración conmigo y con el psicólogo James Lee, diseñó un sencillo modelo matemático que bautizamos como *la teoría del hablante estratégico*.[11] El coste esperado de un soborno (la suma de sus resultados buenos y malos, ponderada en cada caso en función de su probabilidad) se puede calcular partiendo de cinco cosas: la proporción de agentes que son honestos, el coste del soborno, el coste de la multa (que ha de ser mayor que el coste del soborno o nunca compensaría sobornar), el coste de un arresto por soborno (que debe ser mayor que el coste de la multa o siempre compensaría sobornar) y —la variable psicolingüística crucial— la probabilidad de que un agente trate un enunciado con un grado determinado de franqueza como un soborno. Esta variable, la «franqueza», va desde lo sutil hasta lo directo, y se corresponde con la plausibilidad de una negación: la proporción de lecturas del enunciado que son compatibles con que sea un soborno más que un comentario inocente. Una observación genérica como «He aprendido la lección; no tiene que preocuparse de que lo vaya a repetir» es menos directa. Una pregunta capciosa como «¿Hay alguna forma de resolver esto aquí?» ocupa una posición intermedia. Una proposición *si-entonces* como «Si deja que me marche, le daré cincuenta dólares» es muy directa.

Con estos cinco números, el cálculo del coste esperado para el conductor de una determinada formulación es solo álgebra de secundaria. Pero el álgebra revela una complicación en la lógica de la negación plausible que permanece oculta cuando se describe solo con palabras. Tanto los policías corruptos como los honestos hablan la misma lengua, por lo que presumiblemente interpretarán el enunciado del mismo modo: cuanto más directa la proposición, más alta la probabilidad de que un poli corrupto la acepte y de que un poli honesto arreste al conductor. Pero la sorpresa es que, si interpretan los enunciados de la misma forma, los sobornos velados carecen de sentido. La respuesta óptima dependerá solo de la fracción de agentes honestos que anden por ahí. Si la proporción supera un determinado umbral, la estrategia óptima para el conductor no es intentar sobornar, sino limitarse a hablar del tiempo. Si la fracción de agentes honestos es inferior al valor crítico, la estrategia óptima es soltarlo sin más: «Si le doy cincuenta dólares, ¿me deja marchar?».

¿Dónde está el error de la noción de sentido común de la negación plausible? La pieza faltante es que los agentes honestos y los corruptos tienen que reaccionar al mismo enunciado de diferentes maneras. Incluso si tienen idénticas corazonadas respecto de si una invitación a «resolver esto aquí» es una tentativa de soborno, el policía honesto debe ser más reacio a arrestar al conductor que el deshonesto a aceptarlo. Si imaginamos que ascendemos por la escala de posibles sobornos desde lo sutil hasta lo flagrante, el policía corrupto aceptaría la mordida con sobornos más sutiles que aquellos por los que un policía honesto arrestaría al conductor. Con esta suposición adicional, las matemáticas funcionan: un soborno velado es el mejor camino.

¿Cuán plausible es la asunción crucial de que los polis corruptos están más dispuestos a aceptar un soborno que los polis honestos a denunciarlo? La respuesta depende del resultado desde el punto de vista del *agente*. Consideremos al agente honesto. ¿Por qué dice «Señor, yo me pensaría mucho las próximas palabras que salgan de su boca» en vez de arrestar al conductor por las palabras que ya han salido de su boca, palabras que habrían sido suficientes para que un agente corrupto hubiera sacado los cincuenta dólares (o la chocolatina) de la cartera? La razón es que, aunque todos los conductores deshonestos hagan comentarios que se puedan interpretar (correctamente) como sobornos velados, algunos conductores honestos también hacen esos comentarios, como inocentes observaciones, por lo que cualquier arresto podría no tener éxito. La acusación podría ir a juicio, donde tendría que satisfacer el alto estándar de culpabilidad más allá de toda duda razonable. En caso contrario, el arresto infructuoso podría resultarle oneroso al agente: este podría ser acusado de malgastar el tiempo del departamento, dañar su reputación o hacerle responsable de los daños. Esto significa que la matriz de identificación del *agente*, con sus decisiones como columnas y los tipos posibles de conductores como filas, es la siguiente:

Agente

	Arrestar	No arrestar
Conductor honesto	Falso arresto	Multa
Conductor deshonesto	Condena	Multa

Por consiguiente, el coste para el agente honesto de arrestar al conductor dependerá de la proporción de *conductores* deshonestos y honestos que formulen un comentario con ese nivel de franqueza, y de las recompensas profesionales por los arrestos exitosos y las sanciones por los falsos. Para un policía corrupto, el coste depende de la cantidad del soborno, las consecuencias de efectuar un falso arresto y la sanción por ser acusado de aceptar un soborno.

Al combinar todos estos números, las reglas de decisión para los policías corruptos y los honestos sobre cuán ostensible ha de ser un soborno para entrar en acción no van a ser las mismas. Y si no son las mismas, tenemos una teoría plausible de la negación plausible.

Las matemáticas funcionan, pero ¿es correcta la explicación? Nowak gusta de contar un chiste sobre él mismo acerca de la reputación de su profesión de preocuparse más de la elegancia matemática que de los detalles relativos al mundo real:

> Un pastor está cuidando sus ovejas y llega un hombre y le pregunta: «Si adivino el número correcto de sus ovejas, ¿puedo quedarme una?».
>
> El pastor responde: «Inténtelo, por favor».
>
> El hombre mira al rebaño y dice: «Ochenta y tres».
>
> El pastor está impresionado porque ha acertado el número correcto. El hombre coge su premio y empieza a alejarse.
>
> El pastor dice: «¡Espere! Si adivino su profesión, ¿puedo recuperar mi oveja?».
>
> El hombre contesta: «Por supuesto».
>
> El pastor dice: «Usted debe de ser biólogo matemático».
>
> El hombre pregunta: «¿Cómo lo ha sabido?».
>
> «Porque ha escogido a mi perro».

Nowak estaba encantado de dejar que Lee y yo pusiéramos a prueba la teoría del hablante estratégico con ovejas reales, es decir, con personas.[12] La finalidad de nuestro estudio no era demostrar que las personas saben cómo sobornar a los agentes con dinero, sino tan solo que, cuando se enfrentan a ese reto (que, convenientemente para nosotros, tiene costes, beneficios y riesgos cuantificables), aplican destrezas conversacionales que han perfeccionado en la vida cotidiana.

Les pedimos que se imaginaran en un viaje por carretera por una antigua república ficticia de la Unión Soviética. Según la información de una guía, habida cuenta de que el soborno está muy extendido en esa parte del mundo, el viajero ha de estar preparado para saber cómo actuar en un encuentro con un agente de policía. (El escenario no es descabellado: la organización anticorrupción Transparency International reveló que más de un tercio de la población mundial cree que la mayoría de los policías de su país son corruptos, y una cuarta parte había pagado un soborno a un funcionario gubernamental en el año precedente).[13] Pedíamos a los participantes que se imaginaran conduciendo en cada una de las diversas provincias y siendo detenidos por un agente que les ha acusado falsamente de exceso de velocidad, y que consideraran entonces lo que le dirían. Las provincias variaban en las cuatro variables que intervienen en nuestro modelo de óptima vaguedad: el porcentaje de policías corruptos, el coste de una sanción de tráfico, el coste de una multa por soborno y el tamaño habitual de un soborno. Acto seguido les preguntábamos con cuánta probabilidad propondrían un soborno con cada una de estas cuatro formulaciones:

«Lo siento mucho, agente. Si le doy un billete de cincuenta, ¿me dejará marchar?».

«Lo siento mucho, agente. Pero la verdad es que me pilla en una especie de emergencia. Así que tal vez lo mejor sería resolver aquí este asunto... sin ir a juicio ni andar con papeleos».

«Lo siento mucho, agente. Sé que tendré que pagar por mi error».

«Lo siento mucho, agente. He aprendido de veras la lección».

Por supuesto, nuestros participantes escogían sus palabras de forma estratégica: cuanto mayor era la proporción de policías honestos en la provincia y menor el coste de la multa, más evasivo el soborno. En las dieciséis provincias, los participantes eligieron un grado de franqueza muy próximo a las predicciones de nuestro modelo teórico.[14] Pero la prueba crítica de la teoría llegó con otra pregunta que hicimos a nuestros participantes, a saber: con cuánta probabilidad pensaban que los agentes corruptos y los honestos actuarían ante las diferentes formulaciones. Con el soborno flagrante, todos pensaban que hasta el último agente corrupto aceptaría el soborno y hasta el último agente honesto arrestaría al conductor. Pero con los tres sobornos velados, juzgaban que los polis corruptos actuarían más deprisa que los honestos. Esta era la predicción determinante de la teoría de que el discurso indirecto es estratégicamente óptimo en un típico problema de identificación, y da un cierto peso a la intuición de que las palabras ambiguas brindan negación plausible al hablante.

Por consiguiente, daba la impresión de que habíamos triunfado tanto en el recuento de ovejas como en el conocimiento de la clase de animal con la que estábamos tratando, o casi. Un hallazgo reveló un sentido en el que las personas no son tan buenas. Cuando todos los factores se acumulan en el lado de la franqueza, en particular cuando *todos* los policías de la provincia son corruptos, entonces soltar una contrapartida es una obviedad: no hay nada que perder, mientras que una proposición más vaga correría el riesgo de resultarle incomprensible al oficial y dejar a este sin saber que estaba siendo sobornado. Sin embargo, nuestros calificadores eran escrupulosos con la idea de un soborno descarado: optaban por una pizca innecesaria de ambigüedad.

Los individuos son reticentes a dejar caer una proposición directa incluso cuando los resultados crudos y fríos indican que es perfectamente seguro. Esto nos conduce a la cuestión relacionada de por qué utilizamos el discurso indirecto en la vida cotidiana cuando no nos enfrentamos a un hombre con placa. Nadie tiene que preocuparse de ser arrestado por ofrecer un soborno en la vida diaria. Entonces, ¿por qué solemos medir nuestras palabras?

¿Un soborno en la vida diaria? Tal vez te preguntes cuándo podría sentir la tentación de ofrecer un soborno un ciudadano como tú, respetuoso de la ley.

¿Qué te parece esto?: un sábado por la noche quieres ir a un restaurante popular. No tienes reserva. ¿Por qué no intentar untar la mano del *maître* para saltarte la cola y conseguir enseguida una mesa? Esa fue la misión encomendada al escritor Bruce Feiler por la revista *Gourmet* unos años atrás, y su reportaje arroja luz sobre el imperativo del discurso indirecto en la vida social.[15]

Como podrías imaginar, el encargo le llenó de temor. Aunque no tuviera que preocuparse de que lo sacaran a rastras del restaurante esposado, «no dejaba de imaginar las posibles réplicas de algún *maître* furioso»:

«¿Qué clase de establecimiento cree usted que es este?».
«¿Cómo se atreve a insultarme?».
«Cree usted que puede venirme con esas?».

Con todo, se trataba de un encargo, así que se armó de valor y probó en una serie de restaurantes elegantes de Manhattan. En cada ocasión, miraba al *maître* a los ojos, cuidando de no bajar la mirada al billete de cincuenta de su mano, y profería alguna frase de este estilo:

«Espero que pueda acomodarnos».
«Me preguntaba si podría tener alguna cancelación».
«¿Hay alguna forma de acelerar mi espera?».
«Nos preguntábamos si tendría una mesa para dos».
«Esta noche es realmente importante para mí».

Para su asombro, funcionó siempre: tardaron entre dos y cuatro minutos en sentarlo.

¿Por qué pensaba que los *maîtres* se enfurecerían tanto? ¿Y por qué la insinuación facilitaba tanto las cosas para ambas partes? Los dos capítulos anteriores responden la primera pregunta. Recordemos que las situaciones sociales están gobernadas por los modelos relacionales (comunalidad, autoridad o equidad) que estipulan quién está autorizado a qué y bajo qué términos. Un desajuste de modelos entre dos personas (una piensa que es la jefa, la otra la trata como una amiga; una piensa que son amigas, la otra es buena negociadora en una transacción) puede conducir al resentimiento.[16]

Este es el motor de la cortesía, como el comensal que se pregunta si su compañera podría pasarle la sal en vez de decirle simplemente que le pase la sal. Dar una orden es el tipo de cosa que un superior hace con un subordinado, una impresión que los amigos y los desconocidos desean evitar. Así pues, aprovechan la manera en la que suelen cooperar los conversadores, completando los eslabones que faltan para poder mantener una conversación coherente. Una sugerencia cortés suele consistir en un prerrequisito para el favor. No tiene sentido pedirle a alguien que te pase la sal si ya tienes la sal, si no te gusta la sal o si el oyente es incapaz de pasar la sal. Así pues, al transmitir un pensamiento como «No hay salero en este extremo de la mesa», «Podría usar algo de sal» o «¿Puedes pasarme la sal?», un comensal educado puede plantar el siguiente paso deseado en la mente de su compañero de mesa y conseguir lo que desea sin parecer que lo trata como a un lacayo.[17]

Volviendo al vestíbulo de nuestro restaurante, el *maître* está en una relación de autoridad con los clientes: tiene el derecho de sentarlo dónde y cuándo le plazca. Un cliente que ofrece un soborno lo está tratando con insolencia, como si estuvieran en una relación de equidad gobernada por las normas del *quid pro quo*, en la que estaría obligado a sentar al cliente como condición para aceptar el soborno. Como vimos en el capítulo 5, la aplicación del modelo relacional equivocado a una interacción social puede provocar emociones desagradables que vayan desde la incomodidad hasta la indignación. De ahí la aterradora anticipación de la réplica furibunda: «¿Cómo se atreve a insultarme?».

El coste emocional es tan oneroso como una sanción pecuniaria, y hace el juego de sobornar a un *maître* isomorfo con el juego de sobornar a un policía. La matriz es la misma, pero los resultados se cuentan como la suma del coste práctico (el placer de una mesa rápida al precio del soborno o el fastidio de una larga espera) y el coste emocional (el confort de una mutua comprensión de la relación o la incomodidad de un choque).

		Maître corrupto	*Maître* honesto
Cena	Sobornar	Mesa rápida (equidad – **equidad**)	Incomodidad (equidad – **autoridad**)
	No sobornar	Larga espera (autoridad – **autoridad**)	Larga espera (autoridad – **autoridad**)
	Soborno velado	Mesa rápida (equidad – **equidad**)	Larga espera (autoridad – **autoridad**)

Una vez más, un cliente poco imaginativo se aventuraría si ofreciera un soborno abierto (primera fila), porque podría terminar o bien con una mesa rápida o bien con una escena desagradable, y esa apuesta podría ser mejor o peor que el fastidio seguro de una larga espera por guardar silencio (segunda fila). Pero un cliente con pico de oro que ofreciera un soborno velado (tercera fila) podría minimizar riesgos: un *maître* corrupto podría detectar el soborno y consumar la transacción, en tanto que uno honesto podría dejarlo pasar y fingir que no había ocurrido nada. El soborno encubierto combina el gran beneficio de sobornar a un *maître* corrupto con el coste relativamente bajo de no lograr sobornar a uno honesto. Esa es la estrategia óptima con un *maître* de valores desconocidos, como lo es con un policía inescrutable.

(Una anécdota personal: en vísperas de la gira de promoción de *El mundo de las palabras*, mi mujer y yo caminábamos por el paseo marítimo de Brooklyn sin una reserva para cenar cuando pasamos por el River Café, un restaurante chic con una vista magnífica. Ella comentó que, si yo tenía el valor de mis conjeturas, había llegado el momento de aplicar mis teorías y sobornar para conseguir una mesa. Reuní el arrojo, pero lo que vi en el mostrador de recepción frustró mis planes: *dos maîtres*, cualquiera de los cuales se percataría de una proposición velada ofrecida al otro, convirtiéndola en conocimiento común que echaría por tierra el acuerdo).

Las amenazas siguen una lógica similar. Un extorsionista franco se incriminaría a sí mismo con sus propias palabras y se arriesgaría a sufrir sanciones legales, al igual que un sobornador. Se enfrenta al riesgo adicional de que el objetivo acepte el órdago y desafíe la amenaza. Para mantener la reputación de la que depende su sustento, el extorsionista tendría que llevar a cabo la amenaza, lo cual puede ser arriesgado y costoso y, sin embargo, carece de sentido una vez que ha fracasado en su propósito de coaccionar al objetivo. Una amenaza velada resuelve ambos problemas. Si lo denuncian, es difícil encontrarlo culpable de extorsión más allá de toda duda razonable, simplemente por alentar a un jurado a «hacer lo correcto». Y si es desafiado, puede optar por no cumplir la amenaza sin faltar literalmente a su palabra ni perder su credibilidad.

Las insinuaciones sexuales se enfrentan al problema de la identificación a lo grande. Las personas (al menos las de uno de los sexos) son muy selectivas a la hora de acostarse con alguien, por lo que una proposición es una apuesta con un alto beneficio si el interés es correspondido y un alto coste si es rechazado. El coste reside en la incomodidad de un desajuste en una relación entre, por un lado, la comunidad carnal y romántica y, por el otro, la comunidad platónica (entre amigos), la igualdad (entre compañeros de trabajo) o la autoridad (cuando se trata de un estudiante o un subordinado, en cuyo caso existe asimismo peligro legal). Como en los casos del conductor y el policía o del comensal y el *maître*, el arte verbal radica en aterrizar en el nivel óptimo de vaguedad: lo bastante sutil como para que una pareja no interesada pueda optar por dejarlo pasar, pero no tan sutil como para que no lo capte una pareja interesada. En un episodio de *Seinfeld* citado con frecuencia, George Costanza, contando una cita a Jerry y Elaine, ilustra el segundo riesgo:

> GEORGE: Ella me invita a subir a las doce de la noche, para tomar «café». Y yo no subo. «No, gracias. Me desvela. Yo no puedo tomar café tan tarde». Eso fue lo que le dije. Las personas tan estúpidas no deberían tener derecho a vivir. No puedo imaginarme lo que pensará de mí.
> JERRY: Pensará que eres un tío al que no le gusta el café.
> GEORGE: ¡Me invitó a subir! ¡El café no es café! ¡El café es sexo!
> ELAINE: Tal vez el café *fuera* café.
> GEORGE: El café es café por la mañana. No es café a las doce de la noche.
> ELAINE: Hay gente que toma café a esas horas.
> GEORGE: Sí, los que trabajan en Defensa Aeroespacial vigilando misiles las veinticuatro horas.[18]

Y llegamos por fin a lo que falta en la teoría de la negación plausible, incluso después de que hayamos sumado los costes emocionales a los financieros y los legales. Los problemas no son menores. Uno es la negación: el discurso indirecto se utiliza incluso cuando no hay necesidad de hacerlo. Recordemos que cuando a los participantes en nuestro estudio les decíamos que *todos* los policías de la provincia eran corruptos, por lo que no había ningún coste en ser directo y algún coste en ser indirecto (un poli parecido a Costanza), seguían optando por un soborno encubierto. Y como aprendimos en la revista *Gour-*

met, todos los *maîtres* de Manhattan son sobornables y, sin embargo, los comensales siguen recurriendo a la insinuación.

El otro problema es la plausibilidad. ¿Podría dudar de veras algún *maître* de lo que significa «acelerar mi espera»? ¿O el presidente de un jurado de lo que significa «hacer lo correcto», o una mujer adulta «Netflix and chill»? ¿Y cómo interpretará un poli el significado de «resolver aquí este asunto sin ir a juicio ni andar con papeleos»? En este último caso tenemos una respuesta. Cuando pedimos a nuestros participantes que calcularan la probabilidad de que aquello fuera interpretado como un soborno, la estimación promedio fue del 99 por ciento.

Las proposiciones ligeramente veladas no superan el test de la risita, pero, con todo, los individuos se sienten más cómodos con ellas. ¿Por qué? ¿Qué habría sido tan terrible para un *maître* neoyorquino si el cliente se hubiera limitado a plantear la negociación claramente? ¿Por qué una insinuación sexual rechazada resulta más incómoda cuando es proferida como una proposición directa que cuando se expresa mediante una insinuación inequívoca, incluso en las circunstancias más extremas?

«Sé que es tarde, pero ¿quieres subir a tomar un coco o alguna otra cosa?».

Al fin y al cabo, el lenguaje directo tiene algo especial. Expresar una intención en una oración literal (sin rodeos, para que conste en acta, con todas las letras) marca una diferencia. Ciertas cosas, una vez dichas, no se pueden desdecir.

Lo especial es que el lenguaje genera conocimiento común. Así es como funciona. Decir algo a un oyente dotado de entendimiento es un acontecimiento evidente (del tipo examinado en el capítulo 4) que no puede suceder sin que ambas partes sepan que ha sucedido y sepan que el otro lo sabe.[19] No es que el *contenido* de cada oración se crea de forma automática: ello convertiría a los oyentes en blancos fáciles para las mentiras y la manipulación. Pero para que se produzca la comprensión, la *intención* de compartir el contenido ha de ser conocimiento común. El reconocimiento de esa intención es necesario para que el oyente recurra a su terreno común a fin de resolver las innumerables ambigüedades que permean una oración, y para interpolar las suposiciones implícitas que conectan una oración con la siguiente.[20] Cuando el significado llano del mensaje de un hablante es inequívoco en su contexto, dado el terreno común que ambos comparten, el oyente puede concluir que eso es lo que el hablante pretende que crea, y el hablante lo sabe.

El discurso directo genera conocimiento común. El conocimiento común conduce a los individuos hacia las relaciones sociales. Cuando las personas recelan de consumar una relación semejante, quieren evitar ese conocimiento común, por lo que recurren al discurso indirecto. A fin de mantener la comprensión de que el *maître* es una autoridad en su dominio y, al mismo tiempo, plantear la posibilidad de cambiar a una relación transaccional, o de que el hombre y la mujer son solo amigos, al tiempo que se plantea la posibilidad de pasar a la comunión sexual, se aferran a la formulación literal que resulte compatible con el *statu quo*, evitando las palabras que indicarían una realidad social muy diferente, que puede que uno de ellos no desee.

Esto plantea un interrogante de mayor calado aún. ¿Qué tiene de aterrador el conocimiento común de una voluntad de cambiar a una nueva relación? Una razón es que el conocimiento común es un Rubicón, un cambio discreto que destaca como un punto focal inconfundible. Los modelos relacionales son modos de interacción cualitativamente diferentes, y que un par de personas pasen de uno a otro no es un asunto menor. Dado que se necesitan dos para bailar un tango, los individuos han de reconocer de modo conjunto una política sobre cuándo cambiar. ¿Exactamente cuán cerca de una mujer puede sentarse un hombre, con cuánta profusión puede halagarla, cuán insignificante puede ser el pretexto para invitarla a su apartamento, antes de que ella concluya que sus intenciones son sexuales? Su evaluación privada puede seguir las indirectas de una manera análoga, pero su relación con él ha de ser una cosa o la otra. Si no está por la labor, podría tener que tolerar una dosis considerable de ambigüedad antes de dar la alarma, porque el cambio de relación conlleva sus costes y resulta difícil saber dónde poner el límite. Una proposición directa que resuelva toda duda ciertamente cae del otro lado, y la diferencia entre ella y el continuo de insinuaciones puede ser el único lugar claro donde trazar esa línea. La plausibilidad de la negación puede ser pequeña (el uno por ciento o una décima parte del uno por ciento), pero siempre que no sea igual a cero, como lo sería en una proposición flagrante, puede que ella no sea capaz de reprochárselo. A falta de un punto focal que desencadene un cambio de relación, al hablante se le concede «el beneficio de la duda», y la relación puede permanecer inalterada. Por consiguiente, la negación no tiene por qué ser plausible, sino tan solo posible.

La otra diferencia entre el discurso directo y hasta la más sugerente insinuación es que el discurso directo sortea la mentalización recursiva y garantiza de un plumazo el conocimiento común. Imaginemos que James pregunta: «¿Quieres subir para un *Netflix and chill*?», y Charlotte se niega. Puede haber poca incertidumbre respecto de las intenciones de James, y ninguna sobre las de Charlotte: ella sabe que ha rechazado una insinuación, y él sabe que ella ha rechazado una insinuación. Pero Charlotte no sabe necesariamente que *James* lo sabe; podría pensar para sus adentros: «Tal vez James piense que soy una ingenua». Y James no sabe necesariamente que *Charlotte* sabe que él lo sabe; podría pensar para sí: «Tal vez Charlotte piense que soy estúpido». Aunque existe conocimiento privado, no existe conocimiento común, y ambos pueden mantener la ficción de una amistad puramente platónica sin renunciar a sus pretensiones de racionalidad y honestidad. En cambio, si James dice: «¿Quieres subir para tener sexo?», entonces James sabe al instante que Charlotte sabe que James sabe que Charlotte sabe, y así sucesivamente. Con este conocimiento común, no pueden mantener la ficción de una amistad. Tendrían la sensación de que «está ahí afuera», de que «él no puede retractarse». En otras palabras, no es la negación de la *intención* la que ha de ser plausible; es la negación del *conocimiento común* de la intención.

La teoría de que el discurso indirecto proporciona la negación plausible del conocimiento común de la información que amenaza la relación parecía unir todas las piezas, pero nos faltaba ponerla a prueba. Lee y yo pedimos a algunas personas que leyeran tres situaciones, cada una de las cuales concluía con una proposición peligrosa hecha por uno de los protagonistas. En uno de los escenarios, la proposición era un soborno, similar a la historia del conductor y el policía. En otro era una amenaza: un profesor sin escrúpulos amenaza con torpedear la candidatura de una estudiante brillante para una prestigiosa beca a menos que acceda a aplicar su talento en su laboratorio. La tercera era una insinuación sexual: Michael y Lisa son compañeros de trabajo y amigos; tras cenar juntos, él la lleva a casa en coche y, al pasar por su bloque de apartamentos, pasa a la acción con las palabras. Al igual que antes, presentamos cada situación con cuatro variantes de la proposición culminante, de las indirectas al descaro. Por ejemplo:

> «Guau. Me parece como si lleváramos hablando un montón de tiempo, pero son solo las diez y media».

> «Mi amigo me acaba de mandar por correo electrónico esas fotos de nuestro viaje a Europa de las que te hablaba. ¿Quieres subir a verlas?».

> «¿Sabes que tengo una vista increíble desde mi balcón? Se ve toda la ciudad, las luces, el océano... ¿Te gustaría subir a echar un vistazo?».

> «Te encuentro realmente atractiva y he disfrutado mucho contigo esta noche. ¿Te gustaría subir y tener sexo?».

En todas las historias, el oyente rechaza la proposición. A continuación, en una docena de preguntas, sondeamos la comprensión de lo sucedido por parte de nuestros encuestados.

Al igual que en el primer experimento, las respuestas respaldaban la idea de sentido común de que las insinuaciones permiten la negación plausible. El discurso indirecto no es un simple ritual, como decir *por favor* o *gracias*, sino que genera incertidumbre asimismo acerca de las intenciones del hablante. Los participantes, poniéndose en la piel del oyente, indicaban que, a su juicio, las proposiciones flagrantes brindaban más seguridad de que el hablante tenía en mente una intención ilícita, y era más probable que le acarrearan consecuencias desafortunadas, como una condena por soborno o medidas disciplinarias por parte de la universidad.

También queríamos confirmar que el discurso indirecto comporta costes y beneficios emocionales que son análogos a los costes legales y monetarios en el caso evidente del conductor que soborna al policía. No es de extrañar que el hablante que se preocupaba de velar su proposición como una insinuación se considerase más respetuoso con el oyente y que hiciera más fácil para los dos reanudar su relación diaria.

De forma menos obvia, replicamos la prueba crítica del modelo de discurso indirecto óptimo del hablante estratégico (que los oyentes bien dispuestos es más fácil que reaccionen ante una oferta ambigua que los oyentes reticentes), pero en esta ocasión con resultados emocionales más que económicos. Una nueva muestra de participantes juzgó cómo reaccionaría Lisa a una gama de proposiciones en dos escenarios diferentes: la atracción era mutua y ella pretendía aceptar su oferta, o era unilateral y ella pretendía rechazar la insinuación y mantener una distancia fría en lo sucesivo. Según lo previsto, nuestros lectores pensaban que una Lisa no dispuesta diría que sí a las proposiciones vagas más de lo que una Lisa renuente diría que no.

Pero nuestro hallazgo más feliz fue que las proposiciones directas, y solo las proposiciones directas, eran puntos focales, del tipo que genera conocimiento común. En primer lugar, confirmamos que las proposiciones directas no dejaban margen de maniobra para una interpretación inocente. En la historia del soborno, cuando nuestros encuestados adoptaban el punto de vista del agente, todos menos uno daban una clara estimación del 100 por ciento de que el conductor que formulaba una oferta directa hablaba en serio. (Eso puede parecer obvio, pero semejante unanimidad es rara en los experimentos de comportamiento, que suelen estar sujetos a la constante del hombre lagarto: en cualquier encuesta, el 4 por ciento de los encuestados marcará una respuesta afirmativa a cualquier pregunta, por muy extraña que sea, como «¿Cree usted que el mundo está controlado por reptiles que cambian de forma?»).[21] Casi con la misma nitidez, una mayoría de nuestros encuestados estaban seguros en un 99 por ciento de que un conductor que formulaba la más sugerente de las proposiciones indirectas tenía intención de sobornar. La negación de una insinuación puede ser poco plausible (en este caso, en un 1 por ciento), pero la gente la distingue de la certeza.[22]

La otra prueba del conocimiento común, que las proposiciones directas confieren entendimiento recursivo, nos planteaba un desafío que resultará familiar a estas alturas. Supongamos que pidiéramos a los participantes que calificaran su confianza de que Lisa sabe que Michael sabe que Lisa sabe que Michael sabe que Lisa rechazó su insinuación. En el mejor de los casos, nuestros desconcertados encuestados podrían pensar: «Sí, lo que sea; hay infinitas tortugas, una debajo de otra». Si pensaran esto para la proposición descarada, pero no para las veladas, eso todavía nos diría algo (como en el estudio que realicé con Julian de Freitas sobre los acontecimientos públicos, descrito en el capítulo 4). Pero Lee y yo queríamos dar a nuestros participantes la mejor oportunidad posible de desmontar la muñeca rusa. Como vimos en el capítulo 4, los individuos pueden considerar varias capas de pensamientos anidados en pensamientos si las condiciones son adecuadas. Así pues, intentamos establecer esas condiciones y extender cuanto pudiéramos las facultades de mentalización de nuestros participantes. Les pedimos adoptar una perspectiva de primera persona (eliminar una capa), introdujimos cada pensamiento en su propia oración, nos centramos en una oración cada vez y utilizamos un verbo diferente en cada una para evitar que las oraciones colapsaran en sí mismas.

He aquí una prueba de dos capas de mentalización: el oyente piensa sobre lo que el hablante tenía en mente. Después de leer la potencial insinuación, nuestros lectores escogían una interpretación:

Ponte en la posición de Lisa. ¿Qué está pensando en este momento?

«Estoy absolutamente segura de que Michael no me estaba pidiendo que tuviéramos sexo (o al menos todo lo segura que una puede estar sobre las intenciones ajenas)».

«Estoy prácticamente segura de que Michael no me estaba pidiendo que tuviéramos sexo».

«Creo que probablemente no me estuviera pidiendo que tuviéramos sexo».

«¿Me pidió que tuviéramos sexo? ¿O me pidió simplemente que me quedara más tiempo? No sé si era lo uno o lo otro».

«Creo que probablemente me estuviera pidiendo que tuviéramos sexo».

«Estoy prácticamente segura de que me estaba pidiendo que tuviéramos sexo».

«Estoy absolutamente segura de que me estaba pidiendo que tuviéramos sexo».

No es demasiado difícil. Insertémoslo en una tercera capa; el hablante se pregunta cómo interpretó el oyente lo que tenía en mente:

Lisa ha dicho educadamente que quiere irse a casa. Ponte en la posición de Michael. ¿Cuál de los siguientes pensamientos es el más probable?

«Estoy absolutamente seguro de que Lisa no entendió que le estaba pidiendo sexo».

... [cinco grados intermedios de confianza, como en la lista anterior]...

«Estoy absolutamente seguro de que entendió que le estaba pidiendo sexo».

Probemos ahora con cuatro capas: el oyente pondera esa reflexión del hablante:

Lisa sabe que Michael le estaba pidiendo que tuvieran sexo. Ponte en su posición. ¿Qué estaba pensando?

«Michael piensa que no entendí que me estaba pidiendo que tuviéramos sexo. Estoy absolutamente segura de eso».

...

«Michael sabe que entendí que me estaba pidiendo que tuviéramos sexo. Estoy absolutamente segura de eso».

¿Crees que podrías manejar una quinta capa, en la que el hablante pondera la ponderación del oyente?

Supongamos que Michael sí se percata de que Lisa rechazó a sabiendas su invitación a tener sexo. Ponte en la posición de Michael. ¿Qué está pensando?

«Lisa piensa que no entendí que me rechazó para tener sexo. Estoy absolutamente seguro de eso».

...

«Lisa sabe que entendí que me rechazó para tener sexo. Estoy absolutamente seguro de eso».

Vayamos ahora a por todas: seis capas.

Supongamos que Lisa está segura de que Michael sabe que rechazó su invitación para tener sexo. Ponte en la posición de Lisa. ¿Qué está pensando?

«Michael entiende que rechacé su invitación para tener sexo. Pero no es consciente de que sé que lo entiende».

...

«Michael entiende que rechacé su invitación para tener sexo. Y es consciente de que sé que lo entiende».

Al trazar el grado de confianza de los encuestados, estábamos interesados en si cada capa adicional de él-piensa-que-ella-piensa reducía su confianza en el pensamiento en su totalidad. Así pues, antes de representar los datos, condicionamos el índice de confianza para cada ítem al grado de seguridad de los participantes en el ítem del nivel inferior; por ejemplo, cuán probable indicaban que era que Lisa piensa que Michael piensa que Lisa piensa que Michael pretendía que su invitación fuera sexual dado que indicaban que ella pensaba de entrada que su invitación era sexual (tal como se revelaba en su calificación del ítem precedente).

Lo que descubrimos fue sorprendente. Con cada una de las insinuaciones veladas, cuantos más pensamientos dentro de pensamientos tenían que considerar, más se desplomaba su confianza. Pero con la insinuación flagrante, su confianza alcanzaba el 100 por cien: estaban tan seguros de que ella piensa que él piensa que ella piensa que él piensa que ella piensa que era una insinuación como lo estaban de que ella piensa que era una insinuación. Esto respalda la idea de que el discurso franco genera conocimiento común, pero las insinuaciones no. Es también la mejor prueba que conozco de que el conocimiento común en el sentido de la mentalización recursiva está ligado al conocimiento común en el sentido de la evidencia.[23] Al interpretar una proposición directa evidente, los individuos asentían a cuantas capas de pensamientos recursivos fueran retados a pensar.

Mientras has estado comparando en tu mente el discurso franco con la insinuación, puede que te hayas percatado de otra diferencia. La insinuación ha de interpretarse en contexto. Su interpretación exacta depende de cada pizca de información disponible para el oyente, incluidos el periodo previo a la proposición, el lenguaje corporal del hablante y su tono de voz. En cambio, las proposiciones flagrantes llevan al descubierto sus interpretaciones. Eso significa que pueden ser interpretadas por los fisgones y por el público imaginario ante el que siempre actuamos (otra idea de Erving Goffman). Además de todo esto, las proposiciones directas prácticamente no tienen pérdidas: si alguien se enteró del diálogo, al oírlo por casualidad o recibir un informe de primera mano, podría transmitirlo con alta fidelidad por una cadena de chismosos. El conocimiento incriminatorio podría llegar a ser común no solo con el oyente, sino también en círculos más amplios.

Así pues, otra razón por la que podemos velar nuestras intenciones en las insinuaciones es que su negación podría resultar plausible para la audiencia virtual, incluso si no es plausible para el oyente, y las personas siempre actúan como si los espectadores estuvieran al acecho y ansiosos por transmitir cualquier chisme jugoso que les ha contado un pajarito. Pedimos a nuestros calificadores que supusieran que Lisa le había contado a su amiga Emily lo que Michael le había dicho. ¿Cuán segura está Emily de que Michael le estaba pidiendo sexo a Lisa? Y supongamos que Michael se entera del cotilleo de Lisa; ¿cuán segura piensa él que estaba Emily? Según nuestros calificadores, cuanto menos directo el discurso, menos probable que un tercero lo interpretara con todo su sentido, y los hablantes anticipaban esto. Pero con el discurso directo no tenías que estar ahí: el confidente estaba tan seguro como el oyente, y eso preocupaba al hablante.

DeScioli, Thomas, el economista Maxim Massenkoff y yo mismo replicamos recientemente los principales hallazgos en un juego experimental que implicaba poner a las personas en una situación en la que pudieran producir insinuaciones, no solo juzgarlas. Adoptaban el rol de un intrigante o un cómplice que podía acordar robar algo del pago que le correspondía a un tercer jugador. Cuando un cuarto jugador, un supervisor con el poder de multarlos, podía escuchar a escondidas su connivencia, pasaban a las insinuaciones, como «Algunas cosas es mejor no decirlas» o «Esperemos que esto funcione bien para los dos».[24]

En este capítulo he sugerido que el discurso indirecto confidencial es una estrategia racional para hacer plausiblemente negable el conocimiento común de las proposiciones amenazadoras para una relación. La teoría ha sobrevivido a varias pruebas empíricas de cómo los individuos interpretan los enunciados, y de cómo perciben la relación entre un hablante y un oyente, dependiendo de la franqueza de las palabras del hablante.

La tesis de la negación plausible predice exitosamente que la franqueza de las formulaciones de los hablantes no es un ritual social arbitrario, sino que es predecible a partir de consideraciones estratégicas, en particular la proporción de oyentes comprensivos o no comprensivos y los costes y beneficios de que cada uno de ellos capte el sentido del hablante. La tesis de la amenaza para la relación predice que debería juzgarse que la insinuación genera menos incomodidad, transmite más respeto y permite que los conversadores reanuden su relación en caso de que se rechace la oferta. Y la tesis del conocimiento común predice que el discurso flagrante destaca como un punto focal porque los individuos están seguros de su intención, y que admite incrustaciones recursivas de creencias: el hablante y el oyente confían tanto en su interpretación de la interpretación del otro de su interpretación como en la interpretación misma. Una tesis relacionada era que se percibe que el discurso directo no sufre pérdidas en las cadenas de cotilleos: el último eslabón de una cadena puede estar tan seguro de la intención del hablante como el primero.

El eufemismo, la cortesía, el circunloquio elegante y otras formas de discurso indirecto hacen posible la vida social, pero tienen un lado oscuro. Varios historiadores y psicólogos sociales, inspirados por el ensayo clásico de George Orwell «La política y la lengua inglesa», han señalado que el empleo de eufemismos (como *pacificación* y *daño colateral*) puede permitir que los individuos perpetren atrocidades al tiempo que protegen su identidad comúnmente reconocida como seres morales.[25]

Al escuchar el diálogo de *La lista de Schindler*, llaman la atención los eufemismos usados para referirse a la masacre que se está llevando a cabo en los campos de concentración, como «tratamiento especial» y «los procesos que tienen lugar aquí». Se trata de una interpretación históricamente precisa de cómo los oficiales envolvían las atrocidades en una vaguedad que salvaba las apariencias.

En una de las escenas finales de la película, tras el anuncio de la rendición alemana, Schindler se dirige a los guardias de las SS. El tiempo de los eufemismos ha pasado. Los desafía a cumplir sus órdenes de matar a los millares de judíos reunidos ante ellos. «O bien —dice— pueden marcharse. Y volver con sus familias como hombres en vez de asesinos». Un largo silencio sigue al lenguaje directo de Schindler. Finalmente, uno de los guardias rompe filas y se va. Y luego otro. Y luego otro.

CAPÍTULO

8

El instinto de cancelación

El impulso de impedir que las ideas se conviertan en conocimiento común, incluso en la profesión del conocimiento

¿Tienen las mujeres, por término medio, un perfil de aptitudes y emociones diferente del de los hombres? ¿Se involucraban con frecuencia los pueblos indígenas en guerras y genocidios? ¿Son los recuerdos recuperados de los abusos sexuales en la infancia realmente implantados por las preguntas sugestivas de los psicoterapeutas? ¿Es la moral una adaptación evolutiva de nuestro cerebro, sin ningún mandato divino ni realidad intrínseca? ¿Beneficia la diversidad racial a los barrios, los departamentos académicos y las empresas? ¿Existen dos sexos en los animales, incluidos los humanos?

¿Tienen los hombres un motivo innato para violar? ¿Reducen los disturbios violentos el respaldo a los candidatos políticos liberales? ¿Causaría más perjuicios que beneficios una rápida reducción del consumo de combustibles fósiles? ¿Está disminuyendo el promedio de inteligencia porque las personas más grises tienen más hijos que las más listas? ¿Es perniciosa la creencia en un más allá porque hace que la gente se preocupe menos de la vida en la tierra? ¿Perjudican las preferencias raciales a sus beneficiarios, al poner a los individuos cualificados bajo una nube de sospecha y crear desajustes entre los estudiantes y las demandas académicas de sus universidades?

¿Es adaptable el instinto maternal, de suerte que una mujer que dé a luz en circunstancias difíciles pueda sentir indiferencia ante su recién nacido? ¿Fomentan el terrorismo suicida las doctrinas musulmanas de la yihad y el martirio? ¿Es la aparición repentina de la disforia de género en las adolescentes un efecto del contagio social? ¿Están prosperando los osos polares? ¿Las mujeres científicas con mentoras son menos exitosas que las que tienen mentores varones? ¿Tendrían las personas más probabilidades de mantenerse fuera de la pobreza si adoptaran normas burguesas como terminar la educación secundaria y no tener hijos fuera del matrimonio?

¿Son en parte hereditarias las diferencias de inteligencia entre los individuos? ¿Y qué sucede con las diferencias medias entre grupos étnicos? ¿Ejercen los padres algún efecto duradero sobre la personalidad o la inteligencia de sus hijos? ¿Dispara la policía a una proporción mayor de afroamericanos desarmados que de blancos cuando se tienen en cuenta las diferencias en los índices de delincuencia entre barrios? ¿Aportó algún beneficio el colonialismo europeo a los pueblos colonizados, además de sus perjuicios? Si las personas tienen derecho a cambiar de género, ¿deberían tener derecho a cambiar de raza?

Quizá hayas sentido el aumento de tu presión arterial mientras leías estas preguntas. Quizá te horrorice incluso que se permita plantearlas. Quizá no estés leyendo esta frase porque has arrojado el libro al otro extremo de la habitación.

Sin embargo, estas preguntas no fueron formuladas por chiflados ni por presentadores sensacionalistas que pretendían ofender, ni por militantes en pro de alguna causa malévola. Fueron planteadas por académicos, científicos y escritores serios, la mayoría de los cuales no estaban preparados para lo que se les avecinaba. No solo fueron criticados, como han de serlo los defensores de cualquier posición fuerte, sino también censurados, castigados, despedidos, amenazados, acosados, demonizados, difamados y, en algunos casos, físicamente agredidos.[1]

La libertad de expresión se protege en todas las democracias. No obstante, la represión de las ideas controvertidas ya no es un sello distintivo de las teocracias y las dictaduras, sino que cada vez es más habitual en las universidades, las instituciones más comprometidas con la exploración de ideas. Según la Fundación para los Derechos Individuales y la Expresión (FIRE, por sus siglas en inglés), entre 2000 y mediados de 2024 hubo más de mil trecientos intentos de castigar a académicos por la libertad de expresión protegida por la Constitución en las universidades estadounidenses. Estos incluían 243 incidentes de censura y 273 despidos, 62 de ellos de profesores titulares, un régimen de represión intelectual más severo que durante la era McCarthy.[2] Peor aún, por cada académico que es sancionado, muchos más se autocensuran, sabiendo que podrían ser los siguientes. Las cosas no pintan mejor para los estudiantes, una mayoría de los cuales afirman que el clima del campus les impide decir lo que piensan.[3]

La libertad académica, antaño una preocupación exclusiva de los académicos, se convirtió en el foco de atención nacional a finales de 2023 a raíz de una audiencia del Congreso ampliamente vista sobre el antisemitismo en los campus estadounidenses, en la que los legisladores interrogaron a los rectores de tres eminentes universidades de Estados Unidos, incluida Harvard, mi empleadora.[4] En respuesta a la pregunta hipotética de si los estudiantes que llamaban al genocidio de los judíos violaban las políticas universitarias, la presidenta de Harvard, Claudine Gay, dio una respuesta involuntariamente digna de inclusión en el célebre libro de citas *Bartlett's*: «Depende del contexto». La furia, tanto de la derecha como de la izquierda, se desató.

Gay tenía razón técnicamente al decir que los eslóganes políticos de los estudiantes no son punibles por las normas de Harvard, salvo que pasen a la intimidación o la incitación a la violencia, del mismo modo que no son sancionables por el derecho estadounidense bajo la primera enmienda. Pero su testimonio fue vituperado porque Harvard acababa de ocupar el último lugar en la clasificación de libertad de expresión de la FIRE de 248 universidades, con una puntuación redonda de cero.[5] Entre otras cosas, la universidad había expulsado efectivamente a un biólogo que decía que existían dos sexos, había perseguido a un epidemiólogo que había firmado un *amicus curiae* conservador sobre el matrimonio homosexual ocho años antes, y había retirado la invitación a una investigadora feminista que cuestionaba la política de alojar a los hombres violentos que se identifican como transgénero en las cárceles de mujeres.[6] Así las cosas, a los observadores se les antojaba insincero que la presidenta de Harvard apareciera como una renacida absolutista de la libertad de expresión que desaprobaba lo que decían los genocidas, pero defendía hasta la muerte su derecho a decirlo.

La debacle restó aún más puntos a la ya deteriorada reputación de la educación superior estadounidense, un descenso más vertiginoso que el de cualquier otra institución.[7] Una razón esencial era la impresión de que las universidades estaban imponiendo ortodoxias y reprimiendo la discrepancia, al igual que las inquisiciones, las purgas y las fetuas de tiempos y lugares más sumidos en la ignorancia. La impresión ya había sido alimentada por vídeos virales de profesores hostigados, maldecidos e interrumpidos para que se callaran.

Este tema me interesa en mi calidad de cofundador del Consejo de Libertad Académica de Harvard en 2023, una organización dirigida por profesores y dedicada a la libertad académica, la diversidad de puntos de vista y el discurso civil.[8] Pero planteo el asunto en este capítulo en virtud de su relevancia para el tema del libro. Sugeriré que la omnipresente amenaza a la libertad de expresión emerge de dos aspectos de nuestra psicología. Uno es que los individuos mantienen muchas creencias factuales no porque se haya demostrado que son verdaderas, sino porque consideran que sostienen un orden moral. El otro es que el sostenimiento de un orden moral se produce en el terreno del conocimiento común. Como vimos en el capítulo 1, las normas existen en la medida en que todos saben que todos saben que existen. Una norma moral puede correr peligro si una amenaza a ella se vuelve comúnmente conocida, y por ello los defensores de la norma sienten que deben impedir que la amenaza llegue a ser conocimiento común y que, si fracasan, han de castigar al amenazador como un ejemplo comúnmente conocido para todos.

Antes de nada, unas palabras sobre por qué la libertad académica debería importar a las personas ajenas al mundo académico. No es una cuestión de los privilegios de los profesores. Las sociedades confían a las universidades, con un costo formidable, el mandato de descubrir y transmitir conocimientos. Esto no se puede lograr sin libertad intelectual. Nadie es infalible ni omnisciente. Los humanos mortales parten de la ignorancia de todo y están lastrados con sesgos cognitivos que hacen ardua la búsqueda del conocimiento.[9] Entre estos figuran el exceso de confianza en su propia rectitud, la preferencia por las evidencias confirmatorias sobre las refutadoras, y el impulso de demostrar que su propia tribu es más sabia y más noble que sus rivales. La única forma en la que nuestra especie ha logrado aprender algo sobre la naturaleza de las cosas y arañar incrementos de progreso a un universo indiferente ha sido mediante un proceso de conjeturas y refutaciones. Algunas personas aventuran ideas, otras investigan si estas son sólidas, y, a la larga, prevalecen las mejores ideas.

Cualquier institución que desactive este ciclo reprimiendo la discrepancia está condenada a encadenarse al error, como nos recuerdan los numerosos episodios históricos en los que las autoridades imponían dogmas que resultaban estar completamente equivocados.[10] Una institución académica que reprima el debate traiciona los privilegios que la nación le otorga y está destinada a proporcionar orientación errónea sobre asuntos vitales como las pandemias, la violencia, el género y la desigualdad. Incluso cuando el consenso académico es casi con certeza correcto, como sucede con las vacunas y el cambio climático, resulta comprensible que los escépticos pregunten: «¿Por qué deberíamos confiar en el consenso si este dimana de una camarilla que no admite la disidencia?».

Por tomar un ejemplo reciente, a la altura de 2024 se había puesto de manifiesto que muchas políticas anteriores para combatir la pandemia de la COVID-19 (el distanciamiento social, las mascarillas de tela, la desinfección de superficies, las barreras de plexiglás, los confinamientos draconianos, el cierre de playas, parques y colegios) no estaban basadas en ninguna evidencia científica y se impusieron demonizando o reprimiendo lo que resultaron ser críticas razonables.[11] Los costes para la economía, la salud mental y la educación de los niños fueron sustanciales, y el mazazo para la confianza de la gente en la ciencia y la sanidad pública, catastrófico.

Sin duda alguna, ni siquiera el más acérrimo defensor de la libertad de expresión cree que el discurso nunca deba ser regulado.[12] La primera enmienda a la Constitución estadounidense, que es vinculante para las universidades públicas y sirve de referencia a muchas privadas, es célebremente protectora de la libertad de expresión, incluidos los discursos crudos, ofensivos y de odio. Pero tal como ha sido interpretada por los tribunales, incluso este baluarte admite excepciones cuidadosamente justificadas. Estas incluyen los delitos que, por su propia naturaleza, son cometidos con el discurso, tales como la extorsión, el soborno, la difamación, el fraude y las amenazas, junto con la incitación a las acciones ilegales inminentes. También son justificables las limitaciones del tiempo, el lugar y la forma de expresión. La primera enmienda no te autoriza a pregonar tu manifiesto con un megáfono a las tres de la madrugada en un barrio residencial ni a plantar tu tarima en medio de una autopista concurrida.

Dado que las universidades son instituciones con una misión de investigación y educación, tienen derecho a ejercer controles adicionales que son necesarios para cumplir esa misión.[13] Estos incluyen examinar la calidad y la relevancia de la investigación y la docencia, y garantizar un ambiente propicio para el aprendizaje. Las universidades tienen asimismo un interés legítimo en regular la protesta que cruce la línea de la expresión a la coerción, como las interrupciones a los hablantes para que se callen, la ocupación por la fuerza de los espacios públicos y la intimidación a otros estudiantes.

Pero los incidentes de censuras y castigos en los campus universitarios, computados por la FIRE y otros grupos de control de la libertad de expresión, no encajan en ninguna de estas excepciones. Los canceladores aspiran a reprimir afirmaciones acerca de la realidad empírica, o argumentos relativos a las implicaciones de las ideas, que se han expresado con serenidad en entrevistas y ensayos, en publicaciones en las redes sociales y en aburridos artículos revisados por pares en revistas académicas o monografías de las editoriales universitarias.

Con frecuencia, los sancionadores parecen desesperados por hallar ofensas sancionables y rayan en la farsa. En ese sentido, la censura académica se funde con las multitudes que hostigan en las redes sociales, como comentábamos en el capítulo 1, en las que una ocurrencia inocente deliberadamente interpretada de manera incorrecta incita a una horda de ciudadanos a rodear al pecador recién descubierto, piedras en mano. En un ascensor abarrotado en una conferencia académica, se abrieron las puertas y un politólogo hizo el mal chiste «Lencería femenina» (mostrando su edad al imitar a un ascensorista de unos grandes almacenes); fue censurado por acoso sexual.[14] Un eminente psiquiatra tuiteó a propósito de una modelo de piel color ébano: «Ya sea una obra de arte, ya un capricho de la naturaleza, es un espectáculo hermoso de contemplar», y fue suspendido por su universidad y obligado a dimitir de su hospital y su instituto profesional.[15] Un profesor mencionó en clase la palabra china de relleno *nega* y fue suspendido de sus tareas docentes porque el término recordó un insulto racial a algunos estudiantes.[16]

Por supuesto, los gobiernos, las corporaciones y los medios de comunicación pueden ser más punitivos todavía. La represión de la libertad de expresión es más la regla que la excepción en los asuntos humanos.[17] En el transcurso de la historia, las defensas ocasionales de la libertad de expresión surgen en un contexto de persecución por blasfemia, herejía o lesa majestad. Y la censura y el castigo a la libertad de expresión continúan siendo hoy la norma en vastas regiones del globo, entre las que se incluyen Rusia, China y la mayor parte de África y Oriente Medio. Me estoy centrando en el afán de los académicos a censurarse entre sí tanto por su actualidad como por su marcado contraste con los valores profesados por la universidad en una democracia liberal. ¿Por qué la represión de la libertad de expresión resulta tan natural que se filtra incluso en las instituciones dedicadas al intercambio de ideas?

¿Por qué cancela la gente? Los relatos de ficción de las multitudes hostigadoras en el capítulo 1 sugieren que las personas simplemente encuentran disfrute y alivio al estar entre los acosadores en lugar de entre los acosados. Pero los ejemplos del mundo real de las redes sociales fueron desencadenados al menos por un pretexto de proteger una norma moral. Aunque nunca podemos estar seguros de la verdadera mezcla de motivos conscientes e inconscientes de los canceladores, un reciente estudio de la censura de científicos por parte de científicos (llevado a cabo por Cory Clark y un equipo de investigadores entre los que me incluyo) confirmó que la motivación ostensible es moral.[18] Como los Savonarolas, Mathers y Comstocks de siglos precedentes, los científicos censores están convencidos de estar salvaguardando el orden moral, especialmente la prevención del daño contra grupos históricamente marginados.

De hecho, acechando bajo cada una de las ideas cancelables con las que he comenzado el capítulo, cabe hallar un loable principio moral. El racismo, el sexismo, la homofobia, la transfobia y la islamofobia son males que deben ser combatidos. Los niños han de ser criados con amor y respeto por sus mejores intereses. La violación es un delito atroz. El colonialismo causó un gran sufrimiento a las poblaciones indígenas. El cambio climático es un problema grave que provocará daños severos si no se mitiga. Las personas deberían vivir vidas guiadas por principios morales y no solo por el interés propio.

Los principios son intachables, pero ninguno de los cancelados los había cuestionado. Por el contrario, muchos se esforzaban por respaldar los principios e insistían en que estos eran totalmente compatibles con la idea que estaban defendiendo. Unos momentos de trabajo intelectual confirman que las nefastas implicaciones temidas por los censores cometen falacias *non sequitur*.[19] Incluso si resultara, por ejemplo, que los grupos de personas difirieran en sus rasgos medios, la coincidencia es tan grande que sería irracional e injusto discriminar a los individuos por esa razón. Más importante es el hecho de que el ideal de igualdad no es el dogma empírico de que todos los grupos humanos son indistinguibles, sino un compromiso moral de tratar a las personas como individuos y no prejuzgarlas ni maltratarlas en virtud de su pertenencia a un grupo. Asimismo, incluso si resulta que los padres no tienen la capacidad de moldear la personalidad de sus hijos, estaría mal por motivos de decencia básica descuidarlos o abusar de ellos. Si las ideas populares en la actualidad acerca de cómo mitigar el cambio climático resultan ser contraproducentes, eso solo resalta la necesidad de saber cuáles *serían* eficaces. Deberían respetarse las inclinaciones personales íntimas de los individuos, cualesquiera que sean sus orígenes. Y así sucesivamente con el resto de las ideas controvertidas. Cada una de ellas es una afirmación de un hecho empírico o de coherencia conceptual, y es compatible con los valores morales que los censores comparten.

Todo esto no es más que la distinción entre hecho y valor que se estudia en cualquier introducción a la filosofía moral. Pero la distinción dista de ser intuitiva. Las personas construyen su conjunto de creencias para vencer en las discusiones más que para establecer implicaciones lógicas, por lo que marcan las cartas manipulando sus suposiciones fácticas para hacer más convincentes sus argumentos morales.[20]

Los psicólogos Brittany Liu y Peter Ditto demostraron esta contaminación cruzada explorando las creencias de los individuos en ciertos casos típicos de razonamiento moral. Presentaban a los individuos el clásico experimento mental de si resulta justificable detener un tranvía fuera de control, que se precipita hacia cinco trabajadores desprevenidos que están en la vía, empujando a un hombre gordo para que caiga desde una pasarela y le corte el camino, frenando así el tranvía y matando a uno para salvar a cinco.[21] Este absurdo escenario es, por supuesto, puramente hipotético, y diseñado para investigar si los individuos piensan que algunos actos son intrínsecamente inmorales por su propia naturaleza incluso si producen mejores resultados, en este caso, más vidas salvadas. ¡Pero aquellos entrevistados que pensaban en efecto que era intrínsecamente inmoral empujar al hombre también indicaban, de manera irrelevante, que no hay forma de que un cuerpo humano detenga un tranvía fuera de control!

Pasando a un caso del mundo real, Liu y Ditto observaron que quien se opone por principio a la pena capital, quien cree que es intrínsecamente inmoral que el gobierno acabe con una vida, no debería preocuparse de si la pena de muerte disuade de cometer homicidios. Sin embargo, en una asombrosa coincidencia, los opositores por principio a la pena de muerte *también* creían que esta era, en la práctica, un elemento disuasorio inefectivo. Pasando a su vez de la correlación a la causalidad, Liu y Ditto presentaron a continuación a los individuos argumentos puramente morales contra la pena de muerte, y descubrieron que incluso cuando no se mencionaba ningún hecho, los argumentos modificaban las creencias fácticas de los lectores sobre su valor disuasorio.

La tendencia humana a confundir la facticidad con la justicia formaba parte de la resolución de una paradoja que yo examiné en *Racionalidad*: cómo una especie que es lo bastante inteligente como para haberse extendido por todos los rincones de la Tierra y para desarrollar una ciencia y una tecnología sofisticadas es también propensa a creer estrafalarias teorías conspiratorias, noticias falsas y milagros religiosos.[22] Sugerí entonces que las personas respetan naturalmente la realidad objetiva cuando se trata de su experiencia inmediata: tienen pocas opciones si quieren tener comida en la mesa y un techo sobre sus cabezas. Sin embargo, no sienten intuitivamente que sea posible obtener respuestas objetivas a las grandes y profundas preguntas acerca de la historia, la sociedad y las causas ocultas de los fenómenos naturales. Después de todo, antes del desarrollo de una infraestructura científica y académica con la Revolución Científica y la Ilustración, *no había* motivos para suponer que se pudiera demostrar la verdad o la falsedad de las respuestas a los grandes interrogantes. Las preguntas carecían de respuesta, por lo que cabía creer los más edificantes mitos.

Las universidades aspiran a desarrollar el conocimiento objetivo acerca de las grandes cuestiones. Pero los académicos son solo humanos y, pese a su formación para hacer distinciones conceptuales, son proclives a admitir cualesquiera afirmaciones fácticas que tornen más convincentes sus posiciones morales. La discriminación y el acoso sexual están mal y, en cualquier caso, los hombres y las mujeres son exactamente iguales. La violación es un delito atroz y además los hombres no tienen ninguna inclinación natural a cometerla. La guerra es espantosa, y no solo eso, sino que además nuestros ancestros evolutivos nunca la libraban. Estas convicciones empíricas pueden convertirse en creencias comunitarias, de la clase que cohesiona a una comunidad o tribu (capítulo 5), y son especialmente valiosas en una época de creciente polarización política.[23]

Peor aún, muchos estudiosos ignoran la distinción entre hechos y valores no a pesar de su formación académica, sino por causa de ella. La corriente posmoderna en las humanidades niega explícitamente que exista algo semejante a la verdad, los hechos o la objetividad, e insiste en que todas esas afirmaciones son pretextos para el poder. Y, desafiando las declaraciones de objetivos de sus universidades, muchos académicos creen que el propósito primordial de una universidad no es descubrir y transmitir conocimientos, sino buscar la justicia social, concebida como el arrebatamiento del poder a los grupos opresores por parte de los grupos de víctimas.[24]

Por lo tanto, es fácil confundir la búsqueda de conocimiento objetivo con el sostenimiento de las normas morales, incluso en el mundo académico, *especialmente* en los sectores de este que nunca llegaron a suscribir el ideal del conocimiento objetivo. Y esto nos conduce al papel del conocimiento objetivo en la cultura académica de la cancelación.

Según una historia interminablemente repetida, a finales del siglo XIX, una mujer (en las distintas versiones una doncella, una solterona o la esposa de un obispo), al tener noticia de la teoría de Darwin, exclamó: «¡Descendemos de los monos! Esperemos que no sea cierto, pero si lo es, recemos para que no llegue a ser generalmente conocido».[25] Aunque la horrorizada mujer casi con certeza jamás existió, su reacción capta la actitud de mucha gente respecto de las ideas desconcertantes. Esperan que las ideas no sean verdaderas, pero, lo sean o no, desean que no lleguen a ser generalmente conocidas o, para ser más exactos, *comúnmente* conocidas. Nuestro análisis y otros estudios muestran que los científicos están demasiado ansiosos por controlar el conocimiento común.[26]

En 2022, los editores de una importante revista, *Nature Human Behaviour*, anunciaron que en lo sucesivo rechazarían o retirarían cualquier artículo que pensaran que pudiera presentar algún grupo humano bajo una luz poco favorecedora, aunque fuese sólido en términos científicos.[27] Varias revistas han seguido políticas semejantes, retirando de sus sitios web artículos revisados por pares y arrojándolos al agujero de la memoria porque algunos lectores se sentían ofendidos por sus conclusiones.[28]

Aunque una mayoría de los académicos encuestados se declaran en contra de la censura estricta o los despidos por la divulgación de opiniones controvertidas, aproximadamente a una cuarta parte de ellos les parecen aceptables, y, en un signo ominoso para el futuro de la academia, cuanto más joven el estudioso, más fuerte el impulso de censurar.[29] La mayoría de los profesores de menos de treinta y cinco años dicen estar a favor de hacer callar a los oradores de quienes discrepan sobre un asunto particular, y una quinta parte respalda a los estudiantes que recurrirían a la violencia para impedir que un orador divulgue opiniones que consideran ofensivas.[30] La reciente metáfora de esta represión, *desplataformización*, resulta reveladora: estar en una plataforma, visible para todos, es lo que permite a un hablante generar conocimiento común.

Da la impresión de que lo que aterra a los censores y a los canceladores no es que una idea peligrosa pueda ser pensada, o incluso expresada, sino que pueda convertirse en conocimiento común. Como hemos visto, los individuos pueden creer algo en privado con escaso impacto en su manera de relacionarse los unos con los otros. Pero una vez que algo no solo se sabe, sino que se sabe que se sabe, puede reescribir las reglas. Puede transformar la comprensión colectiva de cómo llevar a cabo nuestros asuntos.

Expliquemos el temor. Supongamos que las personas albergan una opinión sobre las diferencias entre sexos, razas o grupos étnicos y se las guardan para ellas mismas. Poco puede cambiar. Pero supongamos ahora que la misma opinión se ventila en público. Los individuos se pueden sentir alentados a actuar en función de esa creencia y a usarla para prejuzgar a otros no solo porque se ha ratificado públicamente, sino también porque anticipan que *todos los demás* actuarán en función de la información. Algunos podrían incluso discriminar a los miembros de un grupo étnico pese a no tener ninguna opinión negativa sobre ellos, con la expectativa de que sus clientes o colegas *tendrán* semejantes opiniones, y desafiarlas resultaría oneroso. Ahora bien, toda esa discriminación seguiría siendo abominable bajo el principio de que las personas deberían ser juzgadas por el contenido de su carácter y no por el color de su piel o la combinación de sus cromosomas. Pero cuando una diferencia es conocimiento común, un individuo tendría que reconocer ese principio moral para tratar a las personas con justicia.

El miedo a que el conocimiento común sea lo que vuelva peligrosa una idea ayuda a explicar la secuencia habitual en la que un hereje que expresa una idea en un ámbito público ha de ser castigado entonces en un ámbito público. Las picotas son cosa del pasado, por lo que en el mundo académico esto adopta la forma de la publicación de manifiestos y las peticiones en línea con centenares de signatarios (que circulan con facilidad por las redes sociales). Los herejes, por su parte, se ven forzados a humillarse en disculpas públicas y sesiones comunitarias de «justicia restaurativa».

Si esto es cierto, tenemos una predicción: la policía del discurso no se enfadaría especialmente si una idea tabú fuera amplia pero privadamente conocida; por ejemplo, si se expresara en un correo electrónico que todos pensaran que les habían enviado a ellos solos porque se había suprimido la lista de destinatarios o el envío se había efectuado con copia oculta (CCO). Incluso si cada uno supiera que todos los demás habían recibido el correo, pero creyera ser el único que sabía eso, se acallaría la indignación. Pero si la idea fuera comúnmente conocida por el mismo número de personas (por ejemplo, en un correo electrónico con una larga lista de CC o en una publicación en las redes sociales), entonces sospecho que se desataría el infierno sobre el remitente.

Cada vez que se castiga la expresión de una opinión, se abona el terreno para que las personas falseen en público aquello con lo que están de acuerdo, un fenómeno que vimos en el capítulo 1 en relación con las manifestaciones públicas.[31] Yo puedo dar fe de que esta falsificación de las preferencias es común en el mundo académico. Incluso profesores políticamente correctos que niegan la realidad de la inteligencia cotillearán en privado acerca de la capacidad cognitiva, o la falta de ella, de sus colegas y rivales. Y aquellos que niegan las diferencias sexuales harán observaciones mordaces acerca de la concupiscencia típica de un sexo o la competición por la dominación entre los varones.

Cuando los individuos falsean sus opiniones públicas, ello puede crear a su vez una «espiral del silencio» que aboque a la ignorancia pluralista: la combinación de conocimiento privado y error común en la que todos piensan que todos los demás creen algo, pero nadie lo cree.[32] Un ejemplo documentado son las políticas de preferencias raciales en las admisiones y contrataciones. En las universidades actuales, oponerse a estas políticas es un delito capital, pero todas las encuestas demuestran que son impopulares para la mayoría de los estadounidenses (incluidos los afroamericanos).[33] Sin duda, los estudiantes sobreestiman cuántos de sus compañeros apoyan la política y subestiman cuántos se oponen a ella.[34] Sospecho que esto es lo que sucede con muchas de las creencias censuradas. Quizá veamos pronto una actualización del chiste sobre el disidente soviético en la estación de tren de Moscú: un profesor en una conferencia académica repartiendo hojas de papel en blanco.

Dado que el argumento en pro de la libertad académica se basa en el valor de considerar las ideas opuestas, resulta apropiado que presente el mejor caso que se me ocurre para limitar la expresión intelectual. Esto sería asimismo en aras de la comunidad de la racionalidad, que recomienda presentar la mejor versión de la idea a la que uno se opone, lo contrario de erigir un hombre de paja para derribarlo.[35]

Si bien soy incapaz de aducir ningún argumento en pro de la censura o el castigo, puedo vislumbrar la defensa de una política diferente: no vayas por ahí. No señales un lado de la controversia para su supresión, con todas las distorsiones que ello conllevaría. En vez de eso, deja deliberadamente sin explorar la controversia, manteniendo la idea fuera del conocimiento común. El modelo sería la vida social cotidiana, donde dejamos sin explicitar ciertas observaciones, sacrificando la franqueza brutal en aras de la civilidad básica (una idea sobre la que volveré en el capítulo final).

Cualquier política de agnosticismo deliberado tendría que focalizar su atención exclusivamente en las ideas más peligrosas para no condenarnos a la ignorancia generalizada. Consideremos el tema que Cory Clark y sus colaboradores descubrieron que era el más incendiario de los diez que examinaron en su investigación sobre la censura en la ciencia, a saber: la posibilidad de que las diferencias raciales medias al medir la inteligencia tengan causas tanto genéticas como ambientales, y no únicamente causas ambientales.[36] Este asunto ha incendiado el mundo intelectual cada vez que se ha planteado desde hace más de medio siglo.[37] La exhortación a no seguir ese camino fue hecha por vez primera en 1973 por Noam Chomsky, cuyas credenciales como progresista y paladín de la libertad de expresión son intachables. Chomsky invocaba una solución de compromiso entre la relevancia científica y el perjuicio social:

> Dada la práctica certeza de que el mero hecho de emprender la investigación reforzará algunos de los rasgos más despreciables de nuestra sociedad, la seriedad del supuesto dilema moral depende críticamente de la significación científica de la materia que [el investigador] está tratando de investigar. Aunque la significación científica fuera inmensa, pondríamos sin duda en tela de juicio la seriedad del dilema, dadas las consecuencias sociales probables. Pero si el interés científico de todo posible hallazgo es ligero, el dilema se desvanece.
>
> [...] Una posible correlación entre cociente de inteligencia bajo y color de la piel no tiene mayor interés científico que una correlación entre otros dos rasgos seleccionados al azar, como por ejemplo una estatura baja y el color de los ojos [...]. En el estado actual del saber científico, tiene escaso interés científico descubrir que un rasgo parcialmen-

> te hereditario tiene (o no tiene) correlación con otro rasgo parcialmente hereditario. Tales cuestiones podrían resultar interesantes si los resultados tuvieran que ver, por ejemplo, con alguna teoría psicológica o con hipótesis sobre los mecanismos fisiológicos involucrados, pero no es este el caso [...]. Sería absurdo pretender, a modo de réplica, que «la sociedad no debe ser tenida en la ignorancia». La sociedad está afortunadamente «en la ignorancia» de innumerables cuestiones insignificantes de todas clases.[38]

Ya hemos visto la principal posibilidad de daño. Si las diferencias en el promedio de inteligencia son comúnmente conocidas, sobre todo si se consideran genéticas y difíciles de eliminar, la gente podría sentir la tentación de usarlas como creencias previas bayesianas a la hora de tratar a los individuos afroamericanos, poniéndolos en desventaja. Esto podría envalentonar a los racistas, facilitar que se pasara por alto el racismo sistémico, minar la confianza de los individuos afroamericanos y acentuar la división del país por motivos raciales. Por razones como estas, el gobierno francés evita clasificar a sus ciudadanos en función de su raza o su origen étnico. Quizá deberíamos adoptar la política francesa, si no mediante la legislación (probablemente imposible en un país con la primera enmienda), entonces al menos mediante un pacto civilizado.[39]

Ahora bien, ¿acaso las demandas de racionalidad no nos obligan siempre a buscar toda la verdad? Como apuntaba Chomsky, no necesariamente. Los científicos acceden a las restricciones de los comités para la protección de los sujetos humanos en la investigación, y a las regulaciones para preservar la confidencialidad de las informaciones médicas y de otras informaciones personales. En 1975, los biólogos impusieron una moratoria a la investigación del ADN recombinante, a la espera del desarrollo de salvaguardas contra la liberación de microorganismos peligrosos. La posibilidad más reciente de que el virus SARS-CoV-2 hubiera sido diseñado genéticamente y hubiera escapado de un laboratorio de virología en Wuhan (originalmente suprimida como racismo antiasiático) ha reforzado el llamamiento a regular las investigaciones y las publicaciones que pudieran conducir a pandemias accidentales o bioterroristas. Quizá una lógica similar llamaría a mantener fuera de la esfera pública la información socialmente perjudicial.

También los periodistas, pese a su compromiso férreo con la libertad de prensa, se amordazan a sí mismos en circunstancias particulares. Por ejemplo, pueden optar por no identificar las fuentes confidenciales, a los sospechosos menores de edad, a las víctimas de agresiones sexuales o los detalles en torno a los suicidios destacados. Pueden declinar publicar los manifiestos de los tiradores masivos o enfocar con la cámara a los aficionados que invaden el terreno de juego.

Decidir dejar sin responder ciertas preguntas no es antiintelectual, porque se justificaría con argumentos razonados. Los temas en cuarentena estarían muy circunscritos, y los beneficios del agnosticismo limitado se compararían con los costes de la ignorancia. De hecho, cabría recurrir a la teoría del conocimiento común para precisar el perjuicio de que la idea se convirtiera en conocimiento común.

Huelga decir que el argumento para no ir por ahí plantea numerosos problemas.[40] Es casi imposible de aplicar. Se enfrenta a la paradoja del oso polar: al decirle a alguien que no piense en la idea se le obliga a pensar en la idea. Puede resultar difícil trazar la línea alrededor de la zona de exclusión a fin de que no engulla los territorios vecinos, como el estudio de la inteligencia o de la ascendencia continental. Excluye la posibilidad de obtener pruebas decisivas de que las diferencias raciales son completamente ambientales y eliminables, con todos los beneficios sociales que ello conllevaría.[41]

Y puede que sea demasiado tarde. Nuestra época está obsesionada con las diferencias raciales, que atribuye incondicionalmente al racismo, lo cual solo invita a los curiosos a preguntarse si podrían atribuirse a otras causas, intensificando el régimen que criminaliza semejante curiosidad. Como ha sostenido el escritor Coleman Hughes, existen buenas razones para que hasta las personas de mente abierta quieran mantener el asunto de la raza y la inteligencia fuera de la conversación dominante. Pero ese acuerdo tácito debería formar parte de un compromiso más amplio con las políticas no racistas en la vida pública y privada.[42]

Sea o no viable argumentar en favor de mantener al margen del conocimiento común un pequeño número de cuestiones especialmente peligrosas, el criterio por defecto ha de ser claramente la libertad intelectual. Como sostuviera John Stuart Mill en su ensayo clásico de 1859 *Sobre la libertad*, son tres las razones por las que no debería reprimirse una opinión no bienvenida.[43] Por lo que sabemos, podría ser cierta; incluso si es falsa, puede contener una pizca de verdad, e incluso si es completamente falsa, la demostración de su falsedad nos brinda una comprensión más profunda de lo que *es* verdadero. «Aquel que solo conoce su propio lado del caso, sabe poco del asunto». Y si resulta que una idea no bienvenida es cierta, sería preferible que acomodáramos a ella nuestra sensibilidad moral, ya que nada bueno puede salir de santificar un engaño.

Esto podría resultar más fácil de lo que temen quienes tienen fobia a la libertad de expresión. El orden moral no se derrumbó cuando la gente aceptó que la Tierra no era el centro del universo o que los humanos y los monos compartimos un ancestro común. El fervor moral que los académicos dedican a demonizar las ideas heterodoxas sería preferible que lo dirigieran a reforzar el argumento de que nuestras preciadas convicciones éticas no dependen de frágiles suposiciones empíricas. Está mal maltratar o discriminar a las personas por su raza, sexo, orientación sexual o identidad de género, con independencia de dónde se originen cualesquiera diferencias entre ellas. Está mal abusar o desatender a los niños, explotar a las poblaciones vulnerables, envenenar el medio ambiente, librar guerras ofensivas, castigar las elecciones personales sin víctimas, no en virtud de algún dogma que podría ser revocado si a las personas se les permitiera mirar muy de cerca, sino porque son cosas incompatibles con compromisos profundamente arraigados e intelectualmente defendibles.

Al mismo tiempo hemos visto que el impulso de censurar es un temor al conocimiento común, y el conocimiento común no es cuestión menor. La tensión entre la expansión agresiva de nuestro conocimiento para promover el entendimiento humano y el mantenimiento hipócrita de algún conocimiento privado para preservar la armonía humana es inherente a nuestra condición, y constituye un tema apropiado para el capítulo final.

CAPÍTULO 9

Honestidad radical, hipocresía racional

Por qué no todo debería ser conocimiento común

La historia de la torre de Babel narra la idea de que cuando los humanos coordinan sus acciones mediante el conocimiento común, el cielo es el límite de lo que pueden alcanzar. Un lenguaje compartido es el supremo generador de conocimiento común, pero dista de ser el único. Como hemos visto en los capítulos precedentes, gran parte de la vida social humana consiste en generar y participar del conocimiento común necesario para la coordinación tanto a pequeña como a gran escala.

Desde nuestra más tierna infancia, seguimos la mirada de otros y observamos cómo observan lo que estamos observando. Aprendemos miles de palabras, cada una de las cuales transmite un significado porque asumimos de modo tácito que los otros quieren decir con ella lo mismo que nosotros. Utilizamos estas palabras para armonizar nuestras actividades: para citarnos, cazar, atacar, dividir el trabajo, turnarnos o repartir un recurso, aportar productos complementarios para una comida o un mercado. Intercambiamos nuestras creencias y nuestra confianza en ellas con otros agentes racionales con la esperanza de converger en un acuerdo. Señalamos sentimientos comunitarios con oraciones, compromisos y declaraciones. Podemos prometer, solicitar, sobornar, amenazar o hacer proposiciones. Empleamos metáforas de un sonido u objeto evidente para expresar nuestra conciencia de nuestra conciencia común.

También estamos equipados con varios canales no verbales para generar conocimiento común. Nos miramos a los ojos para amenazar, seducir o hacer común el conocimiento privado. Nos ruborizamos para reconocer que sabemos que otros piensan que hemos incumplido una norma. Nos reímos para rebajar el estatus de alguien o para dar a conocer que no estamos compitiendo por el estatus. Derramamos lágrimas para admitir vulnerabilidad o necesidad, o para revelar que apreciamos lo sublime. Fulminamos con la mirada para mostrar que hablamos en serio.

Llenamos nuestra vida de rituales y símbolos que sirven como puntos focales para la coordinación. El contacto físico, las comidas colectivas, los ornamentos corporales, los credos compartidos y el movimiento sincronizado nos unen en relaciones comunitarias. Grande, alto, primero, brillante y ruidoso anuncian dominio o estatus. Un insulto o desafío público pueden amenazarlo y reclamar la represalia pública. Lanzar monedas, dividir por la mitad o turnarse pueden indicar justicia. Encontrar un punto medio o acordar un número redondo cierran un trato. Las prácticas dietéticas, de vestimenta, de peinado y diurnas transmiten nuestra pertenencia a grupos con equilibrios compartidos. Las ceremonias de mayoría de edad, matrimonio, investidura, confirmación, inauguración y coronación transmiten la asignación de roles dentro de una comunidad. El castigo público de una infracción pública sirve para hacer cumplir una norma moral.

También nuestras complejas instituciones dependen de exhibiciones de sentido común. Las leyes formales, al igual que las normas informales, se pueden hacer cumplir mediante castigos públicos, pero pueden ser autoaplicativas cuando la mera conciencia las elogia como puntos focales al zanjar disputas. La propiedad consiste en el reconocimiento mutuo del derecho de usar, alterar y disponer de un recurso, evitando costosas disputas sobre quién lo posee. El dinero funciona como un medio de intercambio, valor y contabilidad siempre y cuando todos sepan que todos lo tratan de esas formas, un acuerdo garantizado por las exhibiciones de solidez y solvencia. Las tecnologías dependen de estándares que pueden ser deficientes en lo que atañe a la ingeniería, pero óptimos en términos sociales y económicos una vez que suficientes usuarios queden atrapados en ellas. Los dirigentes políticos deben su poder a las leyes, y establecen sus posiciones con ceremonias y símbolos que alinean a la gente en el reconocimiento de ese poder.

Las dinámicas del cambio social están impulsadas por la creación de nuevo conocimiento común. Las monedas pueden sufrir hiperinflación, los bancos pueden quebrar, las burbujas de los valores pueden acabar estallando, o los productos pueden desaparecer de las estanterías por causa de un comentario o una noticia autocumplidos. Una tecnología novedosa, un activo especulativo o un símbolo de estatus que solo funciona cuando es popular puede necesitar la chispa de la publicidad llamativa. En las democracias, los políticos consiguen su poder clamando por el reconocimiento de su nombre, acumulando impulso, evitando las meteduras de pata y atrayendo a los votantes temerosos de desperdiciar su voto. Pueden ser depuestos por una manifestación pública multitudinaria, desencadenada con frecuencia por una indignación comunitaria. La autoridad de un emperador puede ser desafiada incluso por un comentario de un niño oído por casualidad.

Y en la esfera internacional, los Estados nación existen porque se reconoce su existencia y pertenecen a una liga en la que son ungidos como iguales pese a las enormes diferencias en cuanto a territorio, poder, riqueza y población. Abren o arman sus fronteras en respuesta a las muestras de amistad o falta de respeto de sus líderes. Se adhieren a acuerdos negociados por mediadores, tribunales y líderes religiosos ineficaces. Van a la guerra en respuesta a insultos y ultrajes, y en busca de honor y grandeza en el escenario mundial y en los libros de historia.

Sin embargo, a pesar de todo el ingenio dedicado a la creación de conocimiento común, los individuos también se devanan los sesos para impedirlo. Los niños que se portan mal evitan cruzar la mirada con sus padres, una estrategia que nunca dejan atrás: también los adultos evitan el contacto visual con los testigos cuando cometen un desliz. Las personas pueden intentar no advertir una necesidad de actuar cuando sienten que otros podrían intervenir. Puede que no se reconozcan unas a otras en circunstancias comprometedoras, o que se hagan las dormidas para disfrutar de un beso ilícito. Pueden no revelar un acto inadvertido de deslealtad. Pueden tratar de hacerse pasar por blancos, heterosexuales o delgados. Donan de forma anónima al tiempo que esperan que se filtre la donación, y ocultan su sed de estatus, aprobación y autenticidad mientras se afanan por lograr todas esas cosas. Aceptan pretextos, secretos a voces y excusas endebles. Disfrazan sus imperativos de preguntas ociosas e hipótesis. Encubren con insinuaciones sus sobornos, amenazas y proposiciones sexuales. Ocultan su complicidad en las malas acciones recurriendo a eufemismos y circunloquios. Todos somos conscientes de los esfuerzos por obstaculizar la conciencia, y ejercitamos nuestro talento para ver a través de ellos en los acertijos, los misterios y los chistes.

Y al igual que el conocimiento común se puede generar a escala para posibilitar nuestras instituciones formales, también se puede sofocar a escala para protegerlas. Los banqueros centrales evitan las palabras que asusten a los mercados y recurren a tópicos cual oráculos délficos. Las comunidades científicas censuran, se autocensuran y retiran investigaciones que estiman amenazantes para su ideal de justicia social. Los diplomáticos se comunican con el público en un argot que oculta los conflictos evidentes. El círculo íntimo de un dirigente senil puede actuar como si todo fuera normal. Los líderes de los países pueden optar por no confirmar ni negar un asesinato, un acto de sabotaje o la posesión de armas de destrucción masiva. La comunidad internacional puede santificar la soberanía ficticia sobre un pedazo de tierra, incluso cuando el control del territorio delimitado por las líneas de puntos de un mapa es una mera aspiración.

Entonces, ¿por qué no nos dejamos de tonterías? Si el conocimiento común es necesario para la coordinación, y la coordinación es un juego en el que todos ganan, ¿por qué mantenemos en privado tantos conocimientos? ¿Por qué el tapar las vergüenzas, las mentiras piadosas y los elefantes en la habitación?

Ciertamente, la tendencia histórica ha sido hacia la transparencia y la apertura, hacia hacer común el conocimiento privado. Aunque la gente probablemente siempre haya albergado un cierto escepticismo respecto de los milagros y los mitos heroicos, los ha afirmado públicamente desde hace una eternidad. Pero los científicos modernos no han tenido ningún reparo en desencantar el mundo (según la expresión de Max Weber) desenmascarando las ilusiones confortables. También los historiadores profesionales han dejado de santificar los edificantes mitos heroicos, y hoy revelan los crímenes del pasado y los pies de barro de los exaltados líderes. El periodismo se enorgullece de hacer lo mismo con el presente. Los gobiernos democráticos abren voluntariamente sus registros en actos de libertad de información y sufren involuntariamente revelaciones masivas de denunciantes y colaboradores de WikiLeaks, a menudo con una extraordinaria acogida.

Junto con estos cambios, nuestras interacciones sociales no han cesado de derivar de los vínculos tácitos de la compartición comunitaria y la jerarquía de autoridad hacia los contratos explícitos de los mercados y otras instituciones racionales-legales.[1] Mientras tanto, nuestras relaciones personales están siendo transformadas por una marea de *informalización*: la erosión de los títulos, los tabúes y el boato de la jerarquía en favor de la informalidad, la franqueza y el boato de la igualdad.[2] Como escribiera Cole Porter en 1934 en medio de este proceso: «En los viejos tiempos, un vistazo a una media se consideraba algo escandaloso. Ahora, solo Dios sabe, todo vale». Y Porter no vivió para ver el exceso de información que se comparte en las redes sociales.

Han sido muchos los beneficios derivados de denunciar la refinada hipocresía y sacar a la luz los tabúes. El amiguismo y la corrupción en el Gobierno han sido expuestos. Las costumbres opresivas, tales como la subordinación de las mujeres y el estigma contra la homosexualidad, han sido deconstruidas y diezmadas. Se ha expandido nuestra comprensión del mundo viviente, incluida la de nuestra propia especie. Y hemos sido liberados de muchas de las cargas de la formalidad y la simulación en la vida cotidiana.

¿Cuánto podemos continuar poniendo las cosas al descubierto? ¿Podríamos esperar que todo conocimiento llegue a ser conocimiento común? ¿Podríamos aspirar a ello, dado que la honestidad es la mejor política? Por supuesto, la honestidad es en efecto la mejor política en lo que atañe a nuestras promesas y obligaciones declaradas. Y en la otra dirección, ciertas cosas, como las contraseñas, han de ser privadas a propósito. Pero en lo relativo a los innumerables y pequeños rituales y fingimientos de las gentiles interacciones sociales, ¿saldríamos mejor parados si fuéramos transparentes respecto del conocimiento que sabemos que cada uno de nosotros tenemos, pero guardamos discretamente para nosotros?

En realidad, el llamamiento a la honestidad completa es la deshonestidad suprema. Nadie la desea de veras, a veces por buenos motivos. Como vimos en el capítulo anterior, esos científicos desencantadores están muy contentos de censurar ideas que amenazan con desencantar su propia visión de un mundo ideal. Los editorialistas condenan a los políticos por su deshonestidad, y luego denuncian un «escándalo» cuando son demasiado honestos.

Un ejemplo histórico ocurrió en las últimas semanas de la campaña presidencial de 1976, cuando Jimmy Carter concedió una larga entrevista a *Playboy*, un artículo de la revista que fue muy apreciado en su momento. Cuando le preguntaron si su imagen pública de piedad puritana podía desagradar a los votantes, respondió que él no estaba en posición de reclamar superioridad moral. Citando el sermón de la montaña, Carter explicó que Jesús dijo que tener un deseo impuro en el corazón equivale a cometer un pecado real, y confesó: «He mirado a muchas mujeres con lujuria. He cometido adulterio en mi corazón muchas veces».[3] No era una revelación sorprendente, especialmente viniendo de un político notablemente monógamo. Pero su ventaja en las encuestas se evaporó y a punto estuvo de no lograr la victoria sobre Gerald Ford aquel noviembre.

Tres décadas después, Hillary Clinton no tendría tanta suerte. El politólogo John Mueller relata la filtración de correos electrónicos muy francos entre sus estrategas, que pudieron haber condenado su campaña presidencial:

> Unos piratas informáticos, al parecer de Rusia, [...] se divirtieron entrando en el correo electrónico conectado con el Comité Nacional Demócrata. Un volcado de esa información mostró bochornosamente que los líderes del comité, que se suponía que tenían que ser neutrales con respecto al potencial candidato a presidente del partido, estaban decididamente a favor de Clinton; una revelación de una banalidad casi pasmosa para cualquiera que entienda de política estadounidense. Otro volcado mostraba que Clinton, como todos los demás políticos en la historia del planeta, era capaz de decir una cosa a un grupo y otra a otro.[4]

Cualquiera que haya picado en el ciberanzuelo de la parte inferior de una página web puede haber consumido un listículo como «Los casos más embarazosos de famosos que olvidan que su micrófono seguía encendido». Un típico escándalo de micrófono abierto fue el de Barack Obama compadeciéndose del presidente francés Nicolas Sarkozy en 2011 por tener que tratar con un hipócrita Benjamin Netanyahu.[5] De ahí la definición del periodista Michael Kinsley de una *pifia* en Washington: cuando un político dice algo que es cierto.

Como humanos que son, los dirigentes políticos se unen para cotillear, hacer comentarios francos y compartir bromas subidas de tono, y hacen las cosas mediante deliberaciones obstinadas sobre la manera de impulsar su agenda por encima de los obstáculos y la oposición. No obstante, cuando sus planes se convierten en conocimiento común, los comentaristas confesarán su absoluta estupefacción porque los políticos sean tan calculadores y falsos. Esto ha sido así siempre: en 1792, Alexander Hamilton comentó en la Convención Constitucional:

> De haber sido abiertas las negociaciones mientras estaban en curso, los clamores de las facciones habrían impedido cualquier resultado satisfactorio. Si se hubieran dado a conocer con posterioridad, se habría alimentado considerablemente la declamación incendiaria. Las propuestas hechas sin la debida reflexión, y quizá abandonadas por los propios proponentes, tras una reflexión más madura, habrían dado pie a una profusión de acusaciones malintencionadas.[6]

Los peligros de convertir las deliberaciones privadas en conocimiento común sirven de contrapeso a la idea de que todas las negociaciones de los gobiernos democráticos han de ser públicas conforme se desarrollan en tiempo real, y que siempre es heroico filtrarlas.

Esto también nos recuerda el valor de la privacidad en la vida de los individuos. Los Estados totalitarios en la ficción, como *1984*, y en la realidad, como la Alemania Oriental y la China comunistas, no toleran ninguna zona de privacidad, y las destruyen con vigilancia electrónica y redes de informantes anónimos. La justificación es: si no estás haciendo nada malo, ¿qué tienes que esconder? Pero, por supuesto, hasta el más inocente de nosotros tiene mucho que ocultar. Sabemos que nuestras relaciones y reputación se harían añicos si llegaran a hacerse públicas las conversaciones distendidas que disfrutamos con amigos e íntimos, con todos sus comentarios mordaces y sus ocurrencias políticamente incorrectas. Una vez más, esto parecería formar parte de la condición humana. Como dijo Blaise Pascal en 1670: «Lo cierto es que si todos los hombres supieran lo que otros dicen de ellos, no habría cuatro amigos en el mundo».[7] Sospecho que una de las razones por las que los miembros de la generación Z (los nacidos a mediados de los noventa o más tarde) sufren una ansiedad y una soledad tan agudas, a pesar de las oportunidades sin precedentes de conectar los unos con los otros, es que viven en un régimen de vigilancia en el que sus pares pueden chivarse a las «líneas directas de prejuicios» sobre sus «microagresiones», y un cuerpo de arqueólogos de las ofensas puede excavar en años de publicaciones en las redes sociales para desenterrar fragmentos de intolerancia.[8]

Las relaciones humanas auténticas dependen de la hipocresía y del mantenimiento de muchas clases de conocimientos privados y recíprocos al margen del conocimiento común. En una popular camiseta leemos: «No soy grosero. Solo digo lo que todos los demás están pensando». Pero, por supuesto, en eso consiste a menudo la grosería. Esta paradoja es oro cómico para los escritores de tramas de confusión de identidad, cuyos personajes nos divierten soltando confidencias no destinadas a sus oyentes. Mi ejemplo favorito añade una capa de mentalización recursiva a la trama y representa nuestra hipocresía con respecto a nuestra hipocresía. En la comedia *Tootsie*, un actor desempleado, Michael (interpretado por Dustin Hoffman), se disfraza de actriz de mediana edad y consigue un papel en una telenovela engañando a todo el mundo, incluida su compañera actriz Julie (interpretada por Jessica Lange). Ambas se hacen buenas amigas, a pesar de que Michael está enamorado de ella, y durante una sesión nocturna de charla de chicas Julie se lamenta:

> ¿Sabes lo que desearía? Que un chico pudiera ser lo suficientemente sincero como para acercarse a mí y decirme: «Escúchame, yo también me siento confuso. Podría marcar distancias contigo e interpretar un papel. Pero la verdad es que te encuentro muy interesante. Y me encantaría hacer el amor contigo». Así de simple. ¿No sería un auténtico alivio?[9]

En una escena posterior, se le concede su deseo cuando un Michael sin disfraz y no reconocido se cruza con ella y le dice exactamente eso. Antes de que pueda terminar su franca proposición, ella le arroja una copa de vino a la cara y se larga.

Los escritores de ciencia ficción tienen el lujo adicional de escenificar un experimento mental: mediante un golpe de intervención sobrenatural, un personaje es incapaz de mentir o incluso de mantener en privado sus pensamientos.[10] El resultado es hilarante cuando el personaje deja escapar los pensamientos indiscretos, ofensivos o lascivos que cualquiera podría suponer que le pasan por la cabeza, pero que los adultos socialmente competentes se guardan para sus adentros (como en *Mentiroso compulsivo*, cuando un abogado interpretado por Jim Carrey conoce a una nueva empleada exuberante, que declara sonriente que todos son realmente amables con ella y él aventura una explicación del motivo). De manera significativa, las tramas proceden desde los episodios de incomodidad e indignación hacia un desenlace de alivio generalizado cuando se restaura el don de la benigna deshonestidad. (Tal vez resulte igual de revelador el hecho de que, con frecuencia, una relación disfuncional, como el matrimonio entre un marido autoritario y su poco valorada esposa, es reparada por la intermediación de la franqueza forzosa).

La realidad supera a la ficción, y estamos viviendo un experimento real consistente en hacer común el conocimiento privado. Un movimiento llamado Honestidad Radical, fundado en 1997 por el psicoterapeuta Brad Blanton, propugna la franqueza absoluta en todas las interacciones personales, evitando incluso las mentiras piadosas.[11] La justificación no es que la mentira sea poco ética, sino que es «la causa principal del sufrimiento», cuyo antídoto es «vivir con honestidad». Desde su fundación ha ido ganando adeptos en Silicon Valley y en la comunidad de la racionalidad, y ha aparecido en varias películas y series televisivas. El psiquiatra y racionalista Scott Alexander comenta: «La ventaja de la honestidad radical es que proporciona una regla clara para cuándo decir la verdad. La desventaja de la honestidad radical es que te arruina la vida sin ningún beneficio en absoluto».[12] Al igual que en las comedias, los practicantes sueltan groserías como decirle a un jefe que están echando el ojo a un nuevo empleo, o a una novia que debería perder algo de peso. A diferencia de las comedias, no hay ningún final feliz: son despedidos o dejados.

Una reveladora entrevista a Blanton en *Esquire* del periodista A. J.

Jacobs (titulada «I Think You're Fat» [Creo que estás gorda]) deja claro que practicar la honestidad radical no es desnudar tu auténtico yo, sino otra simulación: una actuación, una farsa, un numerito.[13] Durante la entrevista, Blanton insulta a Jacobs y a *Esquire* mientras, de manera llamativa, eructa, se ajusta la entrepierna, se hurga la nariz y expulsa gases. Salta a la vista que disfruta con la emoción de ver hasta dónde puede llegar. Y descubrió que es un modo efectivo de acostarse con mujeres, lo cual parece lógico: si un jugador descuenta los costos emocionales de un rechazo (la celda superior derecha del juego de la insinuación del capítulo 7, pág. 238), el nivel óptimo de franqueza se eleva. Al cautivar a las mujeres con frases como «Quiero acostarme contigo» o «¿Quieres follar?», recibe muchos noes, pero suficientes síes para haber conseguido quinientas parejas sexuales (y dado que es un paladín de la honestidad radical, sabemos que está diciendo la verdad). Jacobs observa: «Hay una delgada línea entre la honestidad radical y el repelús. O en realidad no existe ninguna línea».

Y luego está un célebre experimento reciente sobre la honestidad radical: la cultura laboral de Bridgewater Associates, la empresa de fondos de cobertura más grande del mundo. Bridgewater fue fundada por el financiero y gurú de los negocios Ray Dalio, quien designa su versión como *transparencia radical*, y la implementó para evitar la «política de oficina» y a los empleados que «hablan los unos a espaldas de los otros». En vez de ello, estos califican abiertamente, y a menudo reprenden, sus mutuas actuaciones, vigilados todo el tiempo por cámaras de vídeo que graban sus interacciones para futuras sesiones de lucha. Los resultados darían material para otra comedia negra. La «transparencia radical» de la empresa resultó ser «para ti, pero no para mí». Sus estrategias comerciales se hallan envueltas en misterio, ocultas para todos salvo un círculo de elegidos. Los empleados están amordazados por estrictos (y posiblemente ilegales) acuerdos de confidencialidad. Y el propio Dalio rechaza (y al parecer castiga) las críticas de sus políticas.[14] El lugar de trabajo se ha descrito como un «paisaje infernal» de acoso y paranoia en el que se hace llorar a los empleados en frecuentes «ahorcamientos públicos» y donde existe una tasa de rotación inusualmente alta.[15] Cuando Dalio se marchó en 2022, su sucesor prometió «reconfigurar» la empresa.[16]

La tendencia histórica hacia la apertura posee un límite natural, y la honestidad radical resulta ser la mayor hipocresía de todas. Las personas necesitan mantener en privado muchos pensamientos, por muy ilógico que ello pueda parecer a primera vista. Resulta fácil «explicar» esta timidez apelando al sentido común: somos naturalmente sensibles, cohibidos y corteses, y deseamos evitar ofender a los demás o causar tensión, bochorno, incomodidad y malos sentimientos. Todo esto es cierto, pero demasiado simplista para constituir una explicación satisfactoria. ¿Por qué nos equipó la evolución con estos sentimientos, en lugar de con una voluntad de desinhibirnos?

La lógica de la coordinación y el conocimiento común aplicada a las relaciones sociales, tal como la he explicado en este libro, brinda una respuesta. Los humanos no son mónadas independientes que rebotan de acá para allá como las moléculas en un gas ideal. El nicho evolutivo del *Homo sapiens* se caracteriza por la interdependencia masiva. Algo de este trabajo conjunto es cooperación altruista, en la que yo te rasco la espalda si tú me rascas la mía, pero una buena parte es coordinación mutua, en la que una mano lava la otra. La vida nos presenta muchas cazas de ciervos, citas en cafés, dólares que repartir, colisiones que evitar, grupos que organizar, luchas que prevenir y otros juegos de suma positiva. Todos ellos requieren conocimiento común, de suerte que cada jugador esté seguro de que el otro optará por el mismo equilibrio en el que ambos salgan ganando.

Eso incluye nuestras relaciones sociales informales, que se mantienen unidas mediante un pacto de convenciones.[17] Las convenciones son idealizaciones rayanas en la ficción. No obstante, en un sentido lógico estricto, son necesarias para los equilibrios de coordinación que disfrutamos, y si se socavan con indicaciones contrarias se puede envenenar esa coordinación. Con frecuencia mantenemos en privado el conocimiento que minaría una convención social no en virtud de alguna rígida inhibición anticuada, sino por motivos racionales, de hecho, matemáticamente demostrables.

Consideremos la compartición comunitaria que fundamenta nuestras relaciones con familiares, amantes, amigos y colegas. La compartición comunitaria se basa en la ficción de que todos somos miembros de pleno derecho de un colectivo en el que cada uno se sacrifica generosamente por el bien de la totalidad. Es un hermoso modelo, y puede ser verdadero hasta cierto punto, pero no llega muy lejos. La superposición de intereses que la selección natural establece en las familias es solo parcial: los hermanos compiten por la inversión parental, los padres son arrastrados en direcciones diferentes por sus hijos actuales y futuros, y las parejas están divididas por la lealtad hacia los parientes de sangre y por las oportunidades de infidelidad.[18] Y cuando todos contribuyen a un fondo común, algunos tienen la oportunidad de escatimar, acumular o acaparar. Estas realidades omnipresentes contradicen las convenciones comúnmente sostenidas que hacen posible el calor de la comunalidad, y es natural que se mantengan al margen del conocimiento común (al tiempo que se entienden en privado a fin de que las personas puedan protegerse de la explotación).

El grado de autoridad que ordena a los individuos en jerarquías estables también se basa en ficciones útiles: que la jerarquía es legítima, basada en diferencias de talento, fuerza, generosidad, iniciativa y otras características valiosas, y que los de arriba tienen un interés en el bienestar del colectivo, incluida una responsabilidad paternalista o pastoral hacia los de abajo. En realidad, los líderes pueden haber ocupado su posición por la fuerza bruta, la herencia inmerecida o la pura suerte, y el poder inevitablemente corrompe. Todos lo reconocen en privado. Pero tanto por autoprotección como para preservar las legítimas cadenas de mando en las organizaciones complejas, a veces a los individuos les conviene no decir lo que piensan sobre las debilidades de sus superiores.

Las relaciones basadas en la comparación igualitaria, por su parte, se basan en convenciones informales mutuamente aceptadas para repartir los obsequios de forma equitativa. Pero los individuos, nunca totalmente desinteresados, sienten alguna vez la tentación de romper las reglas, manipular el sistema, retocar las cifras, maquillar las cuentas, mover los hilos o poner el pulgar en la balanza. De vez en cuando albergamos sospechas privadas de que nuestros conocidos no están por encima de estos ardides. Pero si las sospechas se convirtieran en conocimiento común, entonces se contaría con el incumplimiento de las normas, y nadie acordaría acatarlas. De hecho, cuando la posibilidad del engaño generalizado es conocimiento común, abandonamos los cálidos modelos relacionales basados en la confianza y recurrimos a los fríos y formales mercados, y a otras instituciones racionales-legales, donde todas las reglas son conocimiento común.

Aunque las trampas manifiestas en la vida social sean infrecuentes, las tentaciones pueden ser abundantes, como nos recuerda Jimmy Carter. El antropólogo evolutivo Donald Symons argüía que las traiciones metafóricamente deseadas por nuestros genes egoístas rara vez se desarrollan en las conductas manifiestas. Esto se debe a que, cuando elegimos una acción, hemos de llegar a un arreglo entre nuestros deseos, los de otras personas y las limitaciones del mundo. No obstante, nuestros deseos campan a sus anchas en nuestra imaginación.[19] Symons sugiere que la conciencia está diseñada para explorar las oportunidades raras, en particular aquellas que ejercen un impacto muy grande sobre nuestra aptitud, como el sexo, la violencia y los saltos de estatus. Por el contrario, los cálculos rutinarios, como los que regulan nuestra fisiología o dirigen una destreza bien ejercitada como caminar, quedan relegados al cuarto de calderas del procesamiento inconsciente. Así pues, cuando jugamos a los juegos rutinarios de la vida, nuestra imaginación bulle con malvadas fantasías.

Huelga decir que Symons no fue el primero en observar esto. En 1651, Thomas Hobbes escribió: «Los pensamientos secretos de un hombre giran en torno a todas las cosas, santas y profanas, limpias, obscenas, graves y ligeras, sin vergüenza ni desdoro».[20] James Fitzgerald Stephen, en su *History of the Criminal Law in England*, lo expresa con más concisión: «Si los pensamientos criminales pudieran ser castigados, todos los seres humanos serían criminales».[21] Las encuestas modernas lo corroboran: mayorías sustanciales de personas refieren haber fantaseado con matar a alguien con quien estaban resentidas (a menudo con tortura incluida), con forzar a alguien o ser forzadas a tener sexo, y con tener relaciones sexuales con una pareja inadecuada.[22]

Tenemos conocimiento privado sobre nuestra propia mente: sabemos que tenemos deseos ilícitos. Tan pronto como caemos en la cuenta de que no somos únicos, tenemos también conocimiento recíproco: la mayoría de los individuos se percatan de que la mayoría de los individuos tienen deseos ilícitos. Con todo, expresar en voz alta uno de estos deseos, generando el conocimiento común en el que cada uno de nosotros sabe que el otro conoce el deseo, y sabe eso, *ad infinitum*, no es asunto menor. Sería poco aconsejable que le dijeras a tu jefe que te has planteado la idea de matarlo, o que informaras a tu cónyuge o a un colega de que fantaseas con acostarte con este último, incluso si esas posibilidades se pueden haber sospechado en privado. La razón es que el anuncio contaminaría el conjunto de suposiciones que os permiten llevaros bien.

Nada de esto implica que debamos abstenernos remilgadamente de mencionar cualquier pensamiento privado que incomode a los demás. Nuestras convenciones tácitas pueden ocultar muchas injusticias e irracionalidades, y la reforma social comienza con frecuencia con un bocazas que señala al paquidermo en el salón o un muchacho que hace un comentario sobre la desnudez de un líder imperial. También la psicoterapia puede proceder alentando a los pacientes a ver y desafiar las normas no mencionadas en una relación que puede haberlos atrapado en la disfunción. Incluso los experimentos mentales de ciencia ficción o de las comedias de situación sobre la honestidad obligatoria suelen reflejar algún bien surgido del calvario de los personajes. Lo que sucede es que existe una lógica de la hipocresía, y no todos los casos constituyen remilgados anacronismos.

Una comprensión racional de la hipocresía, basada en la idea de que el conocimiento común posibilita la coordinación, puede impedir que arruinemos nuestra vida personal con una franqueza desenfrenada. También puede evitar que echemos por la borda algunas de las hipocresías de la vida pública que, aunque pueden parecer obsoletas, sirven a un propósito real.

La policía opta con frecuencia por apartar la vista de infracciones que los perpetradores intentan ocultar, aunque sea levemente, como los «servicios de compañía», la parafernalia de drogas anunciada como accesorios para tabaco o beber en público de una botella de whisky en una bolsa de papel. Hacer cumplir la letra de la ley sería excesivo e intrusivo, pero permitir que sea conocimiento común que las leyes se pueden infringir abiertamente indicaría que el sistema legal ha perdido su autoridad.[23]

En el anuncio de 2022 durante la Super Bowl, cuando los autores de la Constitución estadounidense le explican al *alter ego* de Larry David que la gente tendrá derecho a votar, él pregunta con incredulidad: «¿Incluidos los estúpidos?». Las democracias afrontan el problema inherente de que las políticas más populares pueden no ser las más beneficiosas o practicables, y tienen que equilibrar discretamente la necesidad de respetar la voluntad del pueblo con la necesidad de implementar el conocimiento de los expertos. Larry David podía decirlo; a los políticos más les vale no hacerlo.

Los políticos y los funcionarios también puede que deseen evitar hablar con demasiada claridad de las leyes de la aritmética. Los recursos son finitos y los fondos asignados a un objetivo han de ser sustraídos de los destinados a otro. Las cosas buenas cuestan dinero, y existe un número ilimitado de cosas buenas, por lo que los planificadores han de buscar equilibrios y soluciones de compromiso. No obstante, la gente se indigna cuando se ve obligada a considerar el intercambio de un valor secular, como el dinero, por uno sagrado, como la vida humana, el bienestar de los niños o el medio ambiente. La política es el arte de mantener esos intercambios al margen del conocimiento común.[24] Sería poco aconsejable que un político dijera: «El gobierno gasta demasiado en la salud de las personas mayores» o «Nuestra política sobre seguridad vial es que una vida humana vale 9,6 millones de dólares y nada más», aunque ambas cosas puedan ser conocidas en privado por las instancias decisorias. La alternativa, «No podemos poner un precio a la vida humana» (o al bienestar de los niños o de los mayores), carece de sentido, pero ratifica la ficción del cuidado mutuo incondicional que exigimos de nuestras relaciones comunitarias.

En el escenario internacional, el destino del mundo puede depender de lo que se mantiene al margen del conocimiento común. La política de «ambigüedad deliberada» de Israel, sin afirmar ni negar que tenga armas nucleares, suministra el valor disuasorio que hace que valga la pena la posesión, sin provocar a sus rivales de Oriente Medio para que adquieran las suyas propias a fin de salvar las apariencias. Taiwán es patentemente un Estado soberano, y Estados Unidos y la Unión Europea lo tratan extraoficialmente como tal mientras niegan oficialmente su existencia. La razón de la duplicidad es que el reconocimiento público de la realidad supondría una afrenta para la República Popular de China, que ha apostado su reputación en ser la única gobernante de la China histórica en su totalidad. La historia de violencia provocada por la indignación comunitaria nos recuerda que las afrentas simbólicas pueden tener consecuencias catastróficas.

En todos estos casos, las personas que mantienen la hipocresía podrían explicar por qué lo hacen, pero pueden optar por no socavar la justificación formulando de manera explícita la explicación. Pueden recurrir a los eufemismos y a la omisión discreta, y al proceder de ese modo distan de ser irracionales. De manera similar, si los académicos deciden tácitamente que la mejor forma de manejar un tema socialmente pernicioso e intelectualmente menor es no ir por ese camino, no se estarán entregando a la ignorancia de una edad oscura, sino que pueden estar desplegando una racionalidad de orden superior que considera los efectos de convertir los descubrimientos en conocimiento común. Eso podría ser cierto incluso si razonaran que la mejor manera de implementar una política semejante es no hablar demasiado ni en voz alta sobre los motivos para implementarla.

Todos estos hilos de pensamiento son ejercicios de mentalización recursiva, el talento cognitivo que subyace al conocimiento común. La capacidad de la cognición para coger sus propios productos e incorporarlos a la generación de más cognición es un tema constante en todos mis libros, y me llena de asombro incluso después de décadas de reflexión sobre la inteligencia humana. Subyace a la enorme capacidad expresiva del lenguaje, a su habilidad para transmitir ideas, desde las canciones infantiles hasta la metafísica.[25] Explica cómo la inteligencia humana, habiendo evolucionado para razonar sobre la supervivencia y la reproducción, puede extenderse al razonamiento científico, filosófico y matemático.[26] Explica cómo es posible el progreso humano cuando los individuos reconsideran sus normas e instituciones.[27] E implica que la propia racionalidad es ilimitada: incluso cuando una aplicación de la racionalidad es defectuosa, podemos dar un paso atrás, analizar racionalmente cómo estamos desplegando nuestra racionalidad y diseñar una racionalidad de orden superior que la subsuma.[28] Esto es lo más especial de nuestra especie: no solo tenemos pensamientos, sino que también tenemos pensamientos sobre nuestros pensamientos, y pensamientos sobre nuestros pensamientos sobre nuestros pensamientos.

BIBLIOGRAFÍA

Aaronson, S., «Common knowledge and Aumann's Agreement Theorem», *Shtetl-Optimized*, 2015, <https://scottaaronson.blog/?p=2410>.

Allport, G. W., y E. G. Boring, «Psychology and social relations at Harvard University», *American Psychologist*, n.º 1, 1946, págs. 119-122.

Altman, D., «The evolution of territorial conquest after 1945 and the limits of the territorial integrity norm», *International Organization*, n.º 74, 2020, págs. 490-522.

Alvard, M., y D. Nolin, «Rousseau's whale Hunt? Coordination among big-game hunters», *Current Anthropology*, n.º 43, 2002, págs. 533-559.

Anderson, C., J. A. D. Hildreth y L. Howland, «Is the desire for status a fundamental human motive? A review of the empirical literature», *Psychological Bulletin*, n.º 141, 2015, págs. 574-601.

Anstis, S., «The paradox of extreme close-up gaze», *Perception*, n.º 50, 2021, págs. 170-173.

Argyle, M., «Eye contact (or "mutual gaze")», en R. L. Gregory (comp.), *The Oxford Companion to the Mind*, 2.ª ed., Nueva York, Oxford University Press, 2004.

Aumann, R., «Agreeing to disagree», *Annals of Statistics*, n.º 4, 1976, págs. 1236-1239.

—, «Nash equilibria are not self-enforcing», en J. J. Gabszewicz, J.-F. Richard y L. Wolsey (comps.), *Economic decision making: Games, econometrics and optimisation*, Ámsterdam, Elsevier, 1990.

Aumann, R. J., «Reply to Binmore», *Games and Economic Behavior*, n.º 17, 1996, págs. 138-146.

—, «Interactive epistemology I: Knowledge», *International Journal of Game Theory*, n.º 28, 1999, págs. 263-300.

Bailenson, J. M., «Nonverbal overload: A theoretical argument for the causes of Zoom fatigue», *Technology, Mind, and Behavior*, n.º 2, 2021.

Bandura, A., «Moral disengagement in the perpetration of inhumanities», *Personality and Social Psychology Review*, n.º 3, 1999, págs. 193-209.

Barclay, P., «Strategies for cooperation in biological markets, especially for humans», *Evolution and Human Behavior*, n.º 34, 2013, págs. 164-175.

Barwise, J., «Three views of common knowledge», en M. Y. Vardi (comp.), *Proceedings of the 2nd Conference on Theoretical Aspects of Reasoning About Knowledge*, San Francisco, Morgan Kaufman, 1988.

Baumard, N., J.-B. André y D. Sperber, «A mutualistic approach to morality: The evolution of fairness by partner choice», *Behavioral and Brain Sciences*, n.º 36, 2013, págs. 59-122.

Baumeister, R. F., *Evil: Inside human violence and cruelty*, Nueva York, Holt, 1997.

Beer, J., «The inconvenient truth about your "authentic" self», blog de *Scientific American*, 2020, <https://www.scientificamerican.com/blog/observations/the-inconvenient-truth-about-your-authentic-self/>.

Bellezza, S., F. Gino y A. Keinan, «The red sneakers effect: Inferring status and competence from signals of nonconformity», *Journal of Consumer Research*, n.º 41, 2014, págs. 35-54.

Benenson, J. F., «The development of human female competition: Allies and adversaries», *Philosophical Transactions of the Royal Society of London Series B, Biological Sciences*, vol. 368, n.º 1631, 2013.

Berkowitz, E., *Dangerous ideas: A brief history of censorship in the West, from the ancients to fake news*, Boston, Beacon Press, 2021.

Binmore, K., *Fun and games: A text on game theory*, Boston, Houghton Mifflin, 1991.

—, *Game theory: A very short introduction*, Nueva York, Oxford University Press, 2007 (trad. cast.: *La teoría de juegos: una breve introducción*, Madrid, Alianza Editorial, 2011).

Binmore, K., y L. Samuelson, «Coordinated action in the Electronic Mail game», *Games and Economic Behavior*, n.º 35, 2001, págs. 6-30.

Bivona, J., y J. Critelli, «The nature of women's rape fantasies: An analysis of prevalence, frequency, and contents», *Journal of Sex Research*, n.º 46, 2009, págs. 33-45.

Blanton, B., *Radical honesty: How to transform your life by telling the truth*, Sparrowhawk Press, 1994/2005 (trad. cast.: *Honestidad radical: cómo transformar tu vida diciendo la verdad*, Barcelona, Planeta, 2008).

Boehm, C., *Hierarchy in the forest: The evolution of egalitarian behavior*, Cambridge, Massachusetts, Harvard University Press, 1999.

Bolander, T., R. Engelhardt y T. S. Nicolet, «The curse of shared knowledge: Recursive belief reasoning in a coordination game with imperfect information», *arXiv*, 2020, <http://arxiv.org/pdf/2008.08849VI>.

Bolton, G. E., y R. Zwick, «Anonymity versus punishment in ultimatum bargaining», *Games and Economic Behavior*, n.° 10, 1995, págs. 95-121.

Bosch-Domènech, A., J. G. Montalvo, R. Nagel y A. Satorra, «One, two, (three), infinity...: Newspaper and lab beauty-contest experiments», *American Economic Review*, n.° 92, 2002, págs. 1687-1701.

Brown, B. R., «The effects of need to maintain face on interpersonal bargaining», *Journal of Experimental Social Psychology*, n.° 4, 1968, págs. 107-122.

Brown, P., y S. C. Levinson, «Introduction to the reissue: A review of recent work», en *Politeness: Some universals in language usage*, Nueva York, Cambridge University Press, 1987a.

—, *Politeness: Some universals in language usage*, Nueva York, Cambridge University Press, 1987b.

Buckels, E. E., P. D. Trapnell y D. L. Paulhus, «Trolls just want to have fun», *Personality and Individual Differences*, n.° 67, 2014, págs. 97-102.

Burum, B., M. A. Nowak y M. Hoffman, «An evolutionary explanation for ineffective altruism», *Nature Human Behaviour*, n.° 4, 2020, págs. 1245-1257.

Buss, D. M., *The murderer next door: Why the mind is designed to kill*, Nueva York, Penguin, 2005.

Byers, E. S., C. Purdon y D. A. Clark, «Sexual intrusive thoughts of college students», *Journal of Sex Research*, n.° 35, 1998, págs. 359-369.

Camerer, C., G. Lowenstein y M. Weber, «The curse of knowledge in economic settings: An experimental analysis», *Journal of Political Economy*, n.° 97, 1989, págs. 1232-1254.

Castelfranchi, C., e I. Poggi, «Blushing as a discourse: Was Darwin wrong?», en R. Crozier (comp.), *Shyness and embarrassment: Perspectives from social psychology*, Nueva York, Cambridge University Press, 1990.

Cathcart, T., y D. Klein, *Plato and a platypus walk into a bar: Understanding philosophy through jokes*, Nueva York, Harry Abrams, 2007 (trad. cast.: *Platón y un ornitorrinco entran en un bar: la filosofía explicada con humor*, Barcelona, Planeta, 2008).

Centers for Disease Control and Prevention [Centros para el Control y la Prevención de Enfermedades], *Youth risk behavior survey 2011-2021*, 2021, <https://www.cdc.gov/healthyyouth/data/yrbs/pdf/YRBS_Data-Summary-Trends_Report2023_508.pdf>.

Centola, D., R. Willer y M. Macy, 2005, «The emperor's dilemma: A computational model of self-enforcing norms», *American Journal of Sociology*, n.º 110, 2005, págs. 1009-1040.

Chagnon, N. A., *Yanomamö: The last days of Eden*, Nueva York, Harcourt Brace, 1992 (trad. cast.: *Yanomamö: la última gran tribu*, Barcelona, Alba, 2006).

Cheng, J. T., «Dominance, prestige, and the role of leveling in human social hierarchy and equality», *Current Opinion in Psychology*, n.º 33, 2020, págs. 238-244.

Chenoweth, E., «The future of nonviolent resistance», *Journal of Democracy*, n.º 31, 2020, págs. 69-84.

Chenoweth, E., y M. J. Stephan, *Why civil resistance works: The strategic logic of nonviolent conflict*, Nueva York, Columbia University Press, 2011.

Chomsky, N., *Language and mind*, ed. ampl., Nueva York, Cambridge University Press, 1972/2006 (trad. cast.: *El lenguaje y el entendimiento*, Barcelona, Seix Barral, 1971).

—, «Psychology and ideology», en N. Chomsky (comp.), *For reasons of state*, Nueva York, Vintage, 1973 (trad. cast.: *Por razones de Estado*, Barcelona, Ariel, 1975).

Christiansen, M., y S. Kirby (comps.), *Language evolution: States of the art*, Nueva York, Oxford University Press, 2003.

Chwe, M. S.-Y., *Rational ritual: Culture, coordination, and common knowledge*, Princeton, Nueva Jersey, Princeton University Press, 2001.

Ciston, A. B., C. Forster, T. R. Brick, S. Kühn, J. Verrel y otros, «Limited metacognitive access to one's own facial expressions», *bioRxiv*, 2021, 2021.2003.2008.434069.

Clark, C. J., M. Fjeldmark, L. Lu, R. F. Baumeister, S. Ceci y otros, «Taboos and self-censorship among us psychology professors», *Perspectives on Psychological Science*, 2024, págs. 1-17.

Clark, C. J., L. Jussim, K. Frey, S. T. Stevens, M. Al-Gharbi y otros, «Prosocial motives underlie scientific censorship by scientists: A perspective and research agenda», *Proceedings of the National Academy of Sciences*, n.º 120, 2023, e2301642120.

Clark, E. V., *The lexicon in acquisition*, Nueva York, Cambridge University Press, 1993.

Clark, H. H., *Using language*, Nueva York, Cambridge University Press, 1996.

Clark, H. H., y T. B. Carlson, «Speech acts and hearers' beliefs», en N. V. Smith (comp.), *Mutual knowledge*, Nueva York, Academic Press, 1981.

Clark, H. H., y C. R. Marshall, «Definite reference and mutual knowledge», en A. K. Joshi, B. L. Webber e I. A. Sag (comps.), *Elements of discourse understanding*, Nueva York, Cambridge University Press, 1981.

Clark, S. E., y S. D. Gronlund, «Global matching models of recognition memory: How the models match the data», *Psychonomic Bulletin & Review*, n.º 3, 1996, págs. 37-60.

Cofnas, N., «Research on group differences in intelligence: A defense of free inquiry», *Philosophical Psychology*, n.º 33, 2020, págs. 125-147.

Columbus, S., C. Molho, F. Righetti y D. Balliet, «Interdependence and cooperation in daily life», *Journal of Personality and Social Psychology*, n.º 120, 2021, págs. 626-650.

Cowen, T., y R. Hanson, 2004, «Are disagreements honest?», George Mason University, 2004, <https://mason.gmu.edu/~rhanson/deceive.pdf>.

Crabb, P. B., «The material culture of homicidal fantasies», *Aggressive Behavior*, n.º 26, 2000, págs. 225-234.

Crawford, V. P., «New directions for modeling strategic behavior: Game-theoretic models of communication, coordination, and cooperation in economic relationships», *Journal of Economic Perspectives*, n.º 30, 2016, págs. 131-150.

Cronk, L., y B. L. Leech, *Meeting at Grand Central. Understanding the social and evolutionary roots of cooperation*, Princeton, Nueva Jersey, Princeton University Press, 2013.

Crozier, W. R., «Skin complexion and the blush», *Emotion Review*, n.º 15, 2023, págs. 118-126.

Crystal, D., y H. Crystal, *Words on words: Quotations about language and languages*, Chicago, University of Chicago Press, 2000.

Cubitt, R. C., y R. Sugden, «Common knowledge, salience and convention: A reconstruction of David Lewis' game theory», *Economics and Philosophy*, n.º 19, 2003, págs. 175-210.

Curry, O. S., y R. I. M. Dunbar, «Sharing a joke: The effects of a similar sense of humor on affiliation and altruism», *Evolution and Human Behavior*, n.º 34, 2013, págs. 125-129.

Curry, O. S., y M. Jones Chesters, «"Putting ourselves in the other fellow's shoes": The role of "theory of mind" in solving coordination problems», *Journal of Cognition and Culture*, n.º 12, 2012, págs. 147-159.

Curry, O. S., M. Jones Chesters y C. J. Van Lissa, «Mapping morality with a compass: Testing the theory of "morality-as-cooperation" with a new questionnaire», *Journal of Research in Personality*, n.º 78, 2019, págs. 106-124.

Cushman, F., R. Sheketoff, S. Wharton y S. Carey, «The development of intent-based moral judgment», *Cognition*, n.º 127, 2013, págs. 6-21.

Dalkiran, N. A., M. Hoffman, R. Paturi, D. Ricketts y A. Vattani, «Common Knowledge and state-dependent equilibria», en M. Serna (comp.), *Algorithmic Game Theory*, Berlín, Springer, 2012, <https://doi.org/10.1007/978-3-642-33996-7_8>.

Daly, M., y M. Wilson, *Homicide*, Nueva York, Aldine De Gruyter,1988 (trad. cast.: *Homicidio*, Buenos Aires, Argentina, Fondo de Cultura Económica, 2005).

Darwin, C. R., *The expression of the emotions in man and animals*, Chicago, University of Chicago Press, 1872/1965 (trad. cast.: *La expresión de las emociones en los animales y en el hombre*, Madrid, Alianza Editorial, 1998).

—, *The expression of the emotions in man and animals: Definitive edition*, Londres, HarperCollins, 1872/1998.

Dawkins, R., *The selfish gene*, ed. 40 aniv., Nueva York, Oxford University Press, 1976/2016 (trad. cast.: *El gen egoísta*, Barcelona, Labor, 1979).

De Freitas, J., P. DeScioli, K. A. Thomas y S. Pinker, «Maimonides' Ladder: States of mutual knowledge and the perception of charitability», *Journal of Experimental Psychology: General*, n.º 148, 2019, págs. 158-173.

De Freitas, J., y S. Pinker, «The psychological representation of common knowledge», manuscrito inédito, 2020.

De Freitas, J., K. Thomas, P. DeScioli y S. Pinker, «Common knowledge, coordination, and strategic mentalizing in human social life», *Proceedings of the National Academy of Sciences*, n.º 116, 2019, págs. 13751-13758.

Deese, J., «On the structure of associative meaning», *Psychological Review*, n.º 69, 1962, págs. 161-175.

Dennett, D. C., «Beliefs about beliefs (commentary on Premack & Woodruff's "Does a chimpanzee have a theory of mind?")», *Behavioral and Brain Sciences*, n.º 1, 1978, págs. 568-570.

DeScioli, P., y R. Kurzban, «The games people play», en S. Gangestad y J. A. Simpson (comps.), *The evolution of mind: Fundamental questions and controversies*, Nueva York, Guilford, 2007.

—, «Mysteries of morality», *Cognition*, n.º 112, 2009, págs. 281-299.

—, «Morality is for choosing sides», en *Atlas of Moral Psychology*, Nueva York, Guilford, 2018.

DeScioli, P., y B. J. Wilson, «The territorial foundations of human property», *Evolution and Human Behavior*, n.º 32, 2011, págs. 297-304.

Diamond, D. W., y P. H. Dybvig, «Bank runs, deposit insurance, and liquidity», *Journal of Political Economy*, n.º 91, 1983, págs. 401-419.

Diekmann, A., «Volunteer's dilemma», *Journal of Conflict Resolution*, n.º 29, 1985, págs. 605-610.

Diesendruck, G., y L. Markson, «Children's avoidance of lexical overlap: A pragmatic account», *Developmental Psychology*, n.º 37, 2001, págs. 630-644.

Dijk, C., B. Koenig, T. Ketelaar y P. J. de Jong, «Saved by the blush: Being trusted despite defecting», *Emotion*, n.º 11, 2011, págs. 313-319.

Dobson, W. J., *The dictator's learning curve: Inside the global battle for democracy*, Nueva York, Anchor, 2012.

Doherty-Sneddon, G., A. Anderson, C. O'Malley, S. Langton, S. Garrod y otros, «Face-to-face and video-mediated communication: A comparison of dialogue structure and task performance», *Journal of Experimental Psychology: Applied*, n.º 3, 1997, pág. 105.

Dreger, A. D., «The controversy surrounding "The Man Who Would Be Queen": A case history of the politics of science, identity, and sex in the internet age», *Archives of Sexual Behavior*, n.º 37, 2007, págs. 366-421.

—, «Darkness's descent on the American Anthropological Association: A cautionary tale», *Human Nature*, n.º 22, 2011, págs. 225-246.

Drummond, P. D., y H. K. Lim, «The significance of blushing for fair- and dark-skinned people», *Personality and Individual Differences*, n.º 29, 2000, págs. 1123-1132.

Dulleck, U., *A note on the e-mail game: Bounded rationality and induction*, Berlín, Humboldt University of Berlin, 1997.

Editores de *Nature Human Behaviour*, «Science must respect the dignity and rights of all humans», *Nature Human Behaviour*, n.º 6, 2022, págs. 1029-1031.

Ekman, P., *Emotions revealed, second edition: Recognizing faces and feelings to improve communication and emotional life*, Nueva York, Holt, 2007 (trad. cast.: *El rostro de las emociones: cómo leer las expresiones faciales para mejorar relaciones*, Barcelona, RBA Libros, 2015).

Ellickson, R. C., *Order without law: How neighbors settle disputes*, Cambridge, Massachusetts, Harvard University Press, 1991.

Emery, N. J., «The eyes have it: The neuroethology, function and evolution of social gaze», *Neuroscience & Biobehavioral Reviews*, n.º 24, 2000, págs. 581-604.

Farrell, J., y M. Rabin, «Cheap talk», *Journal of Economic Perspectives*, n.º 10, 1996, págs. 103-118.

Feinberg, M., M. Willer y D. Keltner, «Flustered and faithful: Embarrassment as a signal of prosociality», *Journal of Personality and Social Psychology*, n.º 102, 2011, págs. 81-97.

Felson, R. B., «Impression management and the escalation of aggression and violence», *Social Psychology Quarterly*, n.º 45, 1982, págs. 245-254.

Feltovich, N., R. Harbaugh y T. To, «Too cool for school? Signalling and countersignalling», *The RAND Journal of Economics*, n.º 33, 2002, págs. 630-649.

Finkel, E. J., C. A. Bail, M. Cikara, P. H. Ditto, S. Iyengar y otros, «Political sectarianism in America», *Science*, n.º 270, 2020, págs. 533-536.

Fiske, A. P., *Structures of social life: The four elementary forms of human relations*, Nueva York, Free Press, 1991.

—, «The four elementary forms of sociality: Framework for a unified theory of social relations», *Psychological Review*, n.º 99, 1992, págs. 689-723.

—, «Four modes of constituting relationships: Consubstantial assimilation; space, magnitude, time, and force; concrete procedures; abstract symbolism», en N. Haslam (comp.), *Relational models theory: A contemporary overview*, Mahwah, Nueva Jersey, Erlbaum Associates, 2004a.

—, «Relational models theory 2.0», en N. Haslam (comp.), *Relational models theory: A contemporary overview*, Mahwah, Nueva Jersey, Erlbaum Associates, 2004b.

Fiske, A. P., y T. Rai, *Virtuous violence: Hurting and killing to create, sustain, end, and honor social relationships*, Nueva York, Cambridge University Press, 2015.

Fiske, A. P., T. W. Schubert y B. Seibt, «Seeking communal emotions in social practices that culturally evolved to evoke the emotions. Worship, kitten videos, memorials, narratives of love, and more», *Annual Review of Psychology*, n.º 76, 2025.

Fiske, A. P., y P. E. Tetlock, «Taboo trade-offs: Reactions to transactions that transgress the spheres of justice», *Political Psychology*, n.º 18, 1997, págs. 255-297.

—, «Taboo tradeoffs: Constitutive prerequisites for social life», en S. A. Renshon y J. Duckitt (comps.), *Political psychology: Cultural and cross-cultural perspectives*, Londres, MacMillan, 1999.

Francis, N., y H. Kučera, *Frequency analysis of English usage: Lexicon and grammar*, Boston, Houghton Mifflin, 1982.

Frank, R. H., *Passions within reason: The strategic role of the emotions*, Nueva York, W. W. Norton, 1988.

Fraser, S. (comp.), *The Bell Curve wars: Race, intelligence, and the future of America*, Nueva York, Basic Books, 1995.

Frey, K., y S. T. Stevens, *Scholars under fire: Attempts to sanction scholars from 2000 to 2022*, Filadelfia, Foundation for Individual Rights and Expression, 2023, <https://www.thefire.org/research-learn/scholars-under-fire-attempts-sanctionscholars-2000-2022>.

Fridlund, A., «Darwin's anti-Darwinism en "The expression of the emotions in man and animals"», en K. T. Strongman (comp.), *International review of studies of emotion*, vol. 2, Nueva York, Wiley, 1992.

Friedell, M. F., «On the structure of shared awareness», *Behavioral Science*, n.º 14, 1969, págs. 28-39.

Galef, J., *The scout mindset: Why some people see things clearly and others don't*, Nueva York, Penguin, 2021 (trad. cast.: *La mentalidad del explorador: por qué algunas personas ven las cosas con claridad y otras no*, Barcelona, Paidós, 2023).

Gallo, M. M., *«No one helped»: Kitty Genovese, New York City, and the myth of urban apathy*, Ithaca, Nueva York, Cornell University Press, 2015.

Gamow, G., y M. Stern, «Forty unfaithful wives», en *Puzzle-math*, Nueva York, Viking, 1958.

Gardner, M., «The castrati of Womensa», en *Puzzles from other worlds*, Nueva York, Vintage, 1984 (trad. cast.: *Juegos y enigmas de otros mundos*, Barcelona, Gedisa, 1993).

Gat, A., *The causes of war and the spread of peace*, Nueva York, Oxford University Press, 2017.

Geanakoplos, J., «Common knowledge», *Journal of Economic Perspectives*, n.º 6, 1992, págs. 53-82.

Geanakoplos, J. y H. M. Polemarchakis, «We can't disagree forever», *Journal of Economic Theory*, n.º 28, 1982, págs. 192-200.

Geddes, P., *Transparent investing: How to play the stock market without getting played*, Mill Valley, California, Perspicuum Press, 2022.

Gigerenzer, G., «Ecological intelligence: An adaptation for frequencies», en D. D. Cummins y C. Allen (comps.), *The evolution of mind*, Nueva York, Oxford University Press, 1998.

Gkorezis, P., y V. Bellou, «The relationship between leader self-deprecating humor and perceived effectiveness: Trust in leader as a mediator», *Leadership & Organization Development Journal*, n.º 37, 2016, págs. 882-898.

Goffman, E., *The presentation of self in everyday life*, Nueva York, Doubleday, 1959 (trad. cast.: *La presentación de la persona en la vida cotidiana*, Madrid, Martínez de Murguía, 1987).

—, «On face-work: An análisis of ritual elements in social interaction», en *Interaction ritual: Essays on face-to-face behavior*, Nueva York, Random House, 1967 (trad. cast.: *Ritual de la interacción*, Buenos Aires, Argentina, Tiempo Contemporáneo, 1978).

Goldstein, J. S., «Chicken dilemas: Crossing the road to cooperation», en I. W. Zartman y S. Touval (comps.), *International cooperation: The extents and limits of multilateralism*, Nueva York, Cambridge University Press, 2010.

—, *Winning the war on war: The decline of armed conflict worldwide*, Nueva York, Penguin, 2011.

Greendlinger, V., y D. Byrne, «Coercive sexual fantasies of college men as predictors of self-reported likelihood to rape and overt sexual aggression», *Journal of Sex Research*, n.º 23, 1987, págs. 1-11.

Greengross, G., y R. Mankoff, «Inside "Inside Jokes": The hidden side of humor (review of M. Hurley, D. Dennett, and R. Adams Jr.'s "Inside jokes: Using humor to reverse-engineer the mind")», *Evolutionary Psychology*, n.º 10, 2012, págs. 443-456.

Grice, H. P., «Logic and conversation», en P. Cole y J. L. Morgan (comps.), *Syntax & semantics*, vol. 3, *Speech acts*, Nueva York, Academic Press, 1975.

—, *Studies in the way of words*, Cambridge, Massachusetts, Harvard University Press, 1989.

Hadfield, G. K., «A coordination model of the sexual division of labor», *Journal of Economic Behavior & Organization*, n.º 40, 1999, págs. 125-153.

Haidt, J., «Why universities must choose one telos: Truth or social justice», *Heterodox Academy*, 16 de octubre de 2016, <https://heterodoxacademy.org/blog/one-telos-truth-or-social-justice-2/>.

Halpern, J. Y., y Y. Moses, «Knowledge and common knowledge in a distributed environment», *Journal of the Association for Computing Machinery*, n.º 37, 1990, págs. 549-587.

Hanson, R., «Disagreement is unpredictable», *Economics Letters*, n.º 77, 2002, págs. 365-369.

—, «Uncommon priors require origin disputes», *Theory and Decision*, n.º 61, 2006, págs. 319-328.

Harman, G., «Review of J. Bennett's "Linguistic behavior"», *Language*, n.º 53, 1977, págs. 417-424.

Harsanyi, J. C., «Bayesian decision theory, subjective and objective probabilities, and acceptance of empirical hypotheses», *Synthese*, n.º 57, 1983, págs. 341-365.

Hathaway, O., y C. Shapiro, *The internationalists: How a radical plan to outlaw war remade our world*, Nueva York, Simon & Schuster, 2017.

Henrich, J., «Costly punishment across human societies», *Science*, n.º 312, 2006, págs. 1767-1770.

—, *The WEIRDest people in the world: How the West became psychologically peculiar and particularly prosperous*, Nueva York, Farrar, Straus & Giroux, 2020.

Hobbes, T., *Leviathan*, Nueva York, Oxford University Press, 1651/1957 (trad. cast.: *Leviatán: o la materia, forma y poder de un Estado eclesiástico y civil*, Madrid, Alianza Editorial, 2018).

Hoffman, M., C. Hilbe y M. A. Nowak, «The signal-burying game can explain why we obscure positive traits and good deeds», *Nature Human Behaviour*, n.º 2, 2018, págs. 397-404.

Hoffman, M., y E. Yoeli, *Hidden games: The surprising power of game theory to explain irrational human behavior*, Nueva York, Basic Books, 2022.

Hofstadter, D. R., «Dilemmas for superrational thinkers, leading up to a luring lottery», en *Metamagical themas: Questing for the essence of mind and pattern*, Nueva York, Basic Books, 1985.

Holtgraves, T. M., *Language as social action: Social psychology and language use*, Mahwah, Nueva Jersey, Erlbaum Associates, 2002.

Holzinger, K., *Transnational common goods: Strategic constellations, collective action problems, and multi-level provision*, Nueva York, Palgrave MacMillan, 2008.

Honeycutt, N., S. T. Stevens y E. Kaufmann, *The academic mind in 2022: What faculty think about free expression and academic freedom on campus*, Foundation for Individual Rights and Expression, 2023, <https://thefire.org/research-learn/academic-mind-2022-what-faculty-think-about-free-expression-and-academic-freedom>.

Hooven, C. K., «Academic freedom in social justice: Sex, gender, and cancel culture on campus», *Archives of Sexual Behavior*, n.º 52, 2023, págs. 35-41.

Horowitz, D. L., *The deadly ethnic riot*, Berkeley, University of California Press, 2001.

Huang, L., P. DeScioli y Z. Murad, «Pulling for the team: Competition between political partisans», *Evolutionary Psychological Science*, n.º 7, 2021, págs. 97-105.

Hudson, R., «The difficulty of (so-called) self-embedded structures», *UCS Working Papers in Linguistics*, n.º 8, 1996, págs. 1-33.

Hughes, C., *The end of race politics: Arguments for a colorblind America*, Nueva York, Penguin Random House, 2024.

Hume, D., *A treatise of human nature*, Nueva York, Oxford University Press, 1739/2000 (trad. cast.: *Tratado de la naturaleza humana*, Barcelona, Folio, 2000).

Hunt, M., *The new know-nothings: The political foes of the scientific study of human nature*, New Brunswick, Nueva Jersey, Transaction Publishers, 1999.

Ichikawa, J. J., y M. Steup, «The analysis of knowledge», en E. N. Zalta (comp.), *The Stanford Encyclopedia of Philosophy* (ed. verano de 2018), 2018.

Jacobs, A. J., «I think you're fat», *Esquire*, n.º 148, 2007, pág. 120.

Johnson, D. D. P., *Overconfidence and war: The havoc and glory of positive illusions*, Cambridge, Massachusetts, Harvard University Press, 2004.

Jones, P., y A. Arnold, *Reluctance to discuss controversial issues on campus: Raw numbers from the 2023 campus expression survey*, Nueva York, Heterodox Academy, 2024.

Joubert, L., *Treatise on laughter*, trad. G. D. de Rocher, Birmingham, University of Alabama Press, 1579/1980 (trad. cast.: *Tratado de la risa*, Madrid, Asociación Española de Neuropsiquiatría, 2002).

Kagan, D., *On the origins of war and the preservation of peace*, Nueva York, Doubleday, 1995 (trad. cast.: *Sobre las causas de la guerra y la preservación de la paz*, Madrid/México, Turner/Fondo de Cultura Económica, 2003).

Kanin, E. J., «Female rape fantasies: A victimization study», *Victimology*, n.º 7, 1982, pág. 114.

Kaufmann, E., *Academic freedom in crisis: Punishment, political discrimination, and self-censorship*, 2021, <https://cspicenter.org/reports/academic freedom/>.

Keltner, D., «Evidence for the distinctness of embarrassment, shame, and guilt: A study of recalled antecedents and facial expressions of emotion», *Cognition & Emotion*, n.º 10, 1996, págs. 155-172.

—, *Awe: The new science of everyday wonder and how it can transform your life*, Nueva York, Penguin, 2023.

Keltner, D., y B. N. Buswell, «Embarrassment: Its distinct form and appeasement functions», *Psychological Bulletin*, n.º 122, 1997, págs. 250-270.

Keltner, D., y D. T. Cordaro, «Understanding multimodal emotional expressions: Recent advances in basic emotion theory», en J.-M. Fernández-Dols y J. A. Russell (comps.), *The science of facial expressions*, Nueva York, Oxford University Press, 2017.

Keltner, D., D. Sauter, J. Tracy y A. Cowen, «Emotional expression: Advances in basic emotion theory», *Journal of Nonverbal Behavior*, n.º 43, 2019, págs. 133-160.

Kenrick, D. T., y V. Sheets, «Homicidal fantasies», *Ethology and Sociobiology*, n.º 14, 1994, págs. 231-246.

Keyes, R., *The Quote Verifier—Who said what, where and when*, Nueva York, St. Martin's, 2006.

Keynes, J. M., *The general theory of employment, interest, and money*, Houghton Mifflin Harcourt, 1936/2016 (trad. cast.: *Teoría general de la ocupación, el interés y el dinero*, Madrid, Fondo de Cultura Económica de España, 2024).

Kim, S. H., R. H. Smith y N. L. Brigham, «Effects of power imbalance and the presence of third parties on reactions to harm: Upward and downward revenge», *Personality and Social Psychology Bulletin*, n.º 24, 1998, págs. 353-361.

Kinderman, P., R. Dunbar y R. P. Bentall, «Theory-of-mind deficits and causal attributions», *British Journal of Psychology*, n.º 89, 1998, págs. 191-204.

King, G., J. Pan y M. E. Roberts, «Reverse-engineering censorship in China: Randomized experimentation and participant observation», *Science*, n.º 345, 2014, 12451722.

Kobayashi, H., y S. Kohshima, «Unique morphology of the human eye and its adaptive meaning: Comparative studies on external morphology of the primate eye», *Journal of Human Evolution*, n.º 40, 2001, págs. 419-435.

Koestler, A., *The act of creation*, Nueva York, Dell, 1964.

Konnikova, M., *The confidence game: Why we fall for it... every time*, Nueva York, Viking, 2016.

Konotey-Ahulu, F. I. D., «Blushing in black skin», *Journal of Cosmetic Dermatology*, n.º 2, 2001, págs. 59-60.

Kors, A. C., y H. A. Silverglate, *The shadow university: The betrayal of liberty on America's campuses*, Nueva York, Free Press, 1998.

Krasnow, M. M., L. Cosmides, E. J. Pedersen y J. Tooby., «What are punishment and reputation for?», *PLoS ONE*, n.º 7, 2012, e45662.

Krasnow, M. M., A. W. Delton, J. Tooby y L. Cosmides, «Meeting now suggests we will meet again: Implications for debates on the evolution of cooperation», *Scientific Reports*, n.º 3, 2013.

Kret, M. E., E. Prochazkova, E. H. M. Sterck y Z. Clay, «Emotional expressions in human and non-human great apes», *Neuroscience & Biobehavioral Reviews*, n.º 115, 2020, págs. 378-395.

Kuran, T., «Sparks and prairie fires: A theory of unanticipated political revolution», *Public Choice*, n.º 61, 1989, págs. 41-74.

Kurzban, R., *Why everyone (else) is a hypocrite*, Princeton, Nueva Jersey, Princeton University Press, 2011.

Lakoff, G., y M. Johnson, *Metaphors we live by*, Chicago, University of Chicago Press, 1980 (trad. cast.: *Metáforas de la vida cotidiana*, Madrid, Cátedra, 2017).

Latané, B., y J. M. Darley, *The unresponsive bystander: Why doesn't he help?*, Nueva York, Appleton-Century-Crofts, 1970.

Leary, M. R., T. W. Britt, W. D. Cutlip y J. L. Templeton, «Social blushing», *Psychological Bulletin*, n.º 112, 1992, págs. 446-460.

Leary, M. R., y S. Meadows, «Predictors, elicitors, and concomitants of social blushing», *Journal of Personality and Social Psychology*, n.º 60, 1991, págs. 254-262.

Lebow, R. N., *Why nations fight: Past and future motives for war*, Nueva York, Cambridge University Press, 2010.

Lederman, H., «Uncommon knowledge», *Mind*, n.º 127, 2018, págs. 1069-1105.

Lee, J. J., y S. Pinker, «Rationales for indirect speech: The theory of the strategic speaker», *Psychological Review*, n.º 117, 2010, págs. 785-807.

Leitenberg, H., y K. Henning, «Sexual fantasy», *Psychological Bulletin*, n.º 117, 1995, págs. 469-496.

Levinson, S. C., *Pragmatics*, Nueva York, Cambridge University Press, 1983 (trad. cast.: *Pragmática*, Barcelona, Teide, 1989).

Lewis, D. K., *Convention: A philosophical study*, Cambridge, Massachusetts, Harvard University Press, 1969.

Liebenberg, L., *The origin of science: The evolutionary roots of scientific reasoning and its implications for tracking science*, 2.ª ed., 2013, <https://www.cybertracker.org/downloads/tracking/Liebenberg-2013-The-Origin-of-Science.pdf>.

Lieberman, R., «A tale of two countries: The politics of color blindness in France and the United States», *French Politics, Culture and Society*, n.º 19, 2001, págs. 32-59.

Liu, B. S., y P. H. Ditto, «What dilemma? Moral evaluation shapes factual belief», *Social Psychological and Personality Science*, n.º 4, 2013, págs. 316-323.

Lohmann, S., «The dynamics of informational cascades: The Monday demonstrations in Leipzig, East Germany, 1989-1991», *World Politics*, n.º 47, 1994, págs. 42-101.

Luce, R. D., y H. Raiffa, *Games and decisions: Introduction and critical survey*, Nueva York, Dover, 1957.

Lukianoff, G., *Unlearning liberty: Campus censorship and the end of American debate*, Nueva York, Encounter Books, 2012.

—, *Freedom from speech*, Nueva York, Encounter Books, 2014.

MacAskill, W., *Doing good better: Effective altruism and how you can make a difference*, Nueva York, Penguin, 2015.

Maimónides, *Mishneh Torah: The book of mitzvoth*, trad. E. Touger, Nueva York, Moznaim, 1180/1993 (trad. cast.: *Mishne Torah: La obra magna del judaísmo*, 3 vols. publicación independiente, 2022).

Malamuth, N. M., «Rape proclivity among males», *Journal of Social Issues*, n.º 37, 1981, págs. 138-157.

Manguel, A., *Maimonides: Faith in reason*, New Haven, Yale University Press, 2023 (trad. cast.: *Maimónides: Fe en la razón*, Madrid, Alianza Editorial, 2024).

Marie, A., y M. B. Petersen, «Moralization of rationality can stimulate sharing of hostile and false news on social media, but intellectual humility inhibits it», *Political Communication*, 2024, págs. 1-28.

Massenkoff, M., P. DeScioli, K. A. Thomas y S. Pinker, «What happens in vagueness», Naval Postgraduate School, 2025.

Maynard Smith, J., *Games, sex, and evolution*, Nueva York, Harvester Wheatsheaf, 1988.

McAdams, R. H., «Beyond the Prisoners' Dilemma: Coordination, game theory, and law», *Southern California Law Review*, n.º 82, 2009, págs. 209-258.

McCloud, S., *Making comics: Storytelling secrets of comics, manga, and graphic novels*, Nueva York, William Morrow, 2006.

McCullough, M. E., *Beyond revenge: The evolution of the forgiveness instinct*, San Francisco, Jossey Bass, 2008.

McCullough, M. E., R. O. Kurzban y B. A. Tabak, «Cognitive systems for revenge and forgiveness», *Behavioral and Brain Sciences*, n.º 36, 2011, págs. 1-15.

McElree, B., «Sentence comprehension is mediated by content-addressable memory structures», *Journal of Psycholinguistic Research*, n.º 29, 2000, págs. 111-123.

Mchangama, J., *Free speech: A history from Socrates to social media*, Nueva York, Basic Books, 2022.

Mehta, J., C. Starmer y R. Sugden, «Focal points in pure coordination games: An experimental investigation», *Theory and Decision*, n.º 36, 1994, págs. 163-185.

Mercier, H., *Not born yesterday: The science of who we trust and what we believe*, Princeton, Nueva Jersey, Princeton University Press, 2020 (trad. cast.: *No hemos sido engañados: por qué las* fake news *y la propaganda no funcionan: la ciencia de cómo decidimos en quién confiar y qué creer*, Barcelona, Shackleton Books, 2023).

Mercier, H., y D. Sperber, «Why do humans reason? Arguments for an argumentative theory», *Behavioral and Brain Sciences*, n.º 34, 2011, págs. 57-111.

Michel, J.-B., Y. K. Shen, A. P. Aiden, A. Veres, M. K. Gray y otros, «Quantitative analysis of culture using millions of digitized books», *Science*, n.º 331, 2010, págs. 167-182.

Milgram, S., *Obedience to authority: An experimental view*, Nueva York, Harper & Row, 1974 (trad. cast.: *Obediencia a la autoridad: el experimento Milgram*, Madrid, Capitán Swing, 2016).

Milgrom, P., y N. Stokey, «Information, trade, and common knowledge», *Journal of Economic Theory*, n.º 26, 1982, págs. 17-27.

Mill, J. S., «On liberty», 1859, <https://www.econlib.org/library/Mill/mlLbty.html> (trad. cast.: *Sobre la libertad*, Madrid, Alianza Editorial, 2013).

Miller, G. A., «The magical number seven, plus or minus two: Some limits on our capacity for processing information», *Psychological Review*, n.º 63, 1956, págs. 81-96.

Miller, G. A., y N. Chomsky, «Finitary models of language users», en R. D. Luce, R. R. Bush y E. Galanter (comps.), *Handbook of mathematical psychology*, vol. 2, Nueva York, Wiley, 1963.

Monderer, D., y D. Samet, «Approximating common knowledge with common belief», *Games and Economic Behavior*, n.º 1, 1989, págs. 170-190.

Morris, S., «Coordination, communication, and common knowledge: A retrospective on the electronic-mail game», *Oxford Review of Economic Policy*, n.º 18, 2002, págs. 433-445.

Morris, S., y H. S. Shin, «Unique equilibrium in a model of self-fulfilling currency attacks», *American Economic Review*, n.º 88, 1998, págs. 587-597.

Morton, J., R. H. Hammersley y D. A. Bekerian, «Headed records: A model for memory and its failures», *Cognition*, n.º 20, 1985, págs. 1-23.

Mueller, J., *Overblown: How politicians and the terrorism industry inflate national security threats, and why we believe them*, Nueva York, Free Press, 2006.

—, *Atomic obsession: Nuclear alarmism from Hiroshima to al-Qaeda*, Nueva York, Oxford University Press, 2010.

—, *Embracing threatlessness: US military spending, Newt Gingrich, and the Costa Rica option*, Abingdon, Reino Unido, Routledge, 2018.

—, *The stupidity of war: American foreign policy and the case for complacency*, Nueva York, Cambridge University Press, 2021.

Munroe, R. P., «Blue eyes: The hardest logic puzzle in the world», *XKCD*, sin fecha, <https://xkcd.com/blue_eyes.html>.

Nagel, R., «Unraveling in guessing games: An experimental study», *American Economic Review*, n.º 85, 1995, págs. 1313-1326.

Newman, G. E., y D. M. Cain, «Tainted altruism: When doing some good is evaluated as worse than doing no good at all», *Psychological Science*, n.º 25, 2014, págs. 648-655.

Nisbett, R. E., y D. Cohen, *Culture of honor: The psychology of violence in the South*, Nueva York, Harper Collins, 1996.

Noë, R., y P. Hammerstein, «Biological markets», *Trends in Ecology & Evolution (Amsterdam)*, n.º 10, 1995, págs. 336-339.

Noelle-Neumann, E., «The spiral of silence: A theory of public opinion», *Journal of Communication*, n.º 24, 1974, págs. 43-51.

Nozick, R., *The normative theory of individual choice*, tesis doctoral, Universidad de Princeton, 1963.

Nuland, S. B., *Maimonides*, Nueva York, Schocken, 2005.

O'Neill, B., *Honor symbols and war*, Ann Arbor, University of Michigan Press, 1999.

Onishi, K. H., y R. Baillargeon, «Do 15-month-old-infants understand false beliefs?», *Science*, n.º 308, 2005, págs. 255-258.

Orwell, G., «Politics and the English language», en *A collection of essays*, Boston, Mariner Books, 1946/1970.

Ostrom, E., *Governing the commons: The evolution of institutions for collective action*, Nueva York, Cambridge University Press, 1990.

Pallotta, D., *Uncharitable: How restraints on nonprofits undermine their potential*, Lebanon, New Hampshire, University Press of New England, 2009.

Palmer, C. J., S. G. Bracken, Y. Otsuka y C. W. G. Clifford, «Is there a "zone of eye contact" within the borders of the face?», *Cognition*, n.º 220, 2022, 104981.

Parvulescu, A., *Laughter: Notes on a passion*, Cambridge, Massachusetts, MIT Press, 2010.

Peacocke, C., «Joint attention: Its nature, reflexivity, and relation to common knowledge», en N. Eilan, C. Hoerl, T. McCormack y J. Roessler (comps.), *Joint attention: Communication and other minds*, Nueva York, Oxford University Press, 2005.

Perner, J., y H. Wimmer, «"John thinks that Mary thinks that...": Attribution of second-order beliefs by five- to 10-year-old children», *Journal of Experimental Child Psychology*, n.º 39, 1985, págs. 437-471.

Piaget, J., *The psychology of intelligence*, Totowa, Nueva Jersey, Littlefield, Adams, 1947/1972 (trad. cast.: *La psicología de la inteligencia*, Buenos Aires, Siglo XXI Argentina, 2018).

Pinker, S., *The language instinct*, Nueva York, HarperCollins, 1994/2007 (trad. cast.: *El instinto del lenguaje: cómo la mente construye el lenguaje*, Madrid, Alianza Editorial, 2019).

—, *How the mind works*, Nueva York, W. W. Norton, 1997/2009 (trad. cast.: *Cómo funciona la mente*, Barcelona, Destino, 2001).

—, «Obituary: Roger Brown», *Cognition*, n.º 66, 1998a, págs. 199-213.

—, «Still relevant after all these years (review of Charles Darwin's "The expression of the emotions in man and animals", 3.ª ed)»., *Science*, n.º 281, 1998b, págs. 522-523.

—, *Words and rules: The ingredients of language*, Nueva York, HarperCollins, 1999/2011.

—, *The blank slate: The modern denial of human nature*, Nueva York, Penguin, 2002/2016 (trad. cast.: *La tabla rasa: la negación moderna de la naturaleza humana*, Barcelona, Paidós, 2012).

—, «Block that metaphor! (review of George Lakoff's "Whose freedom?"», *New Republic*, 9 de octubre de 2006.

—, *The stuff of thought: Language as a window into human nature*, Nueva York, Viking, 2007 (trad. cast.: *El mundo de las palabras: una introducción a la naturaleza humana*, Barcelona, Paidós, 2007).

—, *The better angels of our nature: Why violence has declined*, Nueva York, Viking, 2011 (trad. cast.: *Los ángeles que llevamos dentro: el declive de la violencia y sus implicaciones*, Barcelona, Paidós, 2018).

—, *The sense of style: The thinking person's guide to writing in the 21st century*, Nueva York, Penguin, 2014 (trad. cast.: *El sentido del estilo: la guía de escritura del pensador del siglo XXI*, Madrid, Capitán Swing, 2019).

—, «A linguist's guide to quid pro quo», *New York Times*, 7 de octubre de 2019.

—, *Rationality: What it is, why it seems scarce, why it matters*, Nueva York, Penguin, 2021 (trad. cast.: *Racionalidad: qué es, por qué escasea y cómo promoverla*, Barcelona, Paidós, 2021).

—, «A five-point plan to save Harvard from itself», *Boston Globe*, 11 de diciembre de 2023.

Pinker, S., y D. Birdsong, «Speakers' sensitivity to rules of frozen word order», *Journal of Verbal Learning and Verbal Behavior*, n.º 18, 1979, págs. 497-508.

Pinker, S., y P. Bloom, «Natural language and natural selection», *Behavioral and Brain Sciences*, n.º 13, 1990, págs. 707-784.

Pinker, S., y B. Madras, «New faculty-led organization at Harvard will defend academic freedom», *Boston Globe*, 12 de abril de 2023.

Pinker, S., M. A. Nowak y J. J. Lee, «The logic of indirect speech», *Proceedings of the National Academy of Sciences*, n.º 105, 2008, págs. 833-838.

Pinker, S., y A. Prince, «The nature of human concepts: Evidence from an unusual source», *Communication and Cognition*, n.º 29, págs. 307-361.

Pinsof, D., «The evolution of social paradoxes», manuscrito inédito, 2024.

Posner, R. A., «A theory of primitive society, with special reference to law», *Journal of Law & Economics*, n.º 23, 1980, págs. 1-53.

Poundstone, W., *Prisoner's dilemma: John von Neumann, game theory, and the puzzle of the bomb*, Nueva York, Anchor, 1992 (trad. cast.: *El dilema del prisionero: John von Neumann, la teoría de juegos y la bomba*, Madrid, Alianza Editorial, 2015).

Powers, K. E., y D. Altman, «The psychology of coercion failure: How reactance explains resistance to threats», *American Journal of Political Science*, n.º 67, 2023, págs. 221-238.

Provine, R. R., *Laughter: A scientific investigation*, Nueva York, Penguin, 2001.

—, *Curious behavior: Yawning, laughing, hiccupping, and beyond*, Cambridge, Massachusetts, Harvard University Press, 2012.

Qu, F., W. J. Yan, Y. H. Chen, K. Li, H. Zhang y otros, «"You should have seen the look on your face...": Self-awareness of facial expressions», *Frontiers in Psychology*, n.º 8, 2017, pág. 832.

Raemon, «What exactly is the "Rationality Community"?», *Less Wrong*, 9 de abril de 2017, <https://www.lesswrong.com/posts/s8yvtCbbZW2S4WnhE/what-exactly-is-the-rationality-community>.

Rapoport, A., «Exploiter, leader, hero, and martyr: The four archetypes of the 2x2 game», *Behavioral Science*, n.º 12, 1967, págs. 81-84.

Reed, L. I., P. DeScioli y S. Pinker, «The commitment function of angry facial expressions», *Psychological Science*, n.º 25, 2014, págs. 1511-1517.

Roberts, M. E., *Censored: Distraction and diversion inside China's great firewall*, Princeton, Nueva Jersey, Princeton University Press, 2018.

Robertson, T. E., D. Szyncer, A. W. Delton, J. Tooby y L. Cosmides, «The true trigger of shame: Social devaluation is sufficient, wrongdoing is unnecessary», *Evolution and Human Behavior*, n.º 39, 2018, págs. 566-573.

Rogoff, B., M. J. Sellers, S. Pirrotta, N. Fox y S. H. White, «Age of assignment of roles and responsibilities to children: A cross-cultural survey», *Human Development*, n.º 18, 1975, págs. 353-369.

Rosenthal, E. C., *The Complete Idiot's Guide to Game Theory*, Nueva York, Penguin, 2011.

Rousseau, J.-J., *Discours sur l'origine et les fondements de l'inégalité parmi les hommes*, París, J'ai lu, 1755/2022 (trad. cast.: *Discurso sobre el origen y los fundamentos de la desigualdad entre los hombres y otros escritos*, Madrid, Tecnos, 2020).

Rozin, P., «Towards a psychology of food and eating: From motivation to module to model to marker, morality, meaning, and metaphor», *Current Directions in Psychological Science*, n.º 5, 1996, págs. 18-24.

Rubinstein, A., «The electronic mail game: Strategic behavior under "almost common knowledge"», *American Economic Review*, n.º 79, 1989, págs. 385-391.

Savolainen, J., «Unequal treatment under the flaw: Race, crime and retractions», *Current Psychology*, n.º 43, 2023, págs. 16002-16014.

Schelling, T. C., *The strategy of conflict*, Cambridge, Massachusetts, Harvard University Press, 1960 (trad. cast.: *La estrategia del conflicto*, Madrid, Tecnos, 1964).

—, «Coping rationally with lapses from rationality», *Eastern Economic Journal*, n.º 22, 1996, págs. 251-269.

—, «An astonishing sixty years: The legacy of Hiroshima», en K. Grandin (comp.), *Les Prix Nobel*, Estocolmo, Fundación Nobel, 2005.

Schiffer, S. R., *Meaning*, Nueva York, Oxford University Press, 1972.

Schmidt, P. L., *Harvard's quixotic pursuit of a new science: The rise and fall of the Department of Social Relations*, Lanham, Maryland, Rowman & Littlefield, 2022.

Simler, K., y R. Hanson, *The elephant in the brain: Hidden motives in everyday life*, Nueva York, Oxford University Press, 2018.

Singer, P., *The most good you can do: How effective altruism is changing ideas about living ethically*, New Haven, Connecticut, Yale University Press, 2015.

Skyrms, B., *The Stag Hunt and the evolution of social structure*, Nueva York, Cambridge University Press, 2004 (trad. cast.: *La caza del ciervo y la evolución de la estructura social*, Barcelona, Melusina, 2007).

Smaldino, P. E., T. J. Flamson y R. McElreath, «The evolution of covert signaling», *Scientific Reports*, n.º 8, 2018, págs. 4905-4910.

Smith, N. V. (comp.), *Mutual knowledge*, Nueva York, Academic Press, 1982.

Solan, L. M., y P. M. Tiersman, *Speaking of crime: The language of criminal justice*, Chicago, University of Chicago Press, 2010 (trad. cast.: *Hablar sobre el delito: el lenguaje de la justicia penal*, Madrid, Marcial Pons, 2018).

Solomon, R. L., «The opponent-process theory of acquired motivation», *American Psychologist*, n.º 35, 1980, págs. 691-712.

Spence, A. M., «Signaling in retrospect and the informational structure of markets», discurso del Nobel, 2001, <https://www.nobelprize.org/uploads/2018/06/spence-lecture.pdf>.

Stalnaker, R. C., «Assertion», en P. Cole (comp.), *Syntax and semantics 9: Pragmatics*, Nueva York, Academic Press, 1978.

—, «Common ground», *Linguistics and Philosophy*, n.º 25, 2002, págs. 701-721.

Stein, D. J., y C. Bouwer, «Blushing and social phobia: A neuroethological speculation», *Medical Hypotheses*, n.º 49, 1997, págs. 101-108.

Stephen, J. F., *A history of the criminal law of England*, vol. 1, Nueva York, Cambridge University Press, 1883/2022.

Strassberg, D. S., y L. K. Locker, «Force in women's sexual fantasies», *Archives of Sexual Behavior*, n.º 27, 1998, págs. 403-414.

Sugden, R., «A theory of focal points», *Economic Journal*, n.º 105, 1995, págs. 533-550.

Suler, J., «The online disinhibition effect», *CyberPsychology & Behavior*, n.º 7, 2004, págs. 321-326.

Summers, L. H., «International financial crises: Causes, prevention, and cures», *American Economic Review*, n.º 90, 2000, págs. 1-16.

Sunstein, C. R., «Free speech on campus? Thirty-seven questions (and almost as many answers)», 2023, <https://papers.ssrn.com/sol3/papers.cfm?abstract_id=4674320>.

Sunstein, C. R., *Campus free speech: A pocket guide*, Cambridge, Massachusetts, Harvard University Press, 2024.

Symons, D., *The evolution of human sexuality*, Nueva York, Oxford University Press, 1979.

—, «Précis and multiple book review of "The evolution of human sexuality"», *Behavioral and Brain Sciences*, n.º 3, 1980, págs. 171-214.

—, «On the use and misuse of Darwinism in the study of human behavior», en J. H. Barkow, L. Cosmides y J. Tooby (comps.), *The adapted mind: Evolutionary psychology and the generation of culture*, Nueva York, Oxford University Press, 1992.

Sznycer, D., L. Al-Shawaf, Y. Bereby-Meyer, O. S. Curry, D. De Smet y otros, «Cross-cultural regularities in the cognitive architecture of pride», *Proceedings of the National Academy of Sciences*, n.º 114, 2017, págs. 1874-1879.

Sznycer, D., A. W. Delton, T. E. Robertson, L. Cosmides y J. Tooby, «The ecological rationality of helping others: Potential helpers integrate cues of recipients' need and willingness to sacrifice», *Evolution and Human Behavior*, n.º 40, 2019, págs. 34-45.

Tannenwald, N., «Stigmatizing the bomb: Origins of the nuclear taboo», *International Security*, n.º 29, 2005, págs. 5-49.

Teixeira da Silva, J., «How to shape academic freedom in the digital age? Are the retractions of opinionated papers a prelude to "cancel culture" in academia?», *Current Research in Behavioral Sciences*, n.º 2, 2021, 100035.

Tetlock, P. E., «Coping with tradeoffs: Psychological constraints and political implications», en A. Lupia, M. McCubbins y S. Popkin (comps.), *Political reasoning and choice*, Berkeley, University of California Press.

Tetlock, P. E., y D. Gardner, *Superforecasting. The art and science of prediction*, Nueva York, Crown, 2015 (trad. cast.: *Superpronosticadores: el arte y la ciencia de la predicción*, Buenos Aires/Madrid, Katz, 2017).

Thaler, R. H., «Behavioral economics: Past, present, and future», *American Economic Review*, n.º 106, 2016, págs. 1577-1600.

Thomas, K. A., J. De Freitas, P. DeScioli y S. Pinker, S., «Recursive mentalizing and common knowledge in the bystander effect», *Journal of Experimental Psychology: General*, n.º 145, 2016, págs. 621-629.

Thomas, K. A., P. DeScioli, O. S. Haque y S. Pinker, «The psychology of coordination and common knowledge», *Journal of Personality and Social Psychology*, n.º 107, 2014, págs. 657-676.

Thomas, K. A., P. DeScioli y S. Pinker, «Common knowledge, coordination, and the logic of self-conscious emotions», *Evolution of Human Behavior*, n.º 39, 2018, págs. 179-180.

Thorstenson, C. A., A. D. Pazda y S. Lichtenfeld, «Facial blushing influences perceived embarrassment and related functional evaluations», *Cognition and Emotion*, n.º 34, 2020, págs. 413-426.

Tomasello, M., M. Carpenter, J. Call, T. Behne y H. Moll, «Understanding and sharing intentions: The origins of cultural cognition», *Behavioral and Brain Sciences*, n.º 28, 2005, págs. 675-691.

Tooby, J., «Coalitional instincts», *Edge*, 2017, <https://www.edge.org/response-detail/27168>.

—, «Evolutionary psychology as the crystalizing core of a unified modern social science», *Evolutionary Behavioral Sciences*, n.º 14, 2020, págs. 390-403.

Tooby, J., y L. Cosmides, «Ecological rationality and the multimodular mind: Grounding normative theories in adaptive problems», Center for Evolutionary Psychology, Universidad de California, Santa Barbara, 1992,

<https://www.cep.ucsb.edu/papers/1992ToobyCosmides _EcologicalRationality.pdf>.

—, «Friendship and the banker's paradox: Other pathways to the evolution of adaptations for altruism», *Proceedings of the British Academy*, n.º 88, 1996, págs. 119-143.

—, «Groups in mind: The coalitional roots of war and morality», en H. Høgh-Olesen (comp.), *Human morality and sociality: Evolutionary and comparative perspectives*, Nueva York, Palgrave MacMillan, 2010.

Tobby, J., L. Cosmides y M. E. Price, «Cognitive adaptations for *n*-person exchange: The evolutionary roots of organizational behavior», *Managerial and Decision Economics*, n.º 27, 2006, págs. 103-129.

Tracy, J. L., y R. W. Robins, «Putting the self into self-conscious emotions: A theoretical model», *Psychological Inquiry*, n.º 15, 2004, págs. 103-125.

Trivers, R. L., «The evolution of reciprocal altruism», *Quarterly Review of Biology*, n.º 46, 1971, págs. 35-57.

—, *Deceit and self-deception*, Nueva York, Penguin, 2011.

Trivers, R. L., y H. P. Newton, «The crash of Flight 90: Doomed by self-deception?», *Science Digest*, 1982, págs. 66-68.

Troje, N. F., «Depth from motion parallax: Deictic consistency, eye contact, and a serious problem with Zoom», *Journal of Vision*, 2023, pág. 23.

Tversky, A., y D. Kahneman, «Judgment under uncertainty: Heuristics and biases», *Science*, n.º 185, 1974, págs. 1124-1131.

Twain, M., *Following the equator*, Nueva York, Dover, 1897/1989 (trad. cast.: *Viaje alrededor del mundo, siguiendo el Ecuador*, Barcelona, Laertes, 1992).

Valdesolo, P., y D. DeSteno, «The duality of virtue: Deconstructing the moral hypocrite», *Journal of Experimental Social Psychology*, n.º 44, 2008, págs. 1334-1338.

Valle, A., D. Massaro, I. Castelli y A. Marchetti, «Theory of mind development in adolescence and early adulthood: The growing complexity of recursive thinking ability», *Europe's Journal of Psychology*, n.º 11, 2015, págs. 112-124.

Van Boven, L., «Pluralistic ignorance and political correctness: The case of affirmative action», *Political Psychology*, n.º 21, 2000, págs. 267-276.

Van Vugt, M., «Evolutionary origins of leadership and followership», *Personality and Social Psychology Review*, n.º 10, 2006, págs. 354-371.

Vanderschraaf, P., y G. Sillari, «Common knowledge», en E. N. Zalta (comp.), *The Stanford Encyclopedia of Philosophy*, ed. invierno de 2023.

VanderWeele, T. J., y A. C. Brooks, «A public health approach to negative news media: The 3-to-1 solution», *American Journal of Health Promotion*, n.º 37, 2023, págs. 447-449.

Vingerhoets, A., *Why only humans weep: Unravelling the mysteries of tears*, Nueva York, Oxford University Press, 2013.

Wegner, D., *White bears and other unwanted thoughts: Suppression, obsession, and the psychology of mental control*, Nueva York, Guilford, 1989.

Willer, R., K. Kuwabara y M. Macy, «The false enforcement of unpopular norms», *American Journal of Sociology*, n.º 115, 2009, págs. 451-490.

Williams, D., «Signalling, commitment, and strategic absurdities», *Mind & Language*, n.º 37, 2022, págs. 1011-1029.

Wilson, W., «The winning weapon? Rethinking nuclear weapons in light of Hiroshima», *International Security*, n.º 31, 2007, págs. 162-179.

Wimmer, H., y J. Perner, «Beliefs about beliefs: Representation and constraining function of wrong beliefs in young children's understanding of deception», *Cognition*, n.º 13, 1983, págs. 103-128.

Winokur, J., *The portable curmudgeon*, Nueva York, Plume, 1992.

Wouters, C., *Informalization: Manners and emotions since 1890*, Los Ángeles, Sage, 2007.

Yglesias, M., «Defund police is a bad idea, not a bad slogan», *Slow Boring*, 7 de diciembre de 2020, <https://www.slowboring.com/p/defund-police-is-a-bad-idea-not-a>.

Yoeli, E., B. Burum, N. A. Dalkiran, M. Nowak y M. Hoffman, «The emergence of categorical norms», 2022, <https://www.researchsquare.com/article/rs-2050019/v1>.

Zacher, M. W., «The territorial integrity norm: International boundaries and the use of force», *International Organization*, n.º 55, 2001, págs. 215-250.

NOTAS

1. El emperador, el elefante y la bola de matzá

1. El cuento de 1837 de Hans Christian Andersen «El traje nuevo del emperador» estaba inspirado en leyendas anteriores y llevó a numerosas adaptaciones. En la versión de Andersen no se especifica si es niño o niña; la criatura se limita a decirle al padre: «No lleva nada puesto»; la observación se propaga en susurros de un oyente casual al resto de los espectadores, y no se especifica el efecto sobre la muchedumbre. La memoria popular de la historia —en la que la criatura es un niño, que grita su observación y la multitud reacciona con «burla y desdén»— puede haber provenido de la canción de 1952 «The King's New Clothes» («El traje nuevo del rey»), escrita por Frank Loesser e interpretada por Danny Kaye en la película *Hans Christian Andersen*.

2. Son varios los estudiosos a quienes se ha atribuido la autoría del concepto de conocimiento común, entre los que se incluyen el politólogo Thomas Schelling (1960), los filósofos Robert Nozick (1963) y David Lewis (1969), el matemático Robert John Aumann (1976) y el sociólogo Morris Friedell (1969). Entre otras obras seminales figuran H. Clark y Carlson, 1981; Monderer y Samet, 1989; Rubinstein, 1989; Schiffer, 1972, y Stalnaker, 1978. Para explicaciones accesibles, véanse Aaronson, 2015; Chwe, 2001; De Freitas, Thomas y otros, 2019; Geanakoplos, 1992; Pinker, 2007, cap. 8; Thomas, De Freitas y otros, 2016, y Vanderschraaf y Sillari, 2023.

3. El más accesible de los libros anteriores sobre el conocimiento común es *Rational Ritual,* del politólogo Michael Chwe, publicado en 2001. El conocimiento común también figura en un lugar prominente en *The Elephant in the Brain*, del economista Robin Hanson y el escritor científico Kevin Simler (2018), y en *Meeting at Grand Central*, del antropólogo Lee Cronk y la politóloga Beth Leech (2013). No conozco ningún libro sobre el conocimiento común escrito por psicólogos.

4. El *conocimiento mutuo* en lingüística: H. Clark y Carslon, 1981; Smith, 1982. Uso previo: Pinker, 2007, pág. 457, nota 57. La diferencia entre los significados coloquial y técnico de *conocimiento común*: Lederman, 2018, notas 1 y 2.

5. Por ejemplo, la entrada «Common Knowledge» de la *Stanford Encyclopedia of Philosophy* (Vanderschraaf y Sillari, 2023) define el conocimiento mutuo como conocimiento privado universal.

6. Pinker, 1999/2011, cap. 1.

7. Chomsky, 1972/2006; véase Pinker, 1994/2007 para una explicación accesible.

8. De «Like a Pebble in Space Is Like a Planet», *Typo Mag*, número 10 (sin fecha), <https://www.typomag.com/issue10/teicher.html>. El pasaje citado aquí ocupa siete versos en el poema original; he escrito «ratón» en cursiva.

9. El convencionalismo en el aprendizaje de palabras de los niños: E. Clark, 1993.

10. Diesendruck y Markson, 2001.

11. El altruismo recíproco: Dawkins, 1976/2016; Trivers, 1971.

12. Para actualizaciones y elaboraciones, véase Pinker, 2011, págs. 532-537.

13. *How the Mind Works*, págs. 402-407; *The Blank Slate*, págs. 243-244, 255-261; *The Better Angels of Our Nature*, págs. 532-537; *Enlightenment Now*, pág. 415; *Rationality*, págs. 238-242.

14. En Thomas, DeScioli y otros, 2014. Otros llegaron a esta conclusión antes que yo, incluidos Cronk y Leech, 2013; McAdams, 2009; Skyrms, 2004, y Goldstein, 2010.

15. El análisis clásico de la cita y los puntos focales es de Schelling, 1960.

16. Lewis, 1969; véase también Chwe, 2001.

17. De publicaciones en X e Instagram, <https://x.com/harari_yuval/status/1763230424682111367>.

18. Y. N. Harari, «Humans are a post-truth species», *The Guardian*, 5 de agosto de 2018.

19. Para una elaboración de este punto, véase C. R. Hallpike, «A response

to Yuval Harari's 'Sapiens: A brief history of humankind'», *New English Review*, diciembre de 2007, <https://www.newenglishreview.org/articles/a-response-to-yuval-hararis-sapiens-a-brief-history-of-humankind/>.

20. S. Pinker, «Rock star psychologist Steven Pinker explains why #thedress looked white, not blue», *Forbes*, 28 de febrero de 2015.

21. K. Chang, «A math problem from Singapore goes viral: When is Cheryl's birthday?», *New York Times*, 14 de abril de 2015.

22. Dawkins, 1976/2016, pág. 372.

23. Chwe, 2001.

24. <https://www.youtube.com/watch?v=VtvjbmoDx-I>.

25. <https://www.youtube.com/watch?v=hWMnbJJpeZc>.

26. Aaronson, 2015.

27. Protestas y conocimiento común: Chwe, 2001; Lohmann, 1994.

28. La falsificación de preferencias en las autocracias: Kuran, 1989; Lohmann, 1994. La espiral del silencio: Noelle-Neumann, 1974. La ignorancia pluralista: Centola, Willer y Macy, 2005; Willer, Kuwabara y Macy, 2009. Véase también la entrada de Wikipedia «Abilene Paradox» («Paradoja de Abilene»).

29. *Gandhi* fue dirigida por Richard Attenborough a partir de un guion de John Briley.

30. Datos y dinámicas de resistencia no violenta: Chenoweth, 2020; Chenoweth y Stephan, 2011.

31. Revoluciones no violentas: Clavel (Portugal, 1974), Amarilla (Filipinas, 1986), Coco (Papúa Nueva Guinea, 1988), Terciopelo (Checoslovaquia, 1989, y Armenia, 2018), Rosa (Georgia, 2003 y 2004), Naranja (Ucrania, 2004), Tulipán (Kirguistán, 2005), Cedro (Líbano, 2005), Azafrán (Birmania, 2007), Melón (Kirguistán, 2010), Jazmín (Túnez, 2011).

32. Dobson, 2012.

33. King, Pan y Roberts, 2014; Roberts, 2018.

34. E. Barry, «Sound of post-Soviet protest: Claps and beeps», *New York Times*, 14 de julio de 2011; A. Marantz, «How to stop a power grab», *New Yorker*, 16 de noviembre de 2020.

35. Radio Free Europe/Radio Liberty, «A Belarusian protester walks into a bar...», *Transmission*, 12 de julio de 2011, <https://www.rferl.org/a/transmission_belarus_jokes/24263321.html>.

36. También atribuido a la memorialista Elena Gorokhova en *A Mountain of Crumbs* (2010), aunque puede que estuviera citando un dicho común.

37. J. Ronson, «How one stupid tweet blew up Justine Sacco's life», *New York Times*, 12 de febrero de 2015.

38. La primera ley, explicaba, es: ten siempre algo que imprimir.

39. Según el Google Ngram Viewer, <https://books.google.com/ngrams/>; Michael, Shen, y otros, 2010.

40. <https://canceledpeople.org/cancellations/>. Cancelaciones académicas: Scholars Under Fire Database, Foundation for Individual Rights and Expression, <https://www.thefire.org/research-learn/scholars-under-fire>.

41. *The Atlantic*, 11 de abril de 2022. Véase también Jesse Singal, «Social media is making us dumber. Here's Exhibit A», *New York Times*, 11 de enero de 2018. La prueba A (Exhibit A) era un ataque contra mí.

42. El efecto de desinhibición en línea: Suler, 2004. Troles y sádicos: Buckels, Trapnell y Paulhus, 2014.

43. Chwe, 2001; Cronk y Leech, 2013; Lewis, 1969.

44. Tooby, 2017; Williams, 2022.

45. Finkel, Bail y otros, 2020.

46. Revolución humanitaria: Pinker, 2011, cap. 4.

47. Castigo de terceros: Henrich, 2006; Krasnow, Cosmides y otros, 2012.

48. De *Did I Ever Tell You How Lucky You Are?*, Nueva York, Random House, 1973 (trad. cast.: *¿Te he dicho alguna vez lo afortunado que eres?*, Random House Books for Young Readers, 2025).

49. DeScioli y Kurzban, 2009, 2018.

50. Para las evidencias experimentales y los modelos computacionales que respaldan la idea de que las personas en grupos pueden quedar atrapadas en creencias que rechacen a título individual cuando se unen en el castigo para evitar convertirse en las castigadas, véase Centola, Willer y Macy, 2005; Willer, Kuwabara y Macy, 2009.

51. Los niños ignoran las intenciones: Cushman, Sheketoff y otros, 2013. Las sociedades ágrafas y de pequeña escala ignoran las intenciones: Heinrich, 2020; Posner, 1980.

52. DeScioli y Kurzban, 2009; Hoffman y Yoeli, 2022.

53. A. Miller, «Why I wrote *The Crucible*», *New Yorker*, 13 de octubre de 1996. Se ha invertido el orden de los dos pasajes.

54. Hoffman y Yoeli, 2022; Pinker, 2007; Pinker, Nowak y Lee, 2008; Smaldino, Flamson y McElreath, 2018.

55. Lakoff y Johnson, 1980. Para las críticas de la idea cuando se lleva demasiado lejos, véanse «The Metaphor Metaphor» en Pinker, 2007, y «Block That Metaphor», en Pinker, 2006.

56. *Cuando Harry encontró a Sally* (1989) fue dirigida por Rob Reiner y escrita por Nora Ephron.

57. Temporada 6, episodio 22 (1995), «The Face Painter», escrito por Larry David y Fred Stoller.

2. Conocimiento común y sentido común

1 Aaronson, 2015.

2. Según Geanakoplos, 1992, la primera versión conocida apareció en 1953 en *Littlewood's Miscellania*, aunque «ya era muy conocido y había causado sensación en Europa unos años antes». Otras versiones: Aaronson, 2015; Gamow y Stern, 1958; Gardner, 1984; Geanakoplos, 1992; Vanderschraaf y Sillari, 2023.

3. Del humorista gráfico Randall Munroe (s. f.).

4. Cathcart y Klein, 2007 (trad. cast.: pág. 64).

5. Binmore y Samuelson, 2001; Geanakoplos, 1992; Halpern y Moses, 1990; Morris, 2002; Rubinstein, 1989.

6. Geanakoplos, 1992.

7. Lagunas en el juego del correo electrónico: Binmore y Samuelson, 2001; Dulleck, 1997; Monderer y Samet, 1989.

8. El conocimiento: Ichikawa y Steup, 2018.

9. Posiblemente apócrifa, o una paráfrasis de un dicho de Josh Billings; véase Kim A. McDonald, «Many of Mark Twain's famed humorous sayings are found to have been misattributed to him», *Chronicle of Higher Education*, 4 de septiembre de 1991, A8.

10. Monderer y Samet, 1989.

11. Dalkiran, Hoffman y otros, 2012; Morris, 2002.

12. Halpern y Moses, 1990.

13. Fiske, 1991; Lee y Pinker, 2010; Pinker, 2007.

14. El largo adiós y el juego del correo electrónico: Binmore y Samuelson, 2001.

15. La película de animación de 2007, basada en la serie televisiva creada por Matt Groening, fue dirigida por David Silverman y escrita por James L. Brooks.

16. Aumann, 1976. Análisis: Aaronson, 2015; Cowen y Hanson, 2004; Geanakoplos, 1992; Morris, 2002.

17. Pinker, 2021, cap. 5.

18. La probabilidad condicional: Pinker, 2021, cap. 4.

19. Pinker, 2021, cap. 5; Tversky y Kahneman, 1974.

20. El último aforismo es de la lingüista Ann Farmer.

21. Aumann visualiza este diálogo al final de su artículo con el fin de hacer más intuitivo el teorema (pág. 1.238). El propio teorema no supone un diálogo entre agentes que intercambian creencias *a posteriori* hasta que convergen; tan solo muestra que es imposible un estado con creencias diferentes. Como se

discute más adelante, Geanakoplos y Polemarchakis (1982) explican con detalle cómo funcionaría el diálogo; véase también Aaronson, 2015.

22. Geanakoplos y Polemarchakis, 1982; véase también Aaronson, 2015; Hanson, 2002.

23. Geanakoplos y Polemarchakis, 1982, Proposición 2, pág. 198.

24. Aaronson, 2015; Cowen y Hanson, 2004.

25. Probablemente lo dijo su colega economista Paul Samuelson: *Quote Investigator*, 22 de julio de 2011, <https://quoteinvestigator.com/2011/07/22/keynes-change-mind/>.

26. Aaronson, 2015; véase también Milgrom y Stokey, 1982.

27. Por ejemplo, Geddes, 2022.

28. Aaronson, 2015; Cowen y Hanson, 2004; Hanson, 2006; Harsanyi, 1983.

29. Trivers, 2011.

30. Galef, 2021; Raemon, 2017; Teltock y Gardner, 2015. Véanse también los blogs *Astral Codex Ten* de Scott Alexander, <https://slatestarcodex.com/>, *Shtetl-Optimized* de Scott Aaronson, y *Overcoming Bias* de Robin Hanson <https://www.overcomingbias.com/>.

31. Lakoff y Johnson, 1980, pág. 12 (trad. cast.: pág. 41).

3. Juegos y diversión

1. El título también se ha utilizado para un libro de Ken Binmore sobre teoría de juegos.

2. Los rudimentos se explican en el capítulo 8, «El yo y los otros», de mi libro *Racionalidad*. Otras introducciones: Binmore, 1991, 2007; Hoffman y Yoeli, 2022; Luce y Raiffa, 1957; Rosenthal, 2011.

3. Juegos de coordinación frente a dilemas de los prisioneros: Binmore, 2007; Goldstein, 2010; McAdams, 2009.

4. Los nombres de batalla de algunos turbios socios de mi difunto tío Johnny.

5. La importancia del dilema de los prisioneros: Dawkins, 1976/2016; Pinker, 2011, 2021; Poundstone, 1992.

6. Holzinger, 2008; véase tabla 6.5. DeScioli y Kurzban (2007) sugieren que los setenta y ocho juegos se pueden reducir a solo cuatro tipos básicos.

7. Goldstein, 2010; McAdams, 2009; Skyrms, 2004; Cronk y Leech, 2013; véanse también Baumard, André, y Sperber, 2013; Columbus, Molho y otros, 2021; Curry, Jones Chesters y Van Lissa, 2019; Thomas, DeScioli, y otros, 2014.

8. La palabrería barata: Aumann, 1990; Farrell y Rabin, 1996.

9. Dawkins, 1976/2016; Simler y Hanson, 2018; Spence, 2001.

10. Simler y Hanson, 2018, cap. 13.

11. Crawford, 2016; Farrell y Rabin, 1996.

12. El recelo: Mercier, 2020. Máxima de honestidad: Grice, 1975; Pinker, 2007, cap. 8.

13. Konnikova, 2016.

14. Skyrms, 2004, pág. 68; Farrell y Rabin, 1996, págs. 108-109; Cronk y Leech, 2013, págs. 138-140; Massenkoff, DeScioli y otros, 2025.

15. Christiansen y Kirby, 2003; Pinker y Bloom, 1990.

16. Schelling, 1960.

17. El ejemplo fue utilizado con posterioridad como el título de un libro sobre la coordinación, Cronk y Leech, 2013.

18. Schelling, 1960, págs. 57, 58 (trad. cast.: págs. 75-76).

19. El orden de las palabras en las conjunciones: Pinker y Birdsong, 1979; Pinker, 1994/2007, págs. 167-168, 170.

20. Cronk y Leech, 2013, pág. 136.

21. Lewis, 1969.

22. Cronk y Leech, 2013; Pinker, 2002/2016, págs. 65-66.

23. Al parecer, el nombre se lo puso mi antiguo profesor Duncan Luce en 1957 (Luce y Raiffa, 1957). Para explicaciones claras, véanse Binmore, 2007; McAdams, 2009. La sustitución neutral en cuanto al género «Bach o Stravinsky» no ha cuajado.

24. Cualquier parecido con personas reales, vivas o muertas, es pura coincidencia.

25. Frank, 1988; Pinker, 1997/2009, cap. 6, «Hotheads» [«Exaltados compulsivos»]; Schelling, 1960.

26. Rousseau, 1755/2022.

27. Las cazas del ciervo: McAdams, 2009; Skyrms, 2004. Aumann (1990) no consiguió encontrar una fuente original para la aplicación de la parábola de Rousseau a la teoría de juegos.

28. Aumann (1990) advierte que si hubiera una ventaja para el primer cazador cuando el segundo se preparaba infructuosamente para el ciervo (por ejemplo, menos competencia en una caza de liebres), entonces la charla trivial en la caza del ciervo carecería de valor. En la versión que yo he presentado aquí no existe tal ventaja. Véase Farrell y Rabin, 1996, para la discusión.

29. Alvard y Nolin, 2002.

30. Las categorías de blanco o negro facilitan el conocimiento común: Hoffman y Yoeli, 2022; Lee y Pinker, 2010; Pinker, Nowak, y Lee, 2008; Pinker y Prince, 1996; Yoeli, Burum y otros, 2022.

31. N. Epstein, «See one reason why David Brooks is a fan of Steven Pinker-The Moment Magazine Great DNA Experiment», *Moment*, sept.-oct. 2012.

32. Cazas de ciervos con distintos ropajes: McAdams, 2009.

33. En la película, los dos personajes conducen sus coches hacia un acantilado, y el primero en echarse atrás es el gallina.

34. Goldstein, 2010. Véase también O'Neill, 1999.

35. Dawkins, 1976/2016; Maynard Smith, 1988.

36. Análogamente, esperan hasta que un ave, determinada al azar, se impacienta y se lo deja a la otra. El resultado esperado también cae entre conseguir el territorio y luchar por él, que es lo único que cuenta.

37. Johnson, 2004; Lebow, 2010; Pinker, 2011; págs. 511-515.

38. Hume, 1739/2000; DeScioli y Wilson, 2011; McAdams, 2009.

39. Goldstein, 2010.

40. Sin lugar a dudas, si los estadounidenses hubieran tenido conocimiento privado de la máquina del fin del mundo a través del espionaje, eso habría bastado para disuadirlos de un ataque, pero, como señalaba Strangelove, los soviéticos no tenían ningún incentivo para mantenerla en secreto.

41. *Dr. Strangelove* [*¿Teléfono rojo? Volamos hacia Moscú*] (1964), dirigida por Stanley Kubrick, estaba basada en *Red Alert* de Peter George, con guion de Stanley Kubrick, Terry Southern y Peter George.

42. Goldstein, 2011, págs. 138-139.

43. Gat, 2017; Goldstein, 2011; Hathaway y Shapiro, 2017; Mueller, 2021; Pinker, 2011.

44. Pinker, 2011, págs. 257-261; Hathaway y Shapiro, 2017; Zacher, 2001; pero véase también Altman, 2020.

45. La mediación como punto focal: Goldstein, 2010.

46. El poder de los tribunales impotentes: McAdams, 2009; Ostrom, 1990.

47. Ellickson, 1991; Ostrom, 1990.

48. No dejar de financiar a la policía: Pinker, 2011; Yglesias, 2020, págs. 680-682.

4. Leer la mente de un lector de mentes

1. Una versión de este poema anónimo fue seleccionada por Robert Aumann (1996). Según el Internet Archive (<https://archive.org/search?query=go+to+father">), fue ampliamente reproducido en publicaciones es-

colares y comerciales desde 1907 (como muy tarde) hasta la década de 1940. Una versión incluía una estrofa que puede resolver la interpretación del pretendiente de lo que quería decir la joven: «Nos separamos airadamente; mi corazón lleno de aflicción, / pues a tal lugar no deseaba ir. / Pero recuerdo muy bien su respuesta / cuando le pedí que se casara y me dijo: "Ve a ver a mi padre"» [*We parted in anger my heart filled with woe/ For that was a place I cared not to go. / But the answer she gave I remember quite well / When I asked her to wed and she said, Go to Father*], <https://www.blogger.com/comment/fullpage/post/18806186/5861253957147427 62>.

2. Quinta temporada, episodio 14 (1999), «The One Where Everybody Finds Out», creado por David Crane y Marta Kauffman, escrito por Alexa Junge. He condensado el diálogo.

3. Representaciones del conocimiento común: Barwise, 1988; H. Clark, 1996; H. Clark y Marshall, 1981; Friedell, 1969; Lederman, 2018; Monderer y Samet, 1989; Vanderschraaf y Sillari, 2023.

4. Todavía tenemos el problema de interpretar los tres puntos, es decir, de saber qué regla utilizar al extrapolar la serie, pero en el caso de los pensamientos recursivos parece bastante obvio.

5. Representación autorreferente del conocimiento común: Barwise, 1988; H. Clark, 1996; Harman, 1977. Escepticismo: Robert Aumann, comunicación personal, 27 de octubre a 19 de noviembre de 2020.

6. Aumann, 1999; H. Clark, 1996; Cubitt y Sugden, 2003, Geanakoplos, 1992; Monderer y Samet, 1989.

7. H. Clark y Marshall, 1981; Cubitt y Sugden, 2003.

8. Dennett, 1978

9. Wimmer y Perner, 1983.

10. Onishi y Baillargeon, 2005.

11. Camerer, Lowenstein y Weber, 1989.

12. Perner y Wimmer, 1985.

13. Piaget, 1947/1972.

14. Rogroff, Sellers y otros, 1975.

15. Kinderman, Dunbar y Bentall, 1998.

16. Probablemente pronunciado por el portavoz del Departamento de Estado de EE. UU. Robert McCloskey durante la guerra de Vietnam; Keyes, 2006.

17. Curry y Jones Chesters, 2012; Valle, Massaro y otros, 2015.

18. La primera oración es de una canción infantil inglesa. La segunda es del poema «Chad Gadya» («Un cabrito»), utilizado en un juego al final del Séder pascual. Ambas son ejemplos de un género llamado *historias acumulativas* o *cuentos en cadena*.

19. S. Clark y Gronlund, 1996; McElree, 2000. Para una teoría contraria, véase Morton, Hammersley y Bekerian, 1985.

20. Más exactamente, un único circuito o conjunto neuronal; no tiene por qué ser literalmente una localización específica en el córtex. El contraste pretendido es con la memoria del ordenador clásico con sus distintas direcciones y contenidos.

21. Wegner, 1989.

22. Hudson, 1996; Miller y Chomsky, 1963; véase también Pinker, 1994/2007, págs. 199-205.

23. Miller, 1956.

24. Pinker, 2021. El concepto de racionalidad ecológica procede de Tooby y Cosmides, 1992, y Gigerenzer, 1998.

25. H. Clark, 1996; Stalnaker, 1978, 2002; véase también Grice, 1989.

26. Una mezcolanza de muchos mitos, citas y anécdotas; *Quote Investigator*, 22 de agosto de 2021, <https://quoteinvestigator.com/2021/08/22/turtles-down/>.

27. «Candilejas de la conciencia» es de William James.

28. Aumann, 1999; H. Clark, 1996; Cubitt y Sugden, 2003; Geanakoplos, 1992; Monderer y Samet, 1989.

29. Peacocke, 2005; Tomasello, Carpenter y otros, 2005.

30. H. Clark, 1996.

31. Schelling, 1960; Sugden, 1995.

32. H. Clark, 1996; H. Clark y Marshall, 1981.

33. H. Clark y Marshall, 1981; Cubitt y Sugden, 2003.

34. B. Crew, «The full moon just triggered one of the largest mass spawning events of 2016», *Science Alert*, 24 de noviembre de 2016.

35. Thomas, DeScioli y otros, 2014.

36. Estos porcentajes son del primero de nuestros cuatro experimentos; el patrón era el mismo en los otros tres, aunque el porcentaje exacto difería.

37. Bolander, Engelhardt y Nicolet (2020) han sugerido que las personas son vulnerables a una maldición del conocimiento de orden superior, basándose en la incapacidad de sus participantes de desistir de intentar coordinarse en un juego de coordinación contraintuitivo diseñado por ellos.

38. ¿Por qué entonces decidieron irracionalmente coordinarse tantos participantes cuando solo tenían conocimiento de segundo y tercer orden? Basándonos en los resultados de un test de personalidad que pasamos a los participantes, conjeturamos que algunos de ellos eran individuos arriesgados que disfrutaban jugando con apuestas más altas, y algunos eran altruistas que obtenían un cierto placer con la perspectiva de cooperar con otros.

39. De Freitas y Pinker, 2020. Véase Lederman, 2018, para el escepticismo respecto de que el conocimiento público conduzca al conocimiento recursivo.

40. Alrededor del 72 por ciento de ellos estaban de acuerdo con el número 4, frente al 88 por ciento con el número 1.

41. Keynes, 1936/2016. Las fuentes difieren sobre si los periódicos de la época de Keynes organizaron alguna vez un certamen de belleza de la clase descrita por él.

42. Mehta, Starmer y Sugden, 1994.

43. El color favorito: W. Jordan, «Why is blue the world's favorite color?», *YouGov*, 12 de mayo de 2015, <https://today.yougov.com/international/articles/12335-why-blue-worlds-favorite-color>. La palabra de color más frecuente: Francis y Kučera, 1982 (sin contar *negro* y *blanco*).

44. Nagel, 1995.

45. Bosch-Domènech, Montalvo y otros, 2002.

46. Thaler, 2016.

47. A. Hayes, «What are meme stocks, and are they real investments?», *Investopedia*, 14 de mayo de 2024, <https://www.investopedia.com/meme-stock-5206762>.

48. Diamond y Dybvig, 1983.

49. Pánicos bancarios como cazas de ciervos: McAdams, 2009. Pánicos bancarios como juegos con múltiples equilibrios: Diamond y Dybvig, 1983; Morris y Shin, 1998.

50. Hofstadter, 1985.

51. Escrita en torno a 1948 por Les Rice, presidente del condado de Ulster, Nueva York, delegación de la Unión de Agricultores. La versión de The Weavers: <https://www.youtube.com/watch?v=ZzTT5fXquTo>.

52. Apropiadamente, las depresiones económicas se denominaban originalmente *pánicos*.

53. M. C. Klein, «Thoughts on the bank bailouts», *The Overshoot*, 13 de marzo de 2023, <https://theovershoot.co/p/thoughts-on-the-bank-bailouts>.

54. Morris y Shin, 1998; Summers, 2000.

55. Discurso ante el Congreso, 1987, citado en el *Wall Street Journal*, 22 de septiembre de 1987.

56. «Business: Yes, we have no bananas», *Time*, 11 de diciembre de 1978. Kahn también se metió en problemas durante la crisis del petróleo de 1979 por llamar «estúpidos» a los productores de petróleo árabes.

57. M. Fisher, «Flushing out the true cause of the global toilet paper shortage amid coronavirus pandemic», *Washington Post*, 7 de abril de 2020.

58. J. Wolfers, «The economics of toilet paper shortages is the same as

bank runs», *Twitter*, 3 de marzo de 2020, <https://x.com/JustinWolfers/status/1234993431375536128?=20>.

59. D. Eyon, «Did Johnny Carson cause a toilet paper shortage in 1973?», *Snopes*, 15 de diciembre de 2014, <https://www.snopes.com/fact-check/johnny-carson-tp-shortage/>.

60. De una entrevista en Winokur, 1992.

61. J. D. Glater, «The nation; playing the election market», *New York Times*, 1 de febrero de 2004; S. Arbesman, «Keynesian beauty contests and presidential primaries», *Wired*, 14 de febrero de 2012.

62. A. Salvanto, F. Backus, J. De Pinto y K. Khanna, «Increasing numbers of voters don't think Biden should be running after debate with Trump — CBS News poll», *CBS News*, 1 de julio de 2024, <https://www.cbsnews.com/news/poll-debate-should-biden-be-running-mental-abilities/>. El declive de Biden y el conocimiento común: B. Hunt, «Joe Biden and the common knowledge game», *Epsilon Theory*, 1 de julio de 2024, <https://www.epsilontheory.com/joe-biden-and-the-common-knowledge-game/>.

63. Thomas, De Freitas y otros, 2016.

64. Se puede encontrar una copia escaneada del artículo en <https://timesmachine.nytimes.com/timesmachine/1964/03/27/97175042.html?pageNumber=1>.

65. D. Dunlap, «1964 | How many witnessed the murder of Kitty Genovese?», *New York Times*, 6 de abril de 2016; S. Roberts, «Sophia Farrar dies at 92; belied indifference to Kitty Genovese Attack», *New York Times*, 2 de septiembre de 2020. Véase también Gallo, 2015.

66. Latané y Darley, 1970.

67. Diekmann, 1985.

68. Diekmann, 1985; Pinker, 2021, cap. 8; Thomas, De Freitas y otros, 2016.

5. El departamento de relaciones sociales

1. Manguel, 2023; Nuland, 2005.

2. En ocasiones se indica como su año de nacimiento 1137 o 1138, y sus artículos de fe a veces se cuentan como quince en lugar de trece.

3. Maimónides, 1180/1993, cap. 10, «Gifts to the Poor», <https://www.sefaria.org/Mishneh_Torah%2C_Gifts_to_the_Poor.9.19?lang=bi>. Ligeramente condensado y parafraseado con la ayuda de los rabinos Dani Passow, David Wolpe y Hirschy Zarchi.

4. «Charity», *Halachipedia*, nota 22; <https://halachipedia.com/index.php?title=Charity#cite_note-22>.

5. Temporada 6, episodio 2 (2007), «The Anonymous Donor», escrito por Larry David.

6. D. W. Dunlap, «$3 million zoo gift revoked because plaque is too small», *New York Times*, 15 de mayo de 1997.

7. Pallotta, 2009.

8. A. R. Sorkin, «The mystery of Steve Job's public giving», *New York Times*, 29 de agosto de 2011.

9. P. Whoriskey, «Record thin on Steve Jobs's philantropy», *Washington Post*, 6 de octubre de 2011; C. C. Miller, «Laurene Powell Jobs and anonymous giving in Silicon Valley», *New York Times*, 24 de mayo de 2013; S. Farberov, «How Steve Jobs and his wife secretly gave away TENS OF MILLIONS of their own money to charity... even as critics accused him of not doing enough», *Daily Mail*, 25 de mayo de 2013.

10. Bono, «Bono praises Steve Jobs as generous and 'poetic'» (carta), *New York Times*, 1 de septiembre de 2011.

11. De Freitas, DeScioli y otros, 2019.

12. Baumard, André, y Sperber, 2013; Noë y Hammerstein, 1995. En el artículo en el que presentó la teoría del altruismo recíproco, el biólogo Robert Trivers (1971) calificaba el fenómeno de «trampa sutil».

13. MacAskill, 2015; Singer, 2015.

14. Burum, Nowak y Hoffman, 2020.

15. Kurzban, 2011; Valdesolo y DeSteno, 2008.

16. *El padrino* (1972), dirigida por Francis Ford Coppola, está basada en una novela de Mario Puzo, con guion de Puzo y Coppola.

17. El título de este capítulo se refiere a una renombrada pero difunta unidad académica de Harvard (Allport y Boring, 1946; Schmidt, 2022; véase también la entrada de Wikipedia «Harvard Department of Social Relations»). En 1946, la universidad creó el Departamento de Relaciones Sociales para reunir los sociólogos y los antropólogos sociales con los psicólogos sociales y de la personalidad que se sentían marginados en el Departamento de Psicología de orientación científica. Llegaría a albergar a lumbreras de la talla de Gordon Allport, Daniel Bell, Roger Brown (mi tutor), Jerome Bruner, Nathan Glazer, Seymour Martin Lipset, Eleanor Maccoby, Henry Murray, Talcott Parsons y David Riesman. El experimento duró hasta 1972, cuando los psicólogos fueron reabsorbidos en su hogar original, rebautizado como Departamento de Psicología y Relaciones Sociales. Este es el departamento en el que obtuve mi doctorado, conseguí mi primer empleo y ahora enseño. Du-

rante los veintidós años que estuve fuera, el departamento votó eliminar *Relaciones Sociales* de su nombre, a mi pesar.

18. Pinsof, 2024; esta lista está tomada literalmente de su artículo.
19. Feltovich, Harbaugh y To, 2002.
20. Feltovich, Harbaugh y To, 2002; Williams, 2022.
21. Hoffman, Hilbe y Nowak, 2018.
22. Sznycer y otros, 2017.
23. Hoffman, Hilbe y Nowak, 2018; De Freitas, DeScioli y otros, 2019.
24. Bellezza, Gino y Keinan, 2014; Williams, 2022.
25. Pinker, Nowak y Lee, 2008; Powers y Altman, 2023.
26. Barclay, 2013; Benenson, 2013.
27. De Freitas, DeScioli y otros, 2019; Newman y Cain, 2014.
28. Smaldino, Flamson y McElreath, 2018.
29. Gkorezis y Bellou, 2016.
30. Marie y Petersen, 2024; Williams, 2022.
31. Sznycer, Delton y otros, 2019.
32. Beer, 2020.
33. Tooby y Cosmides, 1996.
34. Fiske, 1991, 1992, 2004a, 2004b.
35. Pinsof (2024) sostiene que tales creencias son necesarias para reconciliar la contradicción entre los valores que promueven los intereses del grupo, como la competitividad despiadada contra otros grupos, y los valores apreciados por los individuos dentro del grupo.
36. Tooby, 2017; Williams, 2022.
37. *Pensées*, 319.
38. Goffman, 1959, 1967.
39. El ejemplo es de Simler y Hanson, 2018.
40. P. Brown y Levinson, 1987a; véase Pinker, 2007, cap. 7.
41. Daly y Wilson, 1988.
42. Nisbett y Cohen, 1996.
43. Daly y Wilson, 1988, pág. 127.
44. Bolton y Zwick, 1995; B. Brown, 1968; Kim, Smith y Brigham, 1998.
45. Felson, 1982; Baumeister, 1997, págs. 155-156. Véanse también McCullough, 2008; McCullough, Kurzban y Tabak, 2011.
46. Anderson, Hildreth y Howland, 2015; Cheng, 2020.
47. Van Vugt, 2006.
48. Rapoport, 1967; véase también Van Vugt, 2006.
49. Tanto en halcones y palomas como en líderes y seguidores, lo mejor es ser el que domina mientras el otro cede, y lo peor para todos, cuando ambos

intentan dominar. Lo que hace diferentes los juegos es que en halcones y palomas es mejor ceder mutuamente (es decir, que ambos adopten el rol de palomas) que ser una paloma que pierda ante un halcón. En líderes y seguidores, es preferible seguir a un líder a que ambos den tumbos sin seguir a nadie.

50. Hadfield, 1999; McAdams, 2009.

51. McAdams, 2009.

52. El análisis de McAdams omite otras posibilidades, como que los miembros de una coalición dominante se coordinen entre ellos para repeler a la desafiante, y que los individuos pertenezcan a múltiples coaliciones, cambiantes o superpuestas; véase Huang, DeScioli y Murad, 2021.

53. Skyrms, 2004.

54. Schelling, 1960, págs. 56-57. Juego del ultimátum: Binmore, 2007, págs. 47-48; Reed, DeScioli y Pinker, 2014.

55. Skyrms, 2004.

56. Fiske y Tetlock, 1999; Tetlock, 1999.

57. Fiske y Tetlock, 1997.

58. Fiske, 1991, págs. 47, 435; Fiske, 2004b, pág. 17.

59. La conexión se explicita en el libro de Fiske con Tage Rai *Virtuous Violence*, que sostiene que la agresión humana a todas las escalas consiste en buena medida en la regulación moralmente motivada de las relaciones sociales (Fiske y Rai, 2015).

60. Schelling, 1960, pág. 90; Tooby, 2020; Tooby y Cosmides, 2010; Tooby, Cosmides y Price, 2006.

61. Horowitz, 2001; Mueller, 2006; Tooby, 2020.

62. O'Neill, 1999.

63. Kagan, 1995 (trad. cast.: pág. 22).

64. Lebow, 2010; del resumen del libro en la pág. i.

65. La irracionalidad estratégica de los arsenales nucleares: Mueller, 2010; O'Neill, 1999; Wilson, 2007; E. Kaplan, «The illogic of nuclear escalation», *Asterisk*, 2022, <https://asteriskmag.com/issues/01/the-illogic-of-nuclear-escalation>.

66. Citado en O'Neill, 1999, pág. 215.

67. Schelling, 2005; Tannenwald, 2005; véase Pinker, 2011, págs. 269-271.

6. Reír, llorar, sonrojarse, mirar fijamente, fulminar con la mirada

1. Son nueve las emociones reconocibles en una cabeza inmóvil: Keltner y Cordaro, 2017; comunicación personal con Dacher Keltner, 2024. La obra

clásica de Ekman (2007) identificaba seis muestras emocionales universales; los estudios subsiguientes de Keltner y otros descubrieron veintidós, pero muchas se distinguen por las posturas de la cabeza y del cuerpo, más que por la mera musculatura facial (Keltner, Sauter y otros, 2019).

2. McCloud, 2006.

3. Kret, Prochazkova y otros, 2020.

4. Darwin, 1872/1998; para una reseña de una edición del siglo XX, véase Pinker, 1998b.

5. Joubert, 1579/1980, citado en Parvulescu, 2010, págs. 28-30 (trad. cast.: págs. 49, 119 y 159).

6. Ciston, Forster y otros, 2021; Qu, Yan y otros, 2017.

7. El problema de la investigación sobre el humor: Greengross y Mankoff, 2012; Provine, 2001.

8. Provine, 2001, 2012.

9. La historia sobre el recuento de los dientes de los caballos es apócrifa; véase, Pinker 2021, págs. 94-95.

10. J. Stern, «The most hated sound on television», *The Atlantic*, 15 de abril de 2024.

11. Provine, 2012, pág. 45.

12. Provine, 2012, pág. 56.

13. Liebenberg, 2013.

14. Para ser justos con los cómicos yanomami, se rieron más aún a sus expensas con una broma escatológica y sexual que le gastaron, descrita en Chagnon, 1992, págs. 24-25, y reproducida en Pinker, 1997/2009, pág. 548.

15. Milgram, 1974.

16. P. Taddonio, «Watch: Inside the night President Obama took on Donald Trump», *PBS Frontline*, 22 de septiembre de 2016, <https:/www.pbs.org/wgbh/frontline/article/watch-inside-the-night-president-obama-took-on-donald-trump/>.

17. Pinker, 1994/2007, cap. 7; Pinker, 2007, cap. 8.

18. Boehm, 1999; Cheng, 2020.

19. Tooby y Cosmides, 1996.

20. Curry y Dunbar, 2013.

21. *Quote Investigator*, 14 de octubre de 2014, <https://quoteinvestigator.com/2014/10/14/frog/>.

22. Koestler, 1964.

23. Discutido también repetidamente por Koestler, 1964, a partir de la pág. 33.

24. Según el Edinburgh Associative Thesaurus y las Normas de Asocia-

ción Libre de la Universidad del Sur de Florida, <https://rali.iro.umontreal.ca/word-associations/query/>.

25. Deese, 1962.

26. Visión general de todos los aspectos del llanto: Vingerhoets, 2013.

27. Koestler, 1964, pág. 280.

28. Darwin, 1872/1965; Vingerhoets, 2013.

29. Fiske, Schubert y Seibt (2025) describen una emoción relacionada, hallada en muchas culturas, para la que sugieren el término sánscrito *kama muta*, «movido por el amor». También se relaciona con la emoción del «sobrecogimiento» (*awe*), analizada por Dacher Keltner (2023).

30. <https://www.pbs.org/video/lm-50-moment-ray-charles-sings-georgia-my-mind-1979-abhfr5/>, 15:35-21:00.

31. Rozin, 1996.

32. Darwin, 1872/1965; Pinker, 1998b.

33. Procesos opuestos en la emoción: Solomon, 1980.

34. Twain, 1897/1989.

35. Stein y Bouwer, 1997. Para otros exámenes del enrojecimiento, véase Castelfranchi y Poggi, 1990; Leary, Britt y otros, 1992; Leary y Meadows, 1991.

36. Kret, Prochazkowa y otros, 2020.

37. Crozier, 2023; Drummond y Lim, 2000; Konotey-Ahulu, 2004.

38. Darwin, 1872/1965, pág. 355.

39. Konotey-Ahulu, 2004.

40. Keltner, 1996; Keltner y Buswell, 1997; Tracy y Robins, 2004.

41. Robertson, Sznycer y otros, 2018.

42. Fridlund, 1992.

43. Castelfranchi y Poggi, 1990; Leary, Britt y otros, 1992; Stein y Bouwer, 1997; Thomas, DeScioli y Pinker, 2018; Thorstenson, Pazda, y Lichtenfeld, 2020.

44. Dijk, Koenig y otros, 2011; Feinbeg, Willer y Keltner, 2011; Stein y Bouwer, 1997.

45. Leary y Meadows, 1991.

46. Leary, Britt y otros, 1992; Leary y Meadows, 1991; Stein y Bouwer, 1997.

47. Según mi colega de la Escuela de Derecho de Harvard Jeannie Suk Gersen, el hombre tendría la *mens rea* (mente culpable) subjetiva de querer besarla sin su consentimiento, y las circunstancias objetivas no ofrecen ningún motivo para pensar que creyera que estaba consintiendo. (Obsérvese la importancia de la mentalización recursiva en el derecho). Por lo tanto, él

podría ser hallado culpable del delito de tocamiento sexual, o perder un caso judicial de contacto sexual ofensivo. Pero dado que ella deseaba el beso y presumiblemente lo diría, no sería una buena testigo de cargo; un fiscal no creería que hubiera daño, por lo que el caso probablemente no prosperaría. Por el contrario, en muchas universidades estadounidenses, un régimen de «consentimiento afirmativo» impone responsabilidad estricta u objetiva (es decir, irrelevancia de las intenciones) por no solicitar ni recibir un acuerdo para participar en un acto específico, por lo que el consentimiento de la mujer después del hecho no le exculparía.

48. Schelling, 1996, pág. 262.

49. Thomas, DeScioli y Pinker, 2018.

50. Drummond y Lim, 2000.

51. Binmore, 2007; Dalkiran, Hoffman y otros, 2012; Friedell, 1969.

52. Kobayashi y Kohshima, 2001.

53. Argyle, 2004; Emery, 2000.

54. Simler y Hanson, 2018.

55. K. Timpf, «Netflix bans employees from looking at each other for more than five seconds», *National Review Online*, 14 de junio de 2018, <https:/www.nationalreview.com/2018/06/netflix-five-second-staring-rule/>.

56. Palmer, Bracken y otros, 2022.

57. Anstis, 2021.

58. Friedell, 1969.

59. Pinker, 1998a.

60. «Tell me I'm Fat», *This American Life*, n.º 589, <https://www.thisamericanlife.org/589/transcript>.

61. K. Knibbs, «Apple Vision Pro isn't the future», *Wired*, 8 de junio de 2023.

62. Bailenson, 2021; Troje, 2023.

63. Yi-Chia Chen, comunicación personal, 10 de enero de 2020, y 30 de agosto de 2024; Doherty-Sneddon, Anderson y otros, 1997.

64. Krasnow, Delton y otros, 2013.

65. Binmore, 2007, págs. 47-51.

66. Según la teoría de juegos estándar, *no se puede* llegar ahí. El equilibrio equitativo/autoestima está descartado porque el proponente sabe que si un respondedor racional tuviera que escoger alguna vez entre las sobras y nada, tendría que elegir las sobras, por lo que el proponente, que va por delante, siempre le obliga a participar en ese «subjuego». Ello significa que aun cuando el juego entero tenga múltiples equilibrios de Nash (lo cual lo convertiría en un dilema de coordinación), solo tiene un equilibrio «perfecto en

subjuegos» que un par de jugadores racionales podrían alcanzar efectivamente, a saber: avaricioso/pragmático. Y, con un único equilibrio, no se trataría de un dilema de coordinación. Binmore sostiene que el juego del ultimátum es un dilema de coordinación después de todo, porque los jugadores humanos emplean una racionalidad más amplia que evolucionó para abordar la vida social con sus encuentros reiterados. Esa racionalidad hace posible que el respondedor rechace la oferta baja, lo cual significa que el proponente no puede excluir esa posibilidad al hacer su oferta, por lo que el equilibrio equitativo/autoestima vuelve a estar sobre la mesa. Véase Binmore, 2007, págs. 44-56, y para otra explicación del concepto de un equilibrio perfecto en subjuegos, Hoffman y Yoeli, 2022, págs. 173-175.

67. Reed, DeScioli y Pinker, 2014.

7. Palabras ambiguas

1. *La lista de Schindler* (1993) fue dirigida por Steven Spielberg, con guion de Steven Zaillian, basado en una novela de Thomas Keneally. James Lee merece crédito por el uso de su diálogo para comenzar y terminar nuestro artículo de 2010, del que se han adaptado partes de este capítulo, junto con otro artículo que escribimos en colaboración con Martin Nowak; Lee y Pinker, 2010; Pinker, Nowak y Lee, 2008.

2. P. Brown y Levinson, 1987b; Clark, 1996; Grice, 1975; Grice, 1989; Holtgraves, 2002; Levinson, 1983; véase Pinker, 2007, cap. 8, para una visión general.

3. Quinta temporada, episodio 5 (2018), «Facial Recognition», escrito por Graham Wagner.

4. Cuarta temporada, episodio 12 (2002), «Eloise», escrito por Terence Winter.

5. Las atribuciones, básicamente de finales del siglo XIX y principios del XX, incluyen a Marcel Proust, Hjalmar Söderberg, Horatio Alger y Alfred Hitchcock; véase P. Tréguer, «History of 'come up and see my etchings'», *Word Histories*, 2020, <https://wordhistories.net/2020/01/11/come-see-my-etchings/>, y la entrada de Wikipedia «Etchings».

6. «Netflix and chill», Wikipedia, <https://en.wikipedia.org/wiki/Netflix_and_chill>.

7. El discurso indirecto y el derecho: Solan y Tiersman, 2010, parte 4; J. Bohannon y E. Kintisch, «Biologist prevails in case of 'Fruit Bat Fellatio' harassment allegations», *Science*, 2 de diciembre de 2010, <https://www.science.

org/content/article/biologist-prevails-case-fruit-bat-fellatio-harassment-allegations>.

8. Pinker, 2019.

9. Máximas de la conversación: Grice, 1975.

10. Schelling, 1960, págs.139-142.

11. Pinker, Nowak y Lee, 2008. Para una versión más reciente, véase Massenkoff, DeScioli y otros, 2025.

12. Lee y Pinker, 2010.

13. Transparency International, Barómetro Global de la Corrupción, <https://www.transparency.org/en/gcb/global-corruption-barometer-2017>.

14. El coeficiente de correlación era de 0,925, en una escala de –1 a 1. No recogimos este test de bondad de ajuste en Lee y Pinker, 2010.

15. B. Feiler, «Pocketful of dough», *Gourmet*, octubre de 2000.

16. Fiske, 1991, 1992, 2004b.

17. P. Brown y Levinson, 1987b; Holtgraves, 2002; Pinker, 2007.

18. Segunda temporada, episodio 4 (1991), «The Phone Message», escrito por Larry David y Jerry Seinfeld.

19. Clark, 1996; Stalnaker, 1978.

20. Pinker, 1994/2007, cap. 7, y Pinker, 2014, cap. 5.

21. S. Alexander, «Lizardman's constant is 4 %», *Slate Star Codex*, 13 de abril de 2013, <https://slatestarcodex.com/2013/04/12/noisy-poll-results-and-reptilian-muslim-climatologists-from-mars/>.

22. Sobre la diferencia psicológica entre la certeza y la probabilidad muy alta, véase Pinker, 2021, págs. 188-196. Cierto es que nuestra escala de calificación hacía fácil seleccionar esas opciones: estaba delineada como 0 %, 1 %, 2-49 %, 50 %, 51-98 %, 99 %, 100 %. En los escenarios de la amenaza y la seducción, 100 % fue también la elección unánime o casi unánime de la proposición directa; 99 % no fue la primera opción para la indirecta más sugestiva, pero todos los participantes excepto uno indicaron que la intención era más probable que no. El probable motivo de la discrepancia es que los grados de ambigüedad de las solicitudes indirectas en los tres escenarios no eran directamente conmensurables.

23. Para un argumento a favor de su independencia, véase Lederman, 2018.

24. Massenkoff, DeScioli y otros, 2025.

25. Orwell, 1946/1970; véanse Bandura, 1999; Pinker, 2011, págs. 565-567.

8. El instinto de cancelación

1. Para las crónicas de algunos de estos incidentes, véanse Dreger, 2007, 2011; Hunt, 1999; Kors y Silverglate, 1998; Lukianoff, 2012, 2014; Pinker, 2002/2016; y las referencias en las notas 26 y 28 más adelante. Para otras, véase el sitio web *Canceled People*, <https://canceledpeople.org/cancellations/>, y la base de datos de Scholars Under Fire de la Fundación para los Derechos Individuales y la Expresión, <https://www.thefire.org/research-learn/scholars-under-fire>.

2. Frey y Stevens, 2023; resumen ejecutivo: <https://www.thefire.org/research-learn/scholars-under-fire-attempts-sanction-scholars-2000-2022>. Las cifras han sido actualizadas hasta la primera mitad de 2024 por Komi Frey, comunicación personal.

3. Frey y Stevens, 2023; Jones y Arnold, 2024.

4. Pinker, 2023.

5. S. Stevens, «Harvard gets worst score ever in FIRE's College Free Speech Rankings», Foundation for Individual Rights and Expression, <https://www.thefire.org/news/harvard-gets-worst-score-ever-fires-college-free-speech-rankings>. Harvard repitió su última posición y su calificación de 0 en 2025: <https://www.thefire.org/news/2025-college-free-speech-rankings-expose-threats-first-amendment-rights-campus>.

6. C. Hooven, «Why I left Harvard», *The Free Press*, 16 de enero de 2044, <https://www.thefp.com/carole-hooven-why-i-left-harvard>; Hooven, 2023; VanderWeele y Brooks, 2023; M. Kelly, «Harvard disinvites feminist philosopher for opposing transgender identity», *The College Fix*, 25 de abril de 2022, <https://www.thecollegefix.com/harvard-disinvites-feminist-philosopher-for-opposing-transgender-ideology/>.

7. N. Honeycutt, «Confidence in colleges and universities hits new lows, per FIRE polls», Foundation for Individual Rights and Expression, <https://www.thefire.org/news/confidence-colleges-and-universities-hits-new-lows-fire-polls>. J. M. Jones, «Confidence in higher education down since 2015», *Gallup*, 9 de octubre de 2018, <https://news.gallup.com/opinion/gallup/242441/confidence-higher-education-down-2015.aspx>. M. Brenan, «Americans' confidence in higher education down sharply», *Gallup*, 11 de julio de 2023, <https://news.gallup.com/poll/508352/americans-confidence-higher-education-down-sharply.aspx>.

8. Pinker y Madras, 2023. Sitio web: <https://sites.harvard.edu/cafh/>.

9. Pinker, 2021.

10. Entre los ejemplos evidentes figuran el castigo de la Iglesia católica a

Galileo por su defensa del heliocentrismo, el «juicio del mono» de 1925 en Tennessee, que condenó a John Scopes por enseñar la evolución, y el asesinato y el encarcelamiento en la Unión Soviética de los biólogos que disentían de la biología lamarckiana de Trofim Lysenko. Historias recientes de censura: Berkowitz, 2021; Mchangama, 2022.

11. Z. Tufekci, «An object lesson from Covid on how to destroy public trust», *New York Times*, 8 de junio de 2024.

12. Lukianoff, 2012; Sunstein, 2024.

13. Sunstein 2023, 2024.

14. C. Friedersdorf, «Is 'Ladies Lingerie' a harmless joke or harassment?», *The Atlantic*, 9 de mayo de 2018. El perpetrador fue el politólogo Richard Ned Lebow, citado en pág. 134.

15. L. Fadulu, «Columbia psychiatry chair suspended after tweet about dark-skinned model», *New York Times*, 23 de febrero de 2022.

16. R. Soave, «USC suspended a communications professor for saying a Chinese word that sounds like a racial slur», *Reason*, 3 de septiembre de 2020.

17. Historia de la censura: Berkowitz, 2021; Mchangama, 2022.

18. C. Clark, Jussim y otros, 2023.

19. Para más discusión, véase Pinker, 2002/2016.

20. Mercier y Sperber, 2011.

21. Liu y Ditto, 2013.

22. Pinker, 2021, págs. 298-303.

23. Finkel, Bail y otros, 2020.

24. Haidt, 2016.

25. *Quote Investigator*, 9 de febrero de 2011, <https://quoteinvestigator.com/2011/02/09/darwinism-hope-pray/>.

26. C. Clark, Fjeldmark y otros, 2024; C. Clark, Jussim y otros, 2023; Kaufmann, 2021; para una revisión reciente, véase A. Krylov y J. Tanzman, «Spotlight on scientific censorship: A virtual collection», *Heterodox STEM*, 24 de diciembre de 2023, <https://hxstem.substack.com/p/spotlight-on-scientific-censorship>.

27. Editores de *Nature Human Behaviour*, 2022.

28. Savolainen, 2023; Teixeira da Silva, 2021; J. Singal, «This is what a modern-day witch hunt looks like», *New York*, 2 de mayo de 2017; C. Flaherty, «Is retraction the new rebuttal?», *Inside Higher Ed.*, 18 de septiembre de 2017; equipo de noticias de *Science*, «Researchers retract controversial female mentorship paper», *Science*, 21 de diciembre de 2020, <https://www.science.com/content/article/researchers-retract-controversial-female-mentorship-paper>.

29. C. Clark, Fjeldmark y otros, 2024; Kaufmann, 2021.

30. Honeycutt, Stevens, y Kaufmann, 2023.

31. Kuran, 1989; Noelle-Neumann, 1974.

32. Noelle-Neumann, 1974; Willer, Kuwabara y Macy, 2009; véase también la entrada de Wikipedia «Abilene Paradox».

33. J. McCarthy, «Post-Affirmative action, views on admissions differ by race», *Gallup*, 16 de enero de 2004, <https://news.gallup.com/poll/548528/post-affirmative-action-views-admissions-differ-race.aspx>.

34. Van Boven, 2000.

35. Raemon, 2017.

36. C. Clark, Fjeldmark y otros, 2024.

37. Cofnas, 2020; Fraser, 1995; E. Turkheimer, K. P. Harden y R. Nisbett, «There's still no good reason to believe black-white IQ differences are due to genes», *Vox*, 17 de junio de 2017, <https://www.vox.com/the-big-idea/2017/6/15/15797120/race-black-white-iq-response-critics>.

38. Chomsky, 1973, pp. 361-62 (trad. cast.: «Psicología e ideología», págs. 525-526).

39. Lieberman, 2001.

40. Cofnas, 2020.

41. E. Turkheimer, K. P. Harden y R. Nisbett, «There's still no good reason to believe black-white IQ differences are due to genes», *Vox*, 17 de junio de 2017, <https://www.vox.com/the-big-idea/2017/6/15/15797120/race-black-white-iq-response-critics>.

42. Hughes, 2024; C. Hughes, «Should the race and IQ discourse be brought into mainstream conversation?» (extracto de una entrevista a Charles Murray), YouTube, 4 de julio de 2021, <https://www.youtube.com/watch?v=zWB5tfLbXcg>.

43. Mill, 1859.

9. Honestidad radical, hipocresía racional

1. Fiske y Tetlock, 1997, pág. 278, nota 3. He agrupado la fijación de precios de mercado con la organización racional-legal, siguiendo una sugerencia del propio Fiske; véanse Fiske, 1991, págs. 47 y 435; Fiske, 2004b, pág. 17.

2. Wouters 2007.

3. J. Carter, «Interview with *Playboy* magazine», reproducida en G. Peters y J. T. Wolley, *The American Presidency Project*, <https://www.presidency.ucsb.edu/documents/interview-with-playboy-magazine>.

4. Mueller, 2018.

5. I. Teich, «The most embarrassing instances of famous people forgetting their mic was on», *Ranker*, 22 de abril de 2024, <https://www.ranker.com/list/embarrassing-hot-mic-situations/isadora-teich>.

6. A. Hamilton, «Amicus», 11 de septiembre de 1792, *Founder Online*, Archivos Nacionales, <https://founders.archives.gov/documents/Hamilton/01-12-02-0272>.

7. *Pensée* 101.

8. Crisis de salud mental de la generación Z: Centers for Disease Control and Prevention [Centros para la Prevención y el Control de Enfermedades], 2021; Haidt, 2024. Línea directa de prejuicios: <https://reportinghotline.harvard.edu/>. Ejemplos de régimen de vigilancia: en 2010 el decano de la Escuela de Derecho de Harvard humilló públicamente a una estudiante por un correo electrónico privado en el que sugería que se discutieran las dos caras de una controversia (véase W. Kaminer, «Who's bullying who?», *The Atlantic*, 4 de mayo de 2010). En 2019 rescindió una oferta de admisión a un estudiante conservador por las provocaciones con epítetos raciales que intercambió con unos amigos en las redes sociales cuando tenía dieciséis años (S. Jaschik, «Harvard latest revoked admissions offer», *Inside Higher Ed.*, 23 de junio de 2019).

9. De *Tootsie* (1982), dirigida por Sydney Pollack; historia de Don McGuire y Larry Gelbart; guion de Larry Gelbart y Murray Schisgal.

10. El más famoso es la película de Jim Carrey *Mentiroso compulsivo* (1997). Otros ejemplos incluyen el episodio de *La dimensión desconocida* «Toda la verdad» (1961), dos episodios de la comedia de situación *Bewitched* («Speak the Truth», 1965, y «The Truth, Nothing but the Truth, so Help me Sam», 1972), la novela de ciencia ficción de James Halperin *La máquina de la verdad* (1996) y la novela de Scott Westerfield *Extras* (2007). El escenario inverso, con un único mentiroso en una sociedad de personas que dicen la verdad, se representa en la película de Ricky Gervais *Increíble pero falso* (2009).

11. «Core principles of Radical Honesty», *Radical Honesty*, <https://www.radicalhonesty.com/core-principles-radical-honesty>; Blanton 1994/2005.

12. S. Alexander, «Explicit honesty», *Astral Codex Ten*, 5 de abril de 2024, <https:www.astralcodexten.com/p/explicit-honesty>.

13. Jacobs, 2007.

14. A. Stevenson y M. Goldstein, «Bridgewater's Ray Dalio spreads his gospel of 'Radical Transparency'», *New York Times*, 8 de septiembre de 2017.

15. M. Gimein, «Ever Had a Horrible Boss? 'The Fund' Is the Perfect Rage-Read», *New York Times*, 6 de noviembre de 2023.

16. L. Goss, «Bridgewater's new CEO says hedge fund must be 'rewired' following Ray Dailo's exit», *Morningstar*, 9 de mayo de 2024, <https://www.morningstar.com/news/marketwatch/20240509189/bridgewaters-new-ceo-says-hedge-fund-must-be-rewired-following-ray-dalios-exit>.

17. Véanse capítulos 3 y 5, y las referencias a las obras de Alan Fiske.

18. Daly y Wilson, 1988; Symons, 1979; Trivers y Newton, 1982; véanse los capítulos «Valores de la familia» en Pinker, 1997/2009, y «Las múltiples raíces de nuestro sufrimiento» en Pinker, 2002/2016.

19. Symons, 1979, 1980, 1992.

20. Hobbes, 1651/1997, cap. 8.

21. Stephen, 1883/2022.

22. Fantasías homicidas: Buss, 2005; Crabb, 2000; Kenrick y Sheets, 1994. Fantasías sexuales: Bivona y Critelli, 2009; Byers, Purdon y Clark, 1998; Greendlinger y Byrne, 1987; Kanin, 1982; Leitenberg y Henning, 1995; Malamuth, 1981; Strassberg y Locker, 1998.

23. Simler y Hanson, 2018.

24. Fiske y Tetlock, 1999; Tetlock, 1999.

25. *El instinto del lenguaje* y *Words and Rules*.

26. *Cómo funciona la mente* y *El mundo de las palabras*.

27. *Los ángeles que llevamos dentro* y *En defensa de la Ilustración*.

28. *Racionalidad*.

ÍNDICE ONOMÁSTICO Y DE MATERIAS

Nota: Los números de páginas en cursiva se refieren a las figuras.